U0818406

钻井工程技术与实践

姬玉平　郝登峰　齐治虎　主　编

中国矿业大学出版社
· 徐州 ·

内 容 提 要

专著简要介绍了常规钻井施工专业知识和不同类型钻井工程技术工艺；结合工程案例，重点深入阐述了水平井、对接连通井、穿采空区井、地质调查井、大口径瓦斯抽采井等井型以及区域灰岩水害治理、定向、导向、录井等施工技术。本专著内容实用、图文并茂，是钻探工程技术人员必备的学习教材，也可以供大专院校、高等学校地质勘探专业的师生参考使用。

图书在版编目(CIP)数据

钻井工程技术与实践/姬玉平，郝登峰，齐治虎主编. —徐州：中国矿业大学出版社，2023.6

ISBN 978-7-5646-5858-8

Ⅰ. ①钻… Ⅱ. ①姬… ②郝… ③齐… Ⅲ. ①钻井工程 Ⅳ. ①TE2

中国国家版本馆 CIP 数据核字(2023)第 101453 号

书　　名 钻井工程技术与实践
主　　编 姬玉平　郝登峰　齐治虎
责任编辑 于世连
出版发行 中国矿业大学出版社有限责任公司
（江苏省徐州市解放南路　邮编 221008）
营销热线 (0516)83885370　83884103
出版服务 (0516)83995789　83884920
网　　址 http://www.cumtp.com　**E-mail**:cumtpvip@cumtp.com
印　　刷 徐州中矿大印发科技有限公司
开　　本 787 mm×1092 mm　1/16　**印张** 20　**字数** 512 千字
版次印次 2023 年 6 月第 1 版　2023 年 6 月第 1 次印刷
定　　价 60.00 元
（图书出现印装质量问题，本社负责调换）

钻井工程技术与实践编委会名单

主　编	姬玉平	郝登峰	齐治虎	
副主编	宋仲科	刘国卫	徐　影	靳光均
参　编	胥帅帅	郭增付	吕国安	于金州
	秦红涛	夏大帅	张书限	吕保光
	陆　战	杨　贤	余德华	苏俏俏

序 言

党的二十大报告指出，必须坚持科技是第一生产力、人才是第一资源、创新是第一动力，深入实施科教兴国战略、人才强国战略、创新驱动发展战略，开辟发展新领域新赛道，不断塑造发展新动能新优势。习近平总书记在2022年10月2日给山东地矿局第六大队全体地质工作者回信时强调，矿产资源是经济社会发展的重要物质基础，矿产资源勘查开发事关国计民生和国家安全。地质工作者要积极践行绿色发展理念，加大勘查力度，加强科技攻关，在新一轮找矿突破战略行动中发挥更大作用，为保障国家能源资源安全、为全面建设社会主义现代化国家作出新贡献。

清洁能源勘探开发是推动能源结构转型的有效途径，是实现碳达峰和碳中和目标的关键一环，也是地勘单位必须承担的社会责任。编者所在单位二十年来致力于煤层气、页岩气、致密砂岩气等非常规能源勘探开发，以及煤矿瓦斯、水害、地应力等防灾减灾施工，到"十三五"末累计完成煤层气参数井，生产直井、定向井、水平井等各类钻井4 000余口。在长期生产实践中，公司大力实施科技兴企发展战略，针对重点工程和难点项目，组织技术人员开展技术攻关和科技研发，创造了一大批新技术新工艺，形成一大批高水平科研成果，在行业中得到广泛应用推广，促进了钻探技术进步，获得了较大经济效益和社会效益，为我国清洁能源勘探开发、资源能源供给保障做出了突出贡献。

为适应国家能源产业发展需要，为新一轮找矿战略培养一大批高素质钻井人才，我们组织相关技术人员，认真总结多年来各种类型钻井施工案例和经验教训，编写了《钻井工程技术与实践》一书。目的是让从事地质勘探的生产技术人员能全面掌握第一手现场施工技术资料，学习借鉴先进技术工艺，提升业务水平和工作能力，在生产实践中尽量少走弯路，多提高生产效率，最大限度减少事故发生，为我国能源战略安全提供坚强技术保障。

全书共分九大部分，约40万字，涵盖常规钻井施工专业知识和不同类型钻井工程技术工艺。结合工程案例，重点对水平井、对接连通井、穿采空区井、地质调查井、大口径瓦斯抽采井等井型以及区域灰岩水害治理、定向、导向、录井等施工技术进行了深入阐述。该书凝聚了生产一线技术人员的智慧和汗水，汇聚了全体参编人员的心血，突出了实际、实用、实效原则，内容新颖丰富，通俗易懂，图文并茂，实用性强，是钻探工程技术人员必备的学习教材。

由于时间仓促，书中不足之处敬请读者批评指正。

编 者

2022年12月

目　录

第1篇　工程地质

第2篇　水平井及对接连通井施工技术

第3篇　穿采空区井施工技术

第4篇　区域灰岩水害治理技术

第5篇　地热井施工技术

第6篇　地质调查井施工技术

第7篇　大口径工程井施工技术

第8篇　录井及地质导向技术

第9篇 定向钻井技术

第1篇 工程地质

1 基础地质

1.1 地球及组成

地球是由不同状态、不同物质的圈层构成的。地球内部由地核、地幔和地壳三层组成，见图 1-1-1。地球表面由水圈和大气圈所包围。水圈和大气圈维系着生物圈的存在。

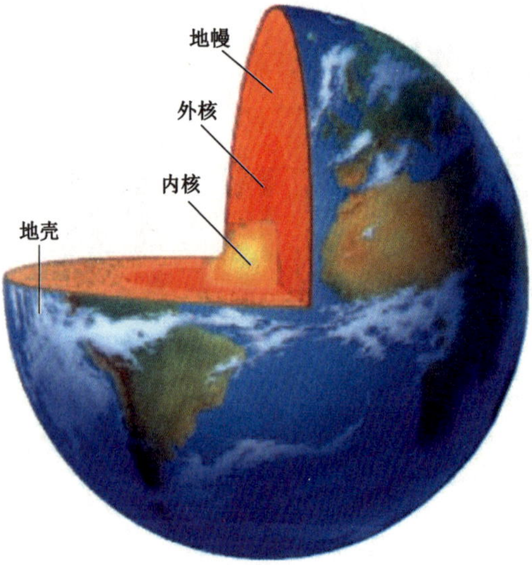

图 1-1-1 地球结构示意图

地壳是包裹着整个地球内部的薄壳，其质量只占地球质量的 0.2%；地幔是地球最厚的一个层面，占了地球质量的 68%左右；地核是指地球内部位于地幔之下的核心部分。地幔与地核的界面深度定为 2 891 km。据推测，外地核可能由液态铁组成，其中可能含镍约 10%，并有大约 15%较轻的元素，如硫、硅、氧、钾、氢等。

1.2 地层

1.2.1 地层概念

地层是在一定地质时间内形成的岩层或岩石组合，见图 1-1-2。

地层可以是固结的岩石，也可以是没有固结的沉积物。地层之间可以由明显层面或沉

图 1-1-2　地层示意图

积间断面分开，也可以由岩性、所含化石、矿物成分或化学成分、物理性质等不十分明显的特征界限分开。

地层和岩层这两个名词相似，但地层往往具有特定地质时代的含义。地层是在一定时代形成的，或新或老，每一层或每一组地层都有它自己形成的时代或年龄。岩层则往往是泛指各种成层的岩石（如砂岩层、灰岩层等），不必强调时代的概念。

1.2.2　地层单位

由于地层的物质属性不同，地层划分的依据不同，所建立的地层单位也不一致。目前，在地层研究中最常用的是岩石地层单位的年代地层单位和生物地层单位（见表 1-1-1）以及岩石地层单位系统和年代地层单位系统两套地层单位系统（见表 1-1-2）。

表 1-1-1　地质年代及主要地层单位

<table>
<tr><th>地质年代单位</th><th>年代地层单位</th><th>岩石地层单位</th><th>生物地层单位</th></tr>
<tr><td>宙(Eon)</td><td>宇(Eonthem)</td><td rowspan="6">群
组
段
层</td><td rowspan="6">延限带(range zone)
组合带(assemblage zone)
顶峰带(abundance zone)
谱系带(lineage zone)
间隔带(interval zone)</td></tr>
<tr><td>代(Era)</td><td>界(Erathem)</td></tr>
<tr><td>纪(Period)</td><td>系(System)</td></tr>
<tr><td>世(Epoch)</td><td>统(Series)</td></tr>
<tr><td>期(Age)</td><td>阶(Stage)</td></tr>
<tr><td>时(Chron)</td><td>时带(Chronozone)</td></tr>
</table>

1.2.3　地层接触关系

地层既是一个物质概念，又具有时间概念，是地壳发展历史的物质记录。由于地层具有时代的概念，所以地层就有所谓上下或新老关系，这称为地层层序，也就是相当一本书的页次。如果地层未受到扰动，或未发生逆转，那么愈处于下部的地层愈老，愈处于上部的地层愈新，这种地层顺序称为正常层位，这种上新下老的关系称为地层层序律。

但是组成地壳的地层错综复杂，或者因某时代地壳上升造成地层缺失，或者因构造变动如逆掩断层造成层序颠倒，或者因受变质作用改变了地层的产状和面貌。

地壳时时刻刻都在运动着。同一地区在某一时期可以是以上升运动为主，形成高地，遭受风化剥蚀；另一时期可能是以下降运动为主，形成洼地，接受沉积，这样就使得先后形成的地层之间具有不同的接触方式，即地层接触关系，见图 1-1-3。最基本的地层接触关系有整合和不整合两种，见图 1-1-4。

表 1-1-2　中国地质年代表

宇（宙）	界（代）	系（纪）	统（世）	年龄（Ma）
显生宇（宙）PH	新生界（代）CZ	第四系（纪）Q	全新统（世）Qh	0.01
			更新统（世）Qp	2.6
		新近系（纪）N	上新统（世）N_2	5.3
			中新统（世）N_1	23.3
		古近系（纪）E	渐新统（世）E_3	32
			始新统（世）E_2	56.5
			古新统（世）E_1	65
	中生界（代）MZ	白垩系（纪）K	上(晚)白垩统(世)K_2	96
			下(早)白垩统(世)K_1	137
		侏罗系（纪）J	上(晚)侏罗统(世)J_3	
			中侏罗统(世)J_2	
			下(早)侏罗统(世)J_1	205
		三叠系（纪）T	上(晚)三叠统(世)T_3	227
			中三叠统(世)T_2	241
			下(早)三叠统(世)T_1	250
	古生界（代）PZ	二叠系（纪）P	上(晚)二叠统(世)P_3	257
			中二叠统(世)P_2	277
			下(早)二叠统(世)P_1	295
		石炭系（纪）C	上(晚)石炭统(世)C_2	320
			下(早)石炭统(世)C_1	354
		泥盆系（纪）D	上(晚)泥盆统(世)D_3	372
			中泥盆统(世)D_2	386
			下(早)泥盆统(世)D_1	410
		志留系（纪）S	顶志留统(世)S_4	
			上(晚)志留统(世)S_3	
			中志留统(世)S_2	
			下(早)志留统(世)S_1	438

宇（宙）	界（代）	系（纪）	统（世）	年龄（Ma）
显生宇（宙）PH	古生界（代）PZ			438
		奥陶系（纪）O	上(晚)奥陶统(世)O_3	
			中奥陶统(世)O_2	
			下(早)奥陶统(世)O_1	490
		寒武系（纪）ϵ	上(晚)寒武统(世)ϵ_3	500
			中寒武统(世)ϵ_2	513
			下(早)寒武统(世)ϵ_1	543
元古宇（宙）PT	上(新)元古界(代)Pt_3	震旦系（纪）Z	上(晚)震旦统(世)Z_2	630
			下(早)震旦统(世)Z_1	680
		南华系（纪）Nh	上(晚)南华统(世)Nh_2	
			下(早)南华统(世)Nh_1	800
		青白口系（纪）Qb	上(晚)青白口统(世)Qb_2	900
			下(早)青白口统(世)Qb_1	1000
	中元古界(代)Pt_2	蓟县系（纪）Jx	上(晚)蓟县统(世)Jx_2	1200
			下(早)蓟县统(世)Jx_1	1400
		长城系（纪）Ch	上(晚)长城统(世)Ch_2	1600
			下(早)长城统(世)Ch_1	1800
	下(古)元古界(代)Pt_1	滹沱系（纪）Ht		2300
				2500
太古宇（宙）AR	上(新)太古界(代)Ar_3			
				2800
	中太古界(代)Ar_2			
				3200
	下(古)太古界(代)Ar_1			
				3600
	始太古界(代)Ar_0			

1.2.3.1　整合接触

整合接触是指沉积物连续堆积，无沉积间断或无重大沉积间断，上下两套地层产状完全一致，彼此平行或大致平行，见图 1-1-4(a)。其特点是岩性与生物演化连续渐变，为沉积区持续稳定下降背景下的沉积。

1.2.3.2　不整合接触

不整合接触是指沉积缺失，层序有间断，即部分地层无沉积或虽有沉积但却被剥蚀，见

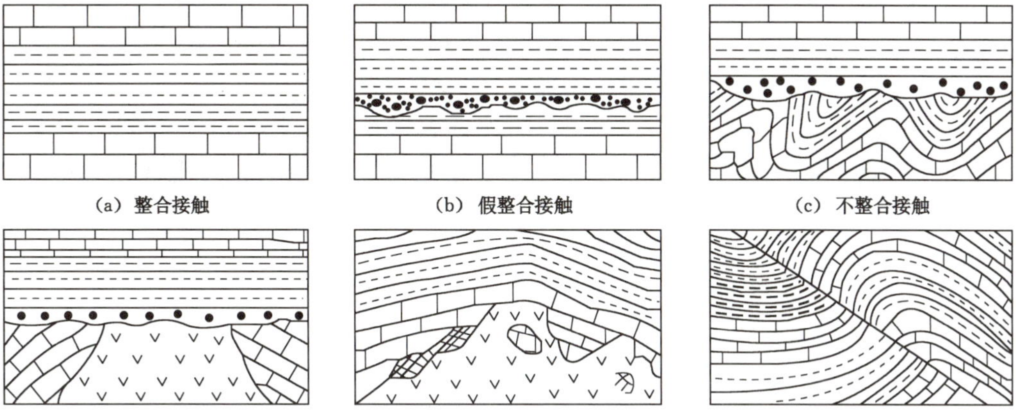

(a) 整合接触　(b) 假整合接触　(c) 不整合接触

(d) 沉积接触　(e) 侵入接触　(f) 断层接触

图 1-1-3　地层接触关系

(a) 整合接触　(b) 不整合接触

图 1-1-4　最基本的地层接触关系

图 1-1-4(b)。不整合接触分为平行不整合和角度不整合两种类型。

(1) 平行不整合

先沉积的和后沉积的地层之间是平行叠置的，但并不连续，具有沉积间断，称为平行不整合，见图 1-1-5(b)和图 1-1-6(a)。其特点是新老地层产状一致，沉积出现间断，岩性和古生物演化突变。

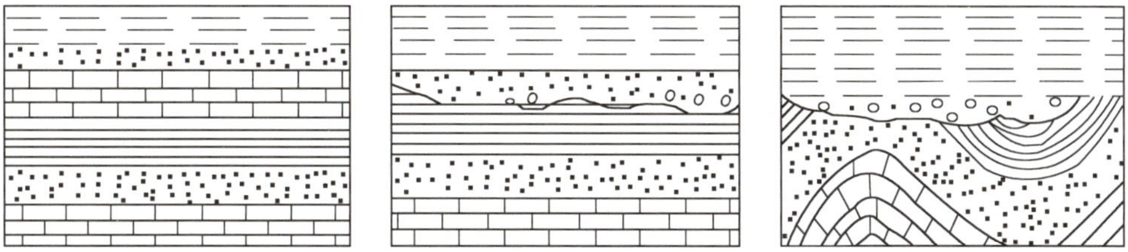

(a) 整合　(b) 平行不整合　(c) 角度不整合

图 1-1-5　沉积岩的接触关系

图 1-1-6　岩层不整合接触关系

(2) 角度不整合

新老地层之间的产状不是平行叠置的，而是成一定角度相接触，且具有沉积间断，称为角度不整合，见图 1-1-5(c)和图 1-1-6(b)。其特点是新老地层产状不一致，沉积出现间断，岩性及生物演化突变。

1.2.4　地层产状要素

地层的产状是指地层在地壳中的空间位置及其状态，见图 1-1-7。野外所见的地层有水平的、倾斜的、或直立的。

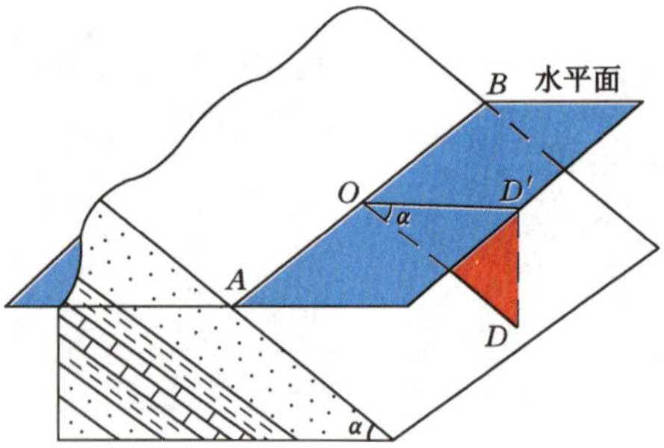

AB—地层的走向线；*OD*—地层的真倾斜线；*OD′*—地层的倾向；α—地层的倾角

图 1-1-7　地层产状要素示意图

(1) 地层的走向

岩层面与水平面的交线称为走向线。一个岩层面上可以有无数条不同高度、相互平行的走向线。走向线的方位角称为岩层的走向。走向指出岩层在空间的水平延伸方向。

(2) 地层的倾向

沿岩层倾斜面向下所引的与走向线相垂直的直线，称为真倾斜线。真倾斜线在水平面上的投影线称为真倾向，简称倾向。倾向指出岩层向深度的延伸方向。倾向与走向的方位角，二者相差 90°。

(3) 地层的倾角

岩层的真倾斜线与其在水平面上的投影线之间的夹角，称为岩层的真倾角，简称倾角。倾角表示岩层倾斜程度的大小。

2 岩石基础知识

岩石是由一种或几种矿物按一定规律组成的集合体。组成岩石的主要矿物有十几种，如石英、长石、云母、方解石、黏土矿物等。岩石的物理、机械性质(如硬度、塑性、研磨性的大小等)与组成岩石的矿物和胶结物的性质有密切关系。

岩石按成因分为岩浆岩、沉积岩和变质岩三大类。沉积岩主要分布于地壳最表层，从地表到地下两公里范围内，沉积岩约占75%；岩浆岩和变质岩约占25%。从地表到深度15 km范围内，则沉积岩只占15%。石油、煤等主要储存在沉积岩里。

2.1 岩浆岩

岩浆岩是地下深处的岩浆侵入地壳或喷出地表冷凝而成的岩石。按照岩石形成的部位，岩浆岩分为深成岩、浅成岩和喷出岩。岩浆岩的种类很多，目前已知有一千余种。岩浆岩分类的依据主要包括两方面：一方面是岩石的化学成分、矿物成分，另一方面是岩石的产状、结构和构造。

2.2 沉积岩

沉积岩是在地表或接近地表的条件下，由母岩(岩浆岩、变质岩和早期形成的沉积岩)风化剥蚀的产物经搬运、沉积和固结而成的岩石。

根据沉积岩形成作用，沉积岩分类见图1-2-1。

2.2.1 黏土岩

黏土岩主要由直径小于0.01 mm的黏土矿物含量大于50%组成的沉积岩。黏土岩的岩性特征主要由黏土矿物决定。黏土岩(见图1-2-2)是分布最广的沉积岩。黏土岩的数量约占沉积岩总量的60%。黏土岩是最主要的生油岩，同时可作为良好的盖层。

2.2.2 碎屑岩

碎屑岩是由碎屑成分和填隙物成分(包括杂基和胶结物)组成的岩石。一般，在碎屑岩中，碎屑成分占50%以上。碎屑岩(见图1-2-3)是沉积岩中分布很广的岩石，是主要储油岩之一。按照碎屑颗粒直径大小，碎屑岩分类见表1-2-1。

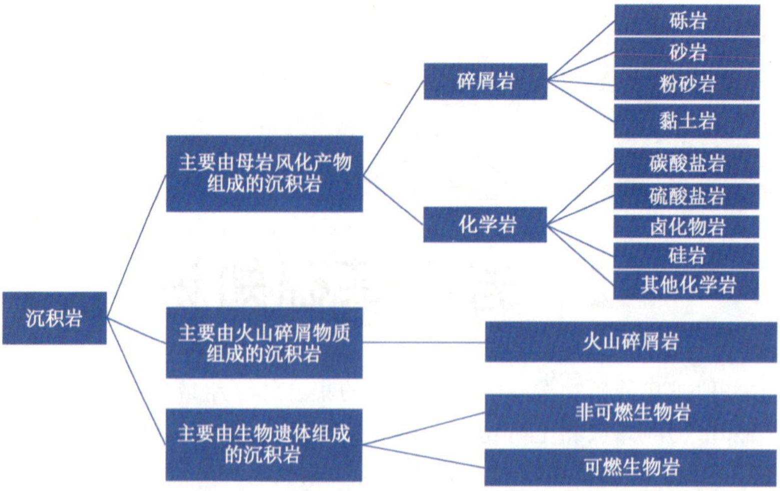

图 1-2-1　沉积岩分类

图 1-2-2　黏土岩照片

表 1-2-1　碎屑岩分类

名称	砾岩	粗砂岩	中砂岩	细砂岩	粉砂岩	泥岩
颗粒直径/mm	＞1	1～0.5	0.5～0.25	0.25～0.1	0.1～0.01	＜0.01

图 1-2-3　碎屑岩照片

2.2.3 碳酸盐岩

碳酸盐岩主要由方解石及白云石两种碳酸矿物组成。以方解石为主的碳酸盐岩称为石灰岩，以白云石为主的称为白云岩。在我国，碳酸盐岩约占沉积岩总面积的55%，尤其是在西南部地区等分布更广。碳酸盐岩（见图1-2-4）是重要的生油岩和储油岩。从世界范围来说，碳酸盐岩油田的储量约占世界石油总储量的57%，而碳酸盐岩石油的产量约占世界石油总产量的60%。

图1-2-4 碳酸盐岩照片

2.3 变质岩

2.3.1 变质作用及变质岩概念

随着地壳的不断演化，地球上已形成的岩石（岩浆岩、沉积岩、变质岩）所处的地质环境（指温度、压力、化学活动性流体的影响及经历的时间）也在不断变化，为了适应新的地质环境，它们的矿物成分、结构、构造连同物理化学条件也会发生改变。这种由地球内力作用促使矿物成分及结构构造变化的作用称为变质作用。

由变质作用形成的岩石称为变质岩。变质岩可根据原来岩石的类型划分为两大类：由岩浆岩变质形成的岩石称为正变质岩；由沉积岩变质形成的岩石称为副变质岩。

2.3.2 变质岩分类

根据变质作用的类型可将变质岩划分为：动力变质岩类，区域变质岩类，混合岩类，接触变质岩类，交代变质岩类。

3 构造基础知识

在油气田勘探和开发的实践中，常常发现沉积岩已经不是水平的，而是改变了它的原始产状，成为各种不同的构造形态，有的倾斜、有的弯曲、有的甚至被断开。把由于地壳运动，使岩石发生永久形变，改变其原始产状，形成的褶皱、断裂、劈理等，统称为地质构造。地质构造包括褶皱、断层、裂隙等。

石油和天然气勘探开发的实践证明，地质和构造是油气运移、聚集和保存的基本地质条件之一。

3.1 褶皱

褶皱是指岩层受力变形产生的一系列连续的弯曲，见图 1-3-1。对于褶皱，岩层的连续性和完整性没有遭到破坏。褶皱是岩层在地壳运动中产生地应力的作用下，塑性变形的结果。褶皱中的每一个独立的弯曲称为褶曲。褶曲分为背斜褶曲和向斜褶曲两种基本类型。

图 1-3-1　褶皱图片

背斜褶曲(简称背斜)的特点是：岩层向上弯曲，核心部分岩层时代较老，两翼地层时代较新；一般情况下两翼岩层的倾向相背朝外。向斜褶曲(简称向斜)的特点是：岩层向下弯曲。核心部分岩层时代较新，两翼地层时代较老；一般情况下两翼岩层倾向相向朝内。

3.2 裂隙

地壳中的岩层受力后发生形变，除了发生褶皱变动外，当岩石所受的力超过了岩石本身的抗压强度时，岩层的连续性和完整性受到破坏而发生断裂，形成断裂构造。根据岩层遭受破坏以后，断裂构造两侧岩层沿着断裂面有无明显的相对位移，可将断裂构造分为裂隙和断层两种基本类型。裂隙是指岩层中的一种破裂，破裂面两侧的岩块没有发生显著的相对位移。

按照裂隙的力学成因分为张裂隙和剪裂隙两种。①张裂隙是指在张应力作用下形成的裂隙。张裂隙总是稍微张开的，裂隙面粗糙不平，常呈锯齿状。②剪裂隙是指岩层在剪应力作用下所形成的裂隙。剪裂隙产状较稳定，延伸较远。裂隙面紧闭，平直光滑，常有错动的痕迹和擦痕等。

3.3　断层

岩层受力破裂后，破裂面两侧岩块发生了显著的位移，这种断裂构造称为断层。断层直接影响油气的运移和聚集，油气藏的形成和破坏，极大地增加了油气勘探和开发工作的复杂性。

(1) 断层要素

断层构造的基本组成部分称为断层要素，见图1-3-2。断层面是指断层两侧的岩块沿它滑动的破裂面。断层线是指断层面与地面的交线，即断层面在地面的出露线。断盘是指断层两侧的岩块。如果断层面是倾斜的，位于断层面以上的断盘称为上盘，位于断层面下面的断盘称为下盘。断距是指断层面两侧岩块相对移动的距离。

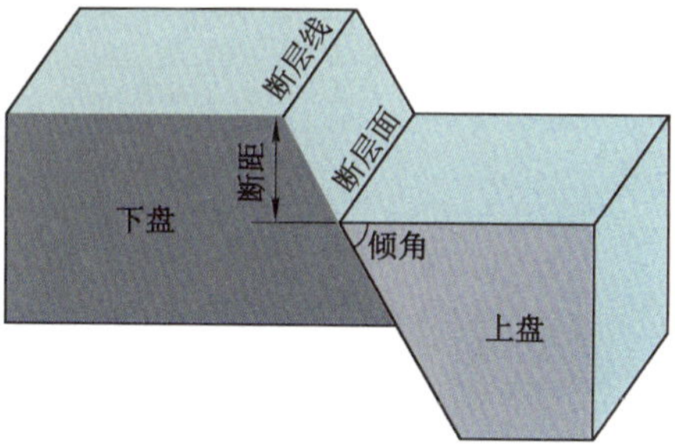

图1-3-2　断层要素

在垂直于被错断地层走向的剖面上，地层断距是指断层两盘被错断的相当层间的垂直距离；铅直地层断距是指断层两盘被错断的相当层间的铅直距离；水平地层断距是指断层两盘被错断的相当层间的水平距离。

在垂直于断层走向的剖面上，视地层断距是指断层两盘被错断的相当层间的垂直距离。视铅直地层断距是指断层两盘被错断的相当层间的铅直距离。视水平地层断距是指断层两盘被错断的相当层间的水平距离。

在断层走向平行于地层走向时，断距等于视断距。在断层走向不平行于地层走向时，视断距大于断距。

(2) 断层分类

① 正断层(见图1-3-3)。上盘相对下降，下盘相对上升的断层称为正断层。主要是由于张应力和重力作用形成的。

② 逆断层(见图1-3-3)。上盘相对上升，下盘相对下降的断层称为逆断层。逆断层主

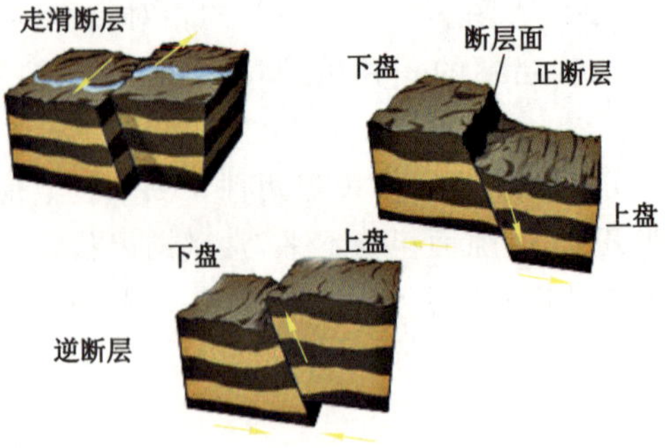

图 1-3-3　断层分类

要是由于水平方向的挤压作用形成的。

③ 平移断层。断层两盘沿断层面走向相对错动的断层称为平移断层。断层面近于直立，断层线较平直。主要是水平剪切作用形成的。

④ 扭转断层。断层以垂直断层面的直线为旋转轴做旋转运动的断层称为扭转断层。在扭转轴两边，一边为正断层，另一边为逆断层。同一条断层在不同的地段其断距是不等的。

4　钻井地质

4.1　岩石力学性质

4.1.1　基本概念

岩石的力学性质一般指岩石受力后表现出来的变形特性和强度特性。

(1) 岩石的强度:岩石在外力作用下发生破坏时的最大应力,即抵抗外力破坏的能力(见表 1-4-1)。

表 1-4-1　岩石硬度分类表

类别	软		中软		中硬		硬		坚硬		极硬	
级别	1	2	3	4	5	6	7	8	9	10	11	12
MPa	≤1	1～2.5	2.5～5	5～10	10～15	15～20	20～30	30～40	40～50	50～60	60～70	>70

(2) 岩石的硬度:岩石抵抗其他物体表面压入或侵入的能力。

(3) 岩石的塑性:岩石在外力作用下产生变形,外力撤除后变形不能完全恢复的性质。相应的残余变形称为塑性变形。

(4) 岩石的脆性:岩石在外力作用下变形量很小(小于 3%)时就发生破坏的性质。相应的破坏称为脆性破坏。

(5) 岩石的研磨性:钻头破碎岩石的同时,其本身也受到岩石磨损,这种岩石磨损钻头的能力称为岩石的研磨性。

(6) 岩石的可钻性:是指在一定条件下,钻进岩石的难易程度。也可理解为钻进过程中岩石抗破碎强度的大小。它反映了是岩石抵抗钻头破碎的能力。

在钻压 889.7 N(200 磅)、转速 55 r/min 的固定条件下,用钻头 ϕ31.75 mm(1～1/4 in)的微型钻头在岩心上钻孔,以钻进 2.4 mm 孔深所需要的时间 t_d 作为岩石可钻性指标,由此把岩石分为易钻的和难钻的(表 1-4-2)。

为应用方便,常用 $K_d = \text{Log}_2 t_d$ 作为可钻性指标,称为可钻性级值。

表 1-4-2 岩石可钻性分级

级别	Ⅰ	Ⅱ	Ⅲ	Ⅳ	Ⅴ	Ⅵ	Ⅶ	Ⅷ	Ⅸ	Ⅹ
t_d/秒	<4	4～<8	8～<16	16～<32	32～<64	64～<128	128～<256	256～<512	512～<1 024	≥1 024
K_d	<2	2～<3	3～<4	4～<5	5～<6	6～<7	7～<8	8～<9	9～<10	≥10
分类	极软			软	中软	中	中硬	硬		极硬

4.1.2 简单应力条件下岩石的力学性质

简单应力条件是指岩石受单一外载(压、拉、剪、弯)作用。简单应力条件下岩石力学性质具有以下一般规律。

(1) 在简单应力条件下,大部分岩石都接近弹性脆性体,岩石的破坏表现为脆性破坏。

(2) 岩石的弹性模量与所加载荷大小及应变种类有关。当载荷较小时,弹性模量接近常数,且各种应变情况下的弹性模量相差不大。当载荷较大时,在受压缩的情况下,弹性模量将随载荷的增大而增大;在受拉伸的情况,弹性模量则随载荷的增大而减小。

(3) 在动外力(如声波)作用下,大多数岩石服从直线虎克定律。

(4) 抗拉强度<抗弯强度<抗剪强度<抗压强度。

(5) 垂直于地层层面方向的岩石强度>平行于地层层面方向的岩石强度。

4.1.3 复杂应力条件下岩石的力学性质

岩石在三轴应力条件下的强度明显增加。随着围压的增大,岩石强度增大。

随着围压的增大,岩石由脆性向塑性转变,且围压越大,岩石破坏前呈现的塑性越大。岩石从脆性向塑性转变的压力(围压)称为临界压力。不同岩石临界压力不同。

4.2 影响岩石力学性质的因素分析

4.2.1 岩石结构

(1) 对于晶质岩石,硬度较高的矿物组成的岩石,其硬度也较高。

(2) 砂岩的强度随着石英含量的增加而增大;硅质胶结砂岩的强度>铁质砂岩的强度>钙质砂岩的强度>泥质砂岩的强度。

(3) 同种岩石孔隙度增大,其密度降低,其强度也降低。因此,岩石的强度一般随着埋藏深度的增加而增大。

4.2.2 井底各种压力

(1) 有效地应力越大,岩石强度越大、塑性越大。

(2) 井内液柱压力与孔隙压力之差越大,岩石强度越大、塑性越大。

4.2.3 载荷性质的影响

(1) 岩石的抗压强度>岩石的抗剪强度>岩石的抗弯强度>岩石的抗拉强度。

(2) 岩石对动载的抗力要比静载大得多。随着冲击速度增大,硬度增大,塑性系数减小。但在冲击速度小于 10 m/s 时,岩石硬度和塑性系数变化不大,接近于静载时的数值。

在 10 000 m 深度范围内,岩盐强度<泥页岩强度<石灰岩强度<石膏强度<白云岩强度。砂岩强度取决于胶结物及胶结程度。

在 10 000 m 深度范围内，岩盐塑性>石灰岩塑性>泥页岩塑性>石膏塑性>白云岩塑性>石英岩塑性。

4.3　岩石性质对钻井的影响

4.3.1　岩石性质对钻井的影响

（1）岩石性质影响钻进速度与钻头进尺。

（2）岩石性质，导致钻井过程出现复杂情况（如出现井漏、井喷、井塌、卡钻等），影响井眼的质量（如井斜、井径不规则等），且影响到固井质量。

（3）岩石性质使钻井液性能（密度、黏度、失水、切力、含砂、pH 值等）发生变化。

4.3.2　不同岩石性质易产生的钻井问题

（1）黏土、泥岩、页岩层：一方面，对于含蒙脱石较高的泥岩，极易吸收钻井液中的自由水而膨胀，使井径缩小，造成起下钻遇阻，甚至发生卡钻；另一方面对于伊利石含量高的泥岩，吸水后会产生剥落掉块，随着浸泡时间的延长，井径扩大或造成井壁坍塌。泥质岩一般较软，机械钻速快，但容易泥包钻头，要做好泥浆泵的维护；炭质页岩多呈薄片状，联结力弱，容易垮塌，施工时特别注意。

（2）砂岩层：其性质依砂岩颗粒的大小、成分以及胶结物的类型有很大的差别。颗粒越细，石英颗粒越多，硅质和铁质胶结物越多则越坚硬，越易磨损钻头，如石英砂岩；泥质胶结物越多，云母和长石的成分越多，则较软易钻；砂岩颗粒越粗，胶结物越少，渗透性越好，则容易产生泥浆的渗透性滤失，并在井壁上形成较厚的泥饼，引起泥饼黏附卡钻等复杂情况；同时，此类孔隙大的砂岩是油、气、水的良好储集层，在含有高压油、气、水的砂质岩层中钻进会发生油、气、水浸，要注意保护油、气层和防止井喷。

（3）砾岩：在砾岩层中钻进易发生跳钻、蹩钻和井壁垮塌；当泵排量小或钻井液黏度低时，不易将钻碎的砾石颗粒带出来。同时，有可能发生钻井液渗漏现象。

（4）石灰岩：一般较硬，钻速慢，有的石灰岩裂隙发育，钻遇裂隙时会引起蹩钻、放空、泥浆漏失等情况；有的裂隙有油、气、水，这时漏层就是油、气、水层，在漏失后还会接着发生井喷。因此正确的堵漏工艺、迅速有效地控制井喷、能否顺利进行中途测试、完井投产等，是石灰岩地区钻井的突出问题。

（5）当地层软硬交替时，易发生井斜，地层倾角较大者也易发生井斜。有时在地层交替处也容易出现垮塌现象。

（6）当岩层中含有可溶性盐类，即钻到石膏层、盐岩层时，要注意对钻井液性能的影响。

4.4　钻井过程中的地质问题

4.4.1　钻井过程中的压力问题

储层中的油气是具有压力的、可流动的流体，钻井必须采用一定密度的钻井液来平衡流体的压力。平衡地层压力是保证钻井作业安全、优质、顺利进行的先决条件，地层压力、地层破裂压力、地层坍塌压力是钻井过程中的三大重要参数。

（1）地层压力

指作用在岩石孔隙内流体(油气水)上的压力,也称地层孔隙压力。

地层压力是油气田开发中的重要基础参数,不仅决定着油气等流体的性质,还决定着油气田开发方式、开采技术特点、油气采收率及经济成本等。

(2) 地层破裂压力

在井下一定深度出露的地层,承受液体压力的能力是有限的。当液体压力达到某一数值时才会使地层破裂,这个液体压力称为地层破裂压力。

利用水力压裂地层,从20世纪40年代起就开始用作油井的增产措施,但对钻井工程而言,并不希望地层破裂,因为这样容易引起井漏,造成一系列的井下复杂事故。因此,了解地层的破裂压力对合理的油井设计和钻井施工十分重要。

(3) 地层坍塌压力

当井内液柱压力低于某一值时,地层出现坍塌,我们称这个压力为地层坍塌压力。

4.4.2 受地层压力和井内压力影响的主要钻井技术问题

地层被钻开形成井眼,井壁和井底作用的流体压力已经不是原始地层压力,而是还受到井内压力的影响。因此,在讨论地层压力对钻井的影响时不得不把井内液柱压力联系起来。液柱压力定得不合适会给钻井带来许多复杂情况和困难,如井漏、井侵(甚至发生井喷)、压差卡钻、井塌、破碎井底岩石的效率不高等。

(1) 对井底岩石破碎效果的影响

增大岩石的围压,岩石的强度增大、塑性增大。这种现象称为岩石的“各向压缩效应”。

① 液柱压力增大岩石的“各向压缩效应”,增大井内液柱压力与岩样增大围压的作用是类似的。因为液柱压力作用使井底岩石纵向压缩时应该发生横向膨胀,但因井底岩石受到周围岩石的限制,因而形成横向应力。

② 孔隙性地层的强度和塑性决定于有效应力较多的地层都具有一定的孔隙度,地层孔隙一般都充有一定的流体。

(2) 地层被钻开后的井漏与井侵

钻出的井眼内充有洗井液,洗井液漏失称为井漏。洗井液漏失需要有漏失通道,并且要有存储洗井液的空间(或者通到地面)。反之,地层流体能侵入井内,地层内一定存储有一定的地层流体。因此,发生井漏和井侵的地层是有一定孔隙性的地层。如果这种有一定孔隙性的地层封闭较好,它往往是储集油、气的地方。因此,发生井漏、井侵的层位通常就是油、气层,这是钻探时应注意的。

为了安全钻井,不希望发生井漏和井侵(以至引起井涌、井喷)。要使地层流体与井内流体之间不相对运移,首先应保证其压力平衡。但要实现真正的平衡是不可能的。第一,钻井中的多种作业使井内压力不断变化,泥浆密度要以井内压力最小的工况能平衡地层压力来确定,有时为了安全还要附加泥浆的密度,故井内压力一般总是大于地层压力的。第二,各地层的地层压力梯度不同,一种密度的泥浆要同时兼顾各层是不可能的,有的地层可能出现井内压力大大超过地层压力的情况。因此,出现了“上漏下喷”“下漏上喷”“漏喷同层”等情况。漏喷同层往往发生在厚度大的油气储层中,其底部的压力梯度不高,而油气层顶部具有较高的压力梯度。因此,钻井中不得不采用较高密度的泥浆,在上部能平衡油气压力,但钻到下部时就发生漏失,井漏后液柱压力降低就可能引起井喷。

另外,钻遇缝洞型天然气层时,由于天然气没有承托泥浆的能力,泥浆在重力作用下落入缝洞,而气体被置换进入井内,严重时可能引起井喷。

在非封闭的地层段发生漏失不会引起井喷,但是在缝洞发育的地区,这种漏失却很难处理。

(3) 压差卡钻

由于地层有一定孔隙性,当井内压力大于地层孔隙压力时泥浆滤失在井壁上形成泥饼。宏观上看泥饼起了屏障作用,使井内压力大于地层得以维持。如果钻具静止贴向井壁与泥饼黏在一起,钻具没有被黏的大半圆弧面受到液压力的作用,而被黏的圆弧面受地层压力作用,在这个压差作用下钻具被黏住,要能解卡,上提下放的轴向力必须克服钻具与泥饼的摩擦力。

4.4.3　井眼稳定问题

井眼围岩造成的井下地层垮塌等工程问题对钻井安全、进度的制约不容忽视,处理井下地层垮塌造成的工程问题直接使钻井成本上升,影响钻井的经济效益。

井眼围岩稳定性就是钻头钻凿岩石形成的圆形井眼一定范围内的岩石,在原有岩石提供支撑力被钻井液压取代,其井眼附近的岩石的应力发生重新分布,重新分布的应力如果超过岩石的强度就会出现井眼围岩不稳定问题。

(1) 井眼周围岩石应力重分布

当井眼钻开后,便破坏了天然地应力的平衡状态。井眼周围的岩石必须承担由已钻去的岩石先前承担的载荷,因而井眼周围岩石的应力增大,结果改变了围岩的相对平衡关系,形成新的应力状态。这种由于钻开井眼后,井眼周围岩石中的应力、应变调整而引起的天然地应力的大小方向和性质的改变过程,称为井眼周围岩石应力重分布,它直接影响井眼的稳定性。由于地层中油、气、水的作用,对井眼周围岩石便产生了一种附加应力,它叠加到钻开井眼后周围岩石的应力上,如果钻井液压力小于地层压力,流体将流入井内。把因井眼破坏而产生的岩石碎块冲到井眼内。

(2) 井眼的剪切破坏与拉伸破坏

常见的井眼失稳有两种主要类型,即高井眼压力下的井眼破裂和低井眼压力下的井眼坍塌。当井眼压裂时,井眼破坏的机理是岩石的拉伸破坏,当井眼坍塌时,井眼的破坏机理是剪切破坏。

(3) 影响井眼稳定的因素与解决失稳的途径

在实际钻井作业中,井眼稳定性还受钻井液密度、井温变化及钻井液滤液流动的影响。

通过以往研究,选用合适的钻井液密度是解决岩石力学不稳定性因素造成的井壁坍塌的主要途径。随着井深增加,增加钻井液密度能够补偿由于井壁温度上升而引起的切向应力的增加。在钻井作业中用密度高于初始漏失试验上限值的钻井液钻井,是解决井壁温度上升引起的井壁失稳的措施之一。

4.4.4　影响井斜的地质因素分析

4.4.4.1　井斜的原因

井斜就是井眼轴线偏离铅直线。井身质量的好坏是油气井完井质量的前提和基础,它直接关系油、气田的勘探开发工作。造成井斜的原因为:

(1) 地层因素

① 在倾斜的层状地层中钻井时,由于在层面交界处的岩石不能长时间支持钻压而趋向

沿垂直层面发生破碎。因而井眼下倾一侧的层面上形成小斜台，它对钻头施加一个横向作用力，把它推向地层的上倾方向，从而引起井斜，这就是所谓地层的“小变向器作用”。地层倾角越大，成层性越强，钻压越大，这种作用也越大。

② 沉积岩层不同方向的物性和强度是有差异的，一般来说，垂直层面方向岩石的强度低可钻性高，因此，在钻经这种地层时，钻头总是要保持沿这个破碎阻力最小的方向钻井的趋势，当地层呈倾斜状态时，这种自然趋势必然导致井斜。

③ 在软硬交错地层钻井时，可能发生突发性的严重井斜问题。当钻头从软地层进入硬地层时，由于钻头两侧的破碎阻力不均，使钻头的钻井方向向地层上倾方向倾斜，当钻头从硬地层进入软地层，由于类似前面所述的小变向器作用，迫使钻头沿地层上倾方向钻井。

④ 钻头在破碎呈倾斜的层状岩石时，牙齿在地层上倾方向一侧形成较多的岩屑量。由于两侧破碎的不均衡产生的增斜力，也迫使钻头改变方向。

(2) 下部钻具弯曲

下部钻具在钻压作用下发生弯曲是引起井斜的另一个重要原因，其弯曲程度越严重，井斜也越严重，它对井斜的影响表现在两方面：

① 下部钻具弯曲使钻头偏斜(相对于井轴)，其钻井方向偏离原井眼轴线，直接导致井斜。

② 下部钻具弯曲，使钻压改变了作用方向，即不在沿井眼轴线方向施加给钻头，而是偏斜了一个角度，从而引起井斜的横向偏斜力。

(3) 井眼不稳定造成大肚子井径也是造成井斜的原因

井眼不稳定形成的垮塌而使井径增大，从而使钻柱与井壁之间的间隙增大，钻柱受压弯曲偏斜角增大，引起更大的横向偏斜力。

4.4.4.2 井斜的危害

井斜过大，井眼偏离设计井位，将打乱油气田开发布井方案，对于勘探工作来说，井斜大了会使井深发生误差，使所得的地质资料不真实，并由于井底偏离设计井位，在断块小型油气藏的勘探工作中会错过储集层而造成失误。

井斜过大对钻井工作的本身也增加许多困难，甚至造成严重的事故，斜井内钻具易靠在井壁一侧，旋转过程中的摩擦以及在井斜突变井段钻柱发生弯曲，使钻柱磨损和折断，也可能造成井壁垮塌及键槽卡钻事故。

井斜过大会直接影响固井质量，造成套管下入困难，套管在井内不易居中，这往往是造成同井窜槽、管外冒油冒气的原因之一。

地质条件是造成井斜的重要原因，分析地质条件对井斜的作用就成为控制井斜和防斜一项重要工作，形成井斜的地质条件主要是地层岩性和地层倾角两个因素，而构造作用形成的断层带和软弱塑性地层在构造作用下形成的增厚，带也对井眼轨迹产生重大的影响。

4.5 页岩气勘查地质技术

油气勘探是指为了识别勘探区域或探明油气储量而进行的地质调查、地球物理勘探、钻探活动以及其他相关活动。油气勘探是油气开采的第一个关键环节，它是油气开采工程的基础，其目的是为了寻找和查明油气资源，利用各种勘探手段了解地下的地质状况，认识生油、储油、油气运移、聚集、保存等条件，综合评价含油气远景，确定油气聚集的有利地区，找到储油气的圈闭，并探明油气田面积，搞清油气层情况和产出能力的过程。

4.5.1　地震勘探

地震勘探是油气勘探中一种应用广泛的最重要的方法之一。地震勘探技术原理是：人工震源（如钻眼爆破等）引起地震波，即由人工制造强烈的震动（一般是在地下不深处的爆炸）所引起的弹性波在岩石中传播时产生的反射波或折射波，在地面或井下接收和观察地震波在地层中传播的信息，确定发生反射波或折射波的岩层界面的埋藏深度和形状，以查明地质构造、地层等。勘探所得的地震波信息可形象比喻为“心电图”，见图 1-4-1。地震勘探技术是勘探工程中最重要的勘探方法之一，其优点是精度高、分辨率高、探测尝试大、勘探效率高。

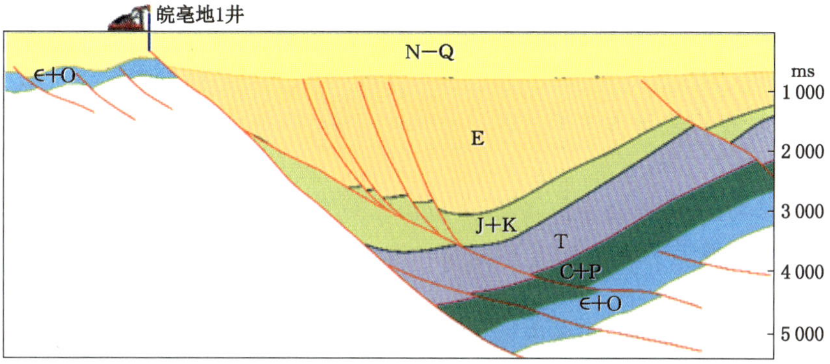

图 1-4-1　安徽北部地质调查井地震地质剖面图

由于地震勘探的测线只提供了二维的信息，要了解一定面积内的地下情况需要把各条测线的地震剖面进行对比，找出相关的信息推断测线之间的地下情况，才能形成整体概念，这就可能产生相当大的人为误差。三维地震是在一定的面积上采用地下地震信息的方法，它可从三维空间（立体的）了解地下地质构造情况。这种方法可以提供剖面的、平面的，立体的地下地质图构造图像，大大地提高了地震勘探的精确度，对地下地质构造复杂多变的地区特别有效。

通过三维地质可以比较准确的了解地质构造形态，进而确定施工井位，见（图 1-4-1）。

4.5.2　页岩气井地质工作

4.5.2.1　收集区域地质资料（皖亳 1 井为例）

首先要收集区域地质资料，详细进行实地踏勘（见图 1-4-2），了解地表岩层出露情况（见图 1-4-3），进行简单地质分层，以确定钻遇地层岩性特征及井位，。

4.5.2.2　组织钻井施工

钻前工程就是开钻前的准备工程。它包括以下内容：测定井位、落实水源、修筑道路、施工场地平整、钻机搬迁与安装、全套水路、电路、通信线路的铺设和安装防冻保温设施以及备齐开钻钻具和用料，做好开钻前孔口准备等。

进场前由施工单位编写施工设计，进场后要严格按照施工设计要求，精心组织实施与管理。钻探设备安装完毕，由甲方技术人员和施工单位组织地质、测量、探矿、安全技术、机械、安装、机场等方面人员组成验收小组，对安装质量逐项验收，验收合格后，填写“钻孔开孔检查验收单”，之后方可开钻。

图 1-4-2　地质人员在合肥进行地质调查

图 1-4-3　出露的石灰岩

施工范围依据甲方提供的四角拐点坐标、钻井位置依照设计井位坐标，采用仪器法进行布设。同时结合地形地物对照检查，以确保工区范围及井位坐标无误。工区范围及钻井定测可采用导线法、交会法等方法按照勘控点测量的要求实施测量。

(1) 平整场地

通过现场踏勘，工区地面条件较好，井位场地部署基本不受地面条件影响。根据设计和选用的钻机设备需要来平整场地，面积要满足施工需要。

(2) 供水方案

通过对工作区实地踏勘，工区内地表水源丰富，地下水埋藏较浅，无论是地面引水，还是浅井取水，都比较方便。需要等井位确定后，根据井位离地面水源远近程度确定具体方案。该区八月中旬后气候渐冷，施工时在夜间必须把水管内存留的水放出，以免冻管影响生产。

(3) 供电方案

皖亳地 1 井位于平原地带，根据施工单位现场踏勘情况报告，国家电网使用不方便，因此采用柴油发电机组提供动力，供机台现场和驻地生活使用。

现场设备用电为：钻机动力功率 90 kW，泥浆泵动力机 30 kW，绞车 7.5 kW，除砂器、除泥器各 7.5 kW，因本次设备配备都为“大马拉小车”，正常情况下都没有满负荷运转，总需要动力 142.5 kW，采用 200 kW 康明斯柴油发电机组完全能够满足要求。

开钻前如能协调采用国家电网常规供电，柴油发电机组作为备用。

(4) 通信线路方案

现场踏勘发现工区交通便利，后勤供应交通有保障。在井场附近修建简易路即可满足施工车辆进出运输，对难以载重车辆通行的松软道路可采取硬化措施(见图 1-4-4 所示的皖亳地 1 井施工现场)。

4.5.2.3　钻井地质编录

岩煤心录井是对取心钻进中钻取的岩、煤心进行分层、鉴定、描述、分析化验，综合研究而取得煤层物性和含气、水情况各项资料，达到建立岩性剖面目的的一种录井方法。岩煤心(见图 1-4-5 所示的皖亳地 1 井岩心)是最直接最可靠反映地下地质特征的第一手资料。

岩心描述的顺序为：颜色、成分、结构、构造、胶结状况、裂隙发育情况、充填物及定名；还应特别注意岩层中每组裂隙发育情况，包括倾向、倾角、结构面形态、裂隙长度、张开宽度、充填物、充填类型及裂隙组合类型，研究裂隙与钻井液消耗量的关系。岩心描述具体示例如下。

① 中粒石英砂岩岩心：浅灰色，成分以石英为主，长石次之，含少量暗色矿物岩屑及白

图 1-4-4 皖亳地 1 井施工现场

图 1-4-5 皖亳地 1 井

云母碎片，中粒砂状结构，厚层状，泥硅质胶结，具斜层理，层里面具黑色碳质薄膜，呈正粒序。圆度呈次圆状，分选磨圆中等。

② 石灰岩岩心：灰色，块状结构，具缝合线构造，裂隙发育，裂隙面被方解石充填，产少量蜓科化石，粉末遇稀盐酸溶液起泡反应，致密，坚硬。

为了及时分析地质情况，进行岩层对比，还需及时绘制综合柱状图(见图 1-4-6 所示的皖亳地 1 井综合柱状图)，将钻井深度、岩性特征、总烃、钻时及岩心地化数据资料合并成图。

4.5.2.4 井场恢复

① 复耕种植土采用在施工前期地面清表所存储在弃碴场里的清表种植土，如果所存储的清表种植土不够需要回填种植土时，采用在当地购买种植土回填。

② 复耕时先清除场地上的所有设施，采用混凝土破碎机将地表的所有混凝土全部破碎，将所有的破除混凝土用自卸汽车运输至指定弃碴场存放。

③ 土地复耕完成后，先通知监理进行初验收，初验收结束通过后，由业主单位组织，当地政府相关部门、监理单位、施工单位参加最后验收，验收通过，交予当地政府使用。

④ 清除井场内所有废料、废油和垃圾。

⑤ 拆除井场内所有地上和地下的障碍物。

⑥ 捞尽污水池和隔油池内的浮油。钻井液池和污水池无害化处理并回填

4.5.2.5 完井资料验收

油气井钻井结束后，要及时整理地质资料，原始资料装订成册，全部扫描存档，测井成果资料完成后，组织专家进行野外工作验收，对地层进行简单划分，确定完钻层位是否达到设计要求，钻井目的是否完成。

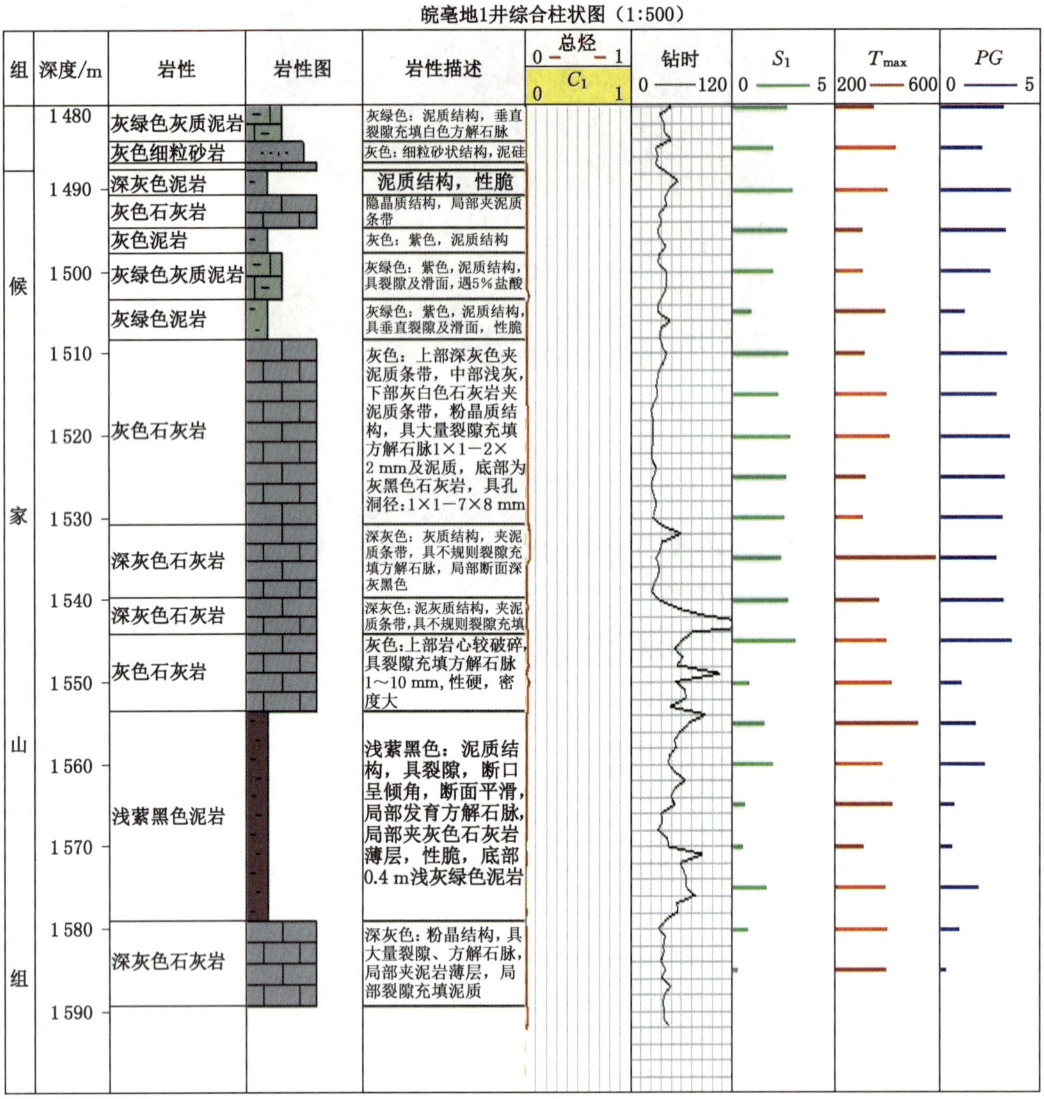

图 1-4-6　皖亳地 1 井综合柱状图

野外验收后，根据现场确定的地层划分数据，抓紧完善单井成果资料，按规定时间上交全部成果，进行综合验收评定。

5　钻遇构造产生的现象及处理措施

5.1　钻遇断层

5.1.1　钻遇断层产生的现象

（1）钻井时钻遇断层产生现象

① 钻井液消耗量明显增加，消耗量 5 m^3 以上，甚至不返泥浆，短期或长期内不能正常建立循环，堵漏困难。

② 出现井喷和井漏。

③ 出现跳钻和憋钻现象。

④ 井斜会产生变化。

⑤ 孔壁岩石容易表现出水敏性和力学不稳定，护壁困难，时常出现掉块卡钻、造成钻孔孔径增大、岩屑不易上返，垮塌严重时钻头无法下入井底，发生埋钻事故。

水平井钻遇断层，井眼轨迹易出目的层，造成多次追层，浪费工作量。在晋煤集团成庄矿 L 形水平井钻遇断层示意图见图 1-5-1。

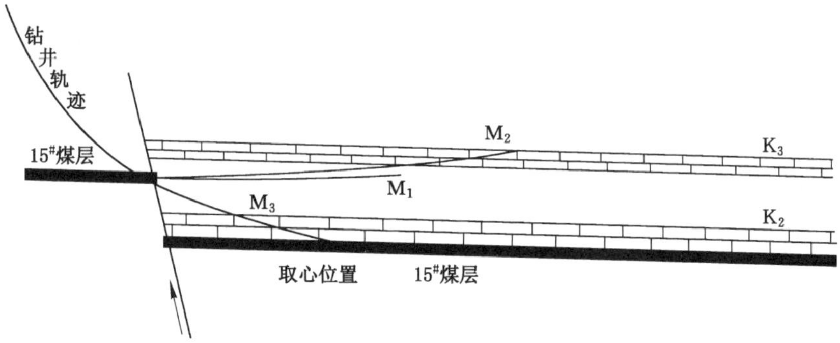

图 1-5-1　在晋煤集团成庄矿 L 形水平井钻遇断层示意图

（2）录井时钻遇断层产生现象

① 地层层序会出现缺失或者重复。

② 返至地面的岩屑，岩性比较杂，灰岩注浆变少，泥岩、砂岩明显增多。

5.1.2　处理措施

钻井时钻遇断层应对措施：根据现场漏失量大小调整泥浆性能进行堵漏、水泥封堵或下套管隔离，尝试跨过断层，如无法跨过，则考虑变更钻井设计，调整钻井轨迹，绕过断层，以实现最终施工目的。

5.2 钻遇褶皱

岩层在形成时，一般是水平的。岩层在构造运动作用下，因受力而发生弯曲，一个弯曲称褶曲，如果发生的是一系列波状的弯曲变形，称为褶皱。褶皱虽然改变了岩石的原始产状，但岩石并未丧失其连续性和完整性。

钻井时钻遇褶皱产生现象：直井无明显变化，水平井钻井施工过程中会出现地层异常。

钻井时钻遇褶皱应对措施：水平井施工过程中，根据褶皱大小，可以变更钻井设计，牺牲部分钻遇率以达到最终的施工目的；如无法追煤或跨越非煤段太长，则可以汇报甲方以提前完钻。

5.3 钻遇裂隙

在岩石中由于地质作用的影响而产生的裂缝。由于地壳运动而引起的裂隙，称为“构造裂隙”；由于风化作用而引起的裂隙，称为“风化裂隙”(属“次生裂隙”)。

钻井时钻遇裂隙产生现象：地层连续跳钻，扒车，钻井液漏失严重，岩心破碎。

钻井时钻遇裂隙应对措施：根据现场漏失量大小进行调浆堵漏或水泥封堵，尝试跨过裂隙，如无法跨过，则考虑变更钻井设计，调整钻井轨迹，绕过裂隙，以实现最终施工目的。

5.4 钻遇溶洞

溶洞，石灰岩被含有二氧化碳的流水所溶解、腐蚀而形成的天然洞穴。是可溶性岩石中因喀斯特作用所形成的地下空间，溶洞的形成是石灰岩地区地下水长期溶蚀的结果，石灰岩里不溶性的碳酸钙受水和二氧化碳的作用能转化为可溶性的碳酸氢钙。由于石灰岩层各部分含石灰质多少不同，被侵蚀的程度不同，就逐渐被溶解分割成互不相依、千姿百态、陡峭秀丽的山峰和奇异景观的溶洞，由此形成的地貌一般称为喀斯特地貌。

钻井时钻遇溶洞产生现象：在正常的钻进过程中，泥浆使用量的变化，是缓慢而平稳的。当泥浆的使用量突然加大，严重漏失，钻具跳车、或突然出现掉钻现象，很可能是钻遇裂隙或溶洞。

钻井时钻遇溶洞应对措施：小的溶洞可采用堵漏材料封堵、水泥封堵等措施，浅部也可下管封堵的技术进行封堵，若溶洞较大难以实现封堵，则应考虑侧钻或者移位避开溶洞。

5.5 钻遇陷落柱

5.5.1 钻遇裂陷落柱产生现象

(1) 地貌上陷落区的形状一般为椭圆形或者是扁圆形的陷落盆地。外围的岩层产状正常而连续，盆地中常常被不同地层的岩煤的碎块填充，无层序，混乱堆积。

(2) 陷落柱的总体形态一般是上小下大的不规则锥形，个别地方也有上下一样的圆柱状。它们在水平切面上多呈椭圆和扁圆形，直径大小不一。

(3) 陷落柱的岩石棱角分明，形状不规则，排列紊乱，大小混杂，为黏土充填黏结。如在某一层位观察陷落柱的岩块特征，可以发现它们都是来自同一层位上的各个岩层和煤层。

(4) 陷落柱与围岩的接触界面多呈现出不规则的锯齿状，界线明显，接触面的角度是上大下小，一般在50°～85°度之间，75°最常见，接触处的围岩产状基本正常，接触带的煤层以及顶底板一般无牵连现象，接近陷落柱3～5 m时，岩层裂隙发育，煤层十分破碎，有时可以见到落差不大的小正断层，断层的走向与柱体相切，倾向柱体。

(5) 陷落柱锥形体的中心轴与岩层层面近似垂直。因此，在倾斜岩层里陷落柱也发生歪斜，在水平的投影图上，各煤层的陷落柱范围并不是完全地重叠。

钻井工况：钻井施工易出现钻速加快，泥浆漏失，岩屑混杂、上返困难，钻具下不到底等现象。处理措施：加大泥浆比重，做好护壁措施，清理井底岩屑，降低钻井速度，多划眼。必要时可取心证实。

5.5.2 处理措施

钻井时钻遇裂陷落柱应对措施：地层出现陷落柱，则该井大概率已不能按设计完井；现场根据所钻区域的地层倾角，调整轨迹，尽量保障轨迹在煤层中施工更长的段。

第 2 篇　水平井及对接连通井施工技术

1 概 述

1.1 水平井发展历程

2004年之前，我国煤层气开发以直井水力压裂模式为主，产量增长缓慢；2004年，国内完成了第一口煤层气多分支水平井——DNP02井，以平均产量 $2\times10^4\ m^3/d$ 稳定生产4年，开启了中国高煤阶煤层气藏的水平井开发模式。

国内外学者开展了煤层气水平井地质适应性研究，煤层气水平井钻井与完井技术取得了一定的发展，主要内容包括：从多分支水平井到"U"形、单支及径向等水平井；从裸眼完井到筛管、套管固井及定向射孔等完井；从清水钻井液到聚合物、绒囊及可降解等钻井液；从单点定向到无线随钻定向、地质导向及近钻头地质导向等定向钻井技术；从常规固井到双级、半程及泡沫等固井技术。

从2008年底至2020年底，全国煤层气井完成数量从2 796口增长至19 540口，其中水平井从72口增长至1 677口。煤层气水平井钻井与完井技术主要在山西沁水盆地、鄂尔多斯盆地东缘高-中煤阶煤层气开发中取得了较好的效果。

1.2 水平井技术原理

国内外学者对水平井的井型与井身结构、井壁稳定、漏失封堵、轨迹控制与完井增产方式等开展了大量研究，并取得了丰硕成果。

1.2.1 井型

我国煤层气藏地层条件与煤岩结构差异性较大，井身结构设计需要综合考虑地质构造与地应力特征、地层压力、煤质与煤体结构、煤层深度与厚度等多种因素，尤其是钻遇严重漏失的地层，需要通过井身结构特殊设计加以封固，以保持井眼的稳定性。

1.2.1.1 多分支水平井

多分支水平井是集煤层气钻完井与增产于一体的集成技术，能够最大限度沟通煤层割理（微裂隙）和裂缝系统，增加排水泄压面积，降低煤层裂隙内气液两相流的流动阻力，大幅度提高单井产量，减少井数。多水平井适用于煤层原生裂隙发育、厚度较大、地层稳定、构造简单及煤岩结构完整的区块，如沁水盆地南部及鄂尔多斯盆地东缘的三交、柳林等区块。

1.2.1.2 U形水平井组

U形水平井组由一口直井（或定向井）与一口或多口水平井组成，生产直井位于煤层低部位，水平井整体下倾钻进并与直井连通。U形水平井技术发展初期采用裸眼完井，在生产中出现水平段裸眼井壁坍塌和煤粉产出，导致直井修井频繁、产量下降等。为了解决上述问题，在水平井下入筛管支撑井壁和控制煤粉产出。

1.2.1.3　单支水平井

单支水平井（又称L形水平井）套管射孔完井或筛管完井在支撑井壁以维持流体产出通道的同时，满足了增产与修井作业条件。

1.2.2　井眼轨迹控制技术

井眼轨迹控制技术是直接关系到煤层气水平井煤层钻遇率与工程质量的关键核心技术之一。煤储层具有埋深浅、夹矸层发育、同层煤岩结构差异性大等特征，水平井钻进需要地质导向技术控制钻头钻遇地质“甜点”区并避开风险地层；高陡构造煤层与薄煤层需要配备近钻头地质导向仪器，进行井身轨迹控制以保证煤层钻遇率；煤层顶板水平井钻进过程中需要严格控制水平井眼与煤层间距，对井眼轨迹控制提出了更高的要求；同时，磁导向钻井技术是煤层气水平井与直井洞穴精准对接连通的必要技术保障。

1.2.3　井壁稳定技术

井壁失稳一直是煤层气钻井遇到的技术难题之一，更是煤层水平井眼安全钻进的关键所在。煤岩具有脆性大、强度低等特点，煤岩密布的割理、裂隙结构决定了其各向异性与非连续性比较强。基于连续介质力学的井壁稳定模型不适用于煤层，屈平等人分析了地应力和裂纹应力对近井壁煤样的影响。

结合裂缝尖端应力场、应力强度因子、断裂韧性及D-P准则等形成了节理煤层井壁稳定评价模型，结合实例评价了煤储层水平井的井壁稳定性。

1.2.4　储层保护钻井技术

煤岩割理与节理发育，双孔隙结构增加了煤岩的吸附能力，使煤岩具有很强的水敏性与压敏性，特别是欠压实煤层在钻进过程中容易发生漏失。因此，煤层更易受到钻井液伤害，由此直接影响到了煤层气的解吸、扩散、运移及后期排采等技术效果。煤层气钻井过程中钻井液与完井液不可避免地对煤层气储层造成伤害，钻井液固相颗粒堵塞煤岩裂缝通道，钻井液流体侵入煤岩引起黏土矿物水化膨胀堵塞孔隙，高分子材料吸附煤层或堵塞裂缝，钻井液液柱压力对煤层气储层造成伤害。

1.2.5　煤层气水平井完井技术进展

煤层气水平井完井主要分为多分支裸眼完井、筛管完井、套管固井射孔完井与套管定向射孔完井方式，而煤层地应力、煤体结构及物性特征等因素，也决定了煤层气水平井需要采用不同的完井方式。煤层气水平井完井方式与工艺的优化设计，直接影响到单井煤层气产量与采收率。因此，综合考虑煤层气水平井开发地面条件与储层特征，精细化完井工艺技术，能够有效提高单井产量与采收率、降低综合开发成本。

2　钻前工程

2.1　井位选择

(1) 根据业主单位给定的井位坐标,由技术部门和施工单位实地勘测确定地面井口位置。设备安装完成后复测井位坐标。

(2) 油、气井井口距高压线及其他永久性设施不小于 75 m,距民宅不小于 10 m,距铁路、高速公路不小于 200 m,距学校、医院和大型油库等人口密集性、高危性场所不小于 500 m。在地下矿产采掘区钻井,井筒与采掘坑道、矿井坑道之间的距离不小于 100 m。

(3) 含硫油气井井场应选在较空旷的位置,宜在前后或左右方向能让盛行风畅通。

(4) 井口距堤坝、水库的位置应根据国家水利部门的有关规定执行。

2.2　井场布设

2.2.1　井场选择原则

(1) 根据自然环境、钻机类型及钻井工艺要求确定钻井设备安放位置,井场入口处标识牌应依次摆放“钻井队号牌”“入场须知和紧急逃生路线牌”“硫化氢警示牌”“民警提示牌”。

(2) 井场应避开滑坡、泥石流等不良地质地段,在河滩、海滩地区应避开讯、潮期进行钻前施工。

(3) 充分利用地形,节约用地,方便施工。

(4) 满足防洪、防喷、防爆、防火、防毒、防冻等安全要求。

(5) 有利废弃物回收处理、声光屏蔽等,防止环境污染。

(6) 在选择井场时应考虑钻机井架和动力基础选在挖方处。

(7) 在环境有特殊要求的井场布置时,应有切实的防护设施。

2.2.2　井场方向的规定

(1) 以井口为中点,以井架底座的两条垂直平分线的延长线为准线,划分井场的前、后、左、右。

(2) 以与大门平行的井架底座的垂直平分线为准线,大门所在区域为前。

(3) 站在大门前方的准线上,面对大门,准线左侧区域为左,准线右侧区域为右。

2.2.3　大门方向的确定

(1) 大门方向应符合井控安全要求。

(2) 布置大门方向应考虑风频、风向。大门方向应面向季节风。一般情况下的井架大门方向要朝南或东南。

(3) 大门方向宜面向进入井场的道路,井场道路宜从前方进入。

(4) 含硫油气井的大门方向应面向盛行风。

2.2.4 井场面积的确定

(1) 井场面积是指钻机主要设备、辅助设施、沉砂池、排污池、生产用房、锅炉房、燃烧池、放喷池和井场内道路所占的面积。

(2) 各类型钻机井场面积(不含放喷池、燃烧池)见表 2-1-1。

表 2-1-1 各类型钻机井场面积

钻机级别	井场面积/m^2	长度/m	宽度/m
ZJ10	≥6 400	≥80	≥80
ZJ20	≥6 400	≥80	≥80
ZJ30	≥8 100	≥90	≥90
ZJ40	≥10 000	≥100	≥100
ZJ50	≥11 025	≥105	≥105

(3) 燃烧池和放喷池的设置应符合井控安全要求。实施欠平衡钻井作业的还应在井场右侧增加一个面积不小于 1 000 m^2 的燃烧池,在井场左侧增加一个面积不小于 1 000 m^2 的放喷池。燃烧池和放喷池的池体高度应在 2 m 以上,池体边缘距井口应在 75 m 以上。

(4) 在环境敏感地区,如盐池、水库、河流等,应在右侧增加一个专用的体积不少于 200 m^3 的放喷池,池体边缘距井口应在 75 m 以上。

(5) 进行特殊工艺井施工时,应根据施工的特殊性、设备等因素,在规定的基础上,适当增加井场面积。

2.2.5 基础选型与布置的技术要求

(1) 设备基础地基承载能力不小于 0.15 MPa,遇不良地基应进行技术处理。

(2) 冻土地区现浇混凝土基础的基底应埋入冻结线以下深度不小于 250 mm。

(3) 设备基础顶面应高于场面不小于 100 mm。

(4) 钻井液储备罐如果未配供给、输出设施,储备罐底座应高于钻井液循环罐顶面 500 mm 以上;钻井液储备罐如果配备有相应的供给、输出设施,则储备罐可不配高支架,底座可与钻井液循环罐底座处于同一平面上。水罐应满足钻台正常用水;储油高架罐底座应高于柴油机供油箱顶部 200 mm 以上。

(5) 为防止基础积水,基础之间的地表宜采用适当水泥抹成厚 50 mm 水泥面,并挖出排水沟。

(6) 预留钻井鼠洞和圆(方)井和一开沟。

2.2.6 井场及道路

2.2.6.1 井场

① 井场应平坦坚实,能承受大型车辆的行驶。

② 井场应满足钻井设备的布置及钻井作业的要求。

③ 井场中部应高于四周，以利于排水。

④ 井场、钻台下、机房下、泵房要有通向污水池的排水沟。

⑤ 雨季时，井场周围应挖环形排水沟。

⑥ 井场应有利于污水处理设施的布置。

⑦ 井架绷绳锚坑或绷绳墩位置应按相应类型钻机的井架安装说明书执行。

⑧ 在草原、苇塘、林区的井，布置井场时应按照防火、防爆、防污染等国家及地方法规执行。

⑨ 在山区、丘陵地区、河床、海滩，湖泊、盐田、水库、水产养殖场钻井，井场应相应设置防洪、防泥石流、防山体滑坡、防腐蚀、防污染等安全防护设施。

⑩ 在沙漠布置井场应注重防风、防沙。农田内井场四周应挖沟或围土堤，与毗邻的农田隔开。井场内的污油、污水、钻井液等不得流到田间或水溪。

2.2.6.2　道路

① 山岭丘陵地区选定井场道路应避开滑坡、泥石流等不良地质地段。

② 通往井场的道路，应满足建井周期内各型车辆安全通行，特别应考虑满足抢险车辆的通行。

③ 干道公路宜采用 JTGB 01 规定的三级公路标准。

④ 单井井场道路宜采用 JTGB 01 规定的四级公路标准。

⑤ 根据地质构造和井位布局确定道路走向。

⑥ 特殊地区(如沙漠、草原、海滩)的井可修建能满足运输通行条件的道路。

⑦ 高含硫气井还宜修有一条备用应急通道，以便一旦出现硫化氢或二氧化硫的紧急情况下可根据风向选择从现场撤离。

2.2.6.3　路面处理

① 对于钻井作业周期较长或雨季钻井施工的井场道路，路面以能使车辆顺利通行为原则并预留会车台，必要时可铺垫碎石、钢渣或废砖等。铺垫宽度不得小于 4 m，铺垫高度依据路基情况而定。

② 对通往井场的干线路，路面铺垫宽度不小于 8 m，高度不小于 0.3 m，拐弯处路面需加宽 1～2 m，边坡比 1∶1.25。

③ 路拱坡度一般为 3%～5%。

2.2.7　井场环保

(1) 在钻前工程设计和施工中，环境保护按照 SY/T 6276 的要求执行。

(2) 井场内应有良好的清污分流系统。

(3) 井场后(或右)侧应修建钻井液储备池。净化系统一侧应修建排污池，配备废液处理装置。振动筛附近应修建沉沙坑。

(4) 钻井液储备池、排污池、沉沙坑应采取防渗漏及其他防污染措施。

(5) 发电房和油罐区四周应有环形水沟，并配备污油回收罐。

2.2.8　房屋

(1) 井场生产用房 的布置应本着因地制宜、合理布局、有利于安全生产的原则综合考虑。

(2) 移动板房应置于井场边缘 50 m 外的上风处。含硫油气井施工时，野营房离井口不小于 300 m。

(3) 钻井的主要设备宜设置遮盖棚。

2.2.9 井场设备布置

2.2.9.1 主要设备的布置

① 根据大门方向及不同类型钻机布置井架底座、绞车、柴油机及联动机、电动机、钻井泵的位置。

② 柴油机排气管出口避免指向油罐区。

③ 含硫油气井所有设备的安放位置应按照 SY/T 5087 的要求执行。

2.2.9.2 净化系统

① 循环罐布置在井场的右侧,其中心线距井口 11～18 m,从振动筛依次向后设置。

② 高架钻井液槽应设置一定的坡度并满足录井要求。

③ 除气器、除砂器、除泥器、离心机依次安装在循环罐上。

2.2.9.3 发电房及油罐区

(1) 机械钻机

① 发电房应布置在井场的左方,与井口的距离不小于 30 m。

② 油罐区应布置在井场的左后方,与井口的距离不小于 30 m。

③ 发电房与油罐区的距离不小于 20 m。

(2) 电动钻机

① 发电机组和电控房(SCR/MCC)应并排置于井场的后方,与井口的距离不小于 30 m。

② 油罐区应布置在发电机组的后方或左后方,与井口的距离不小于 30 m。

③ 发电房与油罐区的距离不小于 20 m。

2.2.9.4 井控设备

① 防喷器远程控制台应布置在井口左前方,距井口不小于 25 m。

② 压井管汇设置在井口左侧,其技术要求按照 SY 5974 的要求执行。

③ 节流管汇设置在井口右侧。其技术要求按照 SY 5974 的要求执行。

④ 放喷管线应按照 SY 5225 的要求执行:含硫油气井其放喷管线按 SY/T 5087 的要求执行。

⑤ 液气分离器应安装在井口右侧距井口 11～14 m 的地方。

2.2.9.5 井场主要用房

① 综合录井房、地质值班房、钻井液化验房、值班房应摆放在大门右前方井场边缘安全位置。

② 材料房、消防房、工具房等井场用房宜摆放在井场左前方有利于生产的位置。平台经理房(队长房)、钻井监督房等用房宜摆放在井场前侧有利于安全和指挥生产的位置。

③ 锅炉房距井口应不小于 50 m,距油罐区应不小于 30 m。

④ 含硫油气井井场工程值班房、地质值班房、钻井液化验房设置的位置应按 SY/T 5087 的规定执行。

2.2.9.6 消防器材

① 消防器材配备数量按 SY 5974 的要求执行。

② 含硫油气井消防器材房的摆放按 SY/T 5087 的要求执行。

③ 消防砂应堆放在柴油罐和发电房附近。

2.2.10　其他设施布置

(1) 欠平衡等特殊钻井作业的钻井设施位置按相关标准执行。

(2) 钻井液材料应摆放在混合漏斗或加重泵附近。

2.3　钻井设备与安装

2.3.1　钻井设备

目前，国内大量使用的是转盘旋转钻机和车载钻机，其主要大型钻机类型有 TSJ-2000、TSJ-2600、GZ-2600、ZJ-20、ZJ-30、ZJ-40、CMD-100、XSC30/1200、ZJ-45J、F200-2DH、F400-4DH 等。

钻井设备是指钻进作业所需要的各种机械设备的总称。包括绞车、井架、天车、游车、大钩、水龙头、转盘、钻井泵(泥浆泵)、高压管及低压循环罐、动力机、联动机组和发电机组等主要设备和由气源装置、气控元件、执行元件组成的气控制动系统。由发电机组、分电盘、线路、用电器组成的电力系统等辅助设备。

钻井设备按其功用通常分为四大系统。(a) 动力系统：包括柴油机、联动机及其辅助设备。(b) 循环系统：包括钻井泵(泥浆泵)、地面管汇(循环罐)、钻井液静化设备。(c) 旋转系统：包括(动力传递系统、链轮、链条或万向轴)转盘、方钻杆、水龙头。(d) 提升系统：包括绞车、游动滑车、井架、天车、钢丝绳(大绳)。

钻机八大件是指：井架、天车、游动滑车、大钩、水龙头、绞车、转盘、泥浆泵。

2.3.2　设备安装

(1) 转盘安装要周正、水平、稳固，用水平尺检查转盘各方向的偏差均在半个水泡内。

(2) 天车、大钩、转盘中心三点一线偏差不超过 20 mm。

(3) 皮带轮传动用拉线法检测，偏差不大于 5 mm。

(4) 靠背轮传动用千分尺检测，径向偏差不大于 0/5 mm。

(5) 井架设两道绷绳 8 根，直径为不小于 12.5 mm 钢丝绳对角固定，绷绳墩与井眼距离保持在 16 m 以上；绷绳的水平角不得大于 45°，用拉紧器拉紧，作用是防强风吹。

(6) 钻机底板下面禁止添土方找平，防止钻机底船产生倾斜。

(7) 塔上必须安装避雷针，高出钻塔 2.50 m，并要求与钻塔绝缘，接地电阻不得大于 15 Ω。

(8) 塔形井架安装有爬杆法和旋转爬杆法。A 形井架采用水平安装，有整体吊升法、有撑杆法和人字形法。

3 钻井施工

3.1 施工前准备工作

(1) 施工前井队长、定向技术人员、钻井技术人员、录井人员等相关人员召开技术研讨会,根据施工设计,结合所施工区域地质资料制定合理的钻进技术参数、钻具组合、选择合适的机具(螺杆),并列出重点注意事项,制定施工组织措施。

(2) 开钻前、二开钻井施工、水平段施工都要根据钻井施工组织措施,组织相关技术人员、井队长、班长及所有员工开会学习,做好技术交底工作。

(3) 要做好交接班工作和开好进出班班会,上下班交接一定要清,包括当前施工状况、孔内情况、机械设备情况、所选用钻进技术参数,泥浆性能等。

(4) 钻机井队长带领所有员工做好泥浆的配置,定时、定量、定人对钻探设备、钻井机具的检查、日常维护保养,对泥浆泵易损件要及时检查更换(每次下钻前都要做好以上工作)。

(5) 定向技术人员要做好随钻测量仪器检查、校正、维护保养和对螺杆的检查,每次下钻都要在井口做好调试,确保仪器设备正常工作;录井人员做好录井准备各项工作。

3.2 一开钻井

(1) 钻具组合

一开钻具组合见表 2-3-1。

表 2-3-1 一开钻具组合

井段	钻具组合
一开直井	ϕ346 mm 钻头+ϕ203.2 mm 钻铤+ϕ127 mm 钻杆+方钻杆

(2) 一开直井段泥浆性能

一开直井段泥浆性能见表 2-3-2。

表 2-3-2 一开直井段泥浆性能

黏度/s	密度/(g/cm^3)	失水量/(mL/30 min)	含砂量/%	pH 值
35～40	1.03～1.06	5～8	<5	9－11

注:主要以黏土粉浆为主,如遇地层消耗大、漏失,可以加入少量羧甲基纤维素(CMC),加惰性材料(锯末、棉籽壳等)

(3) 钻进技术参数

一开钻进技术参数见表 2-3-3。

表 2-3-3　一开钻进技术参数

钻压/kN	转数/(r/min)	排量/(l/s)	泵压/MPa
10～60	40～60	42	0.5～3

注:排量是指 QZ3NB—1000 缸套直径 170 mm 泵的额定排量。

(4) 施工要求及注意事项

① 接好一开钻头,提出转盘大方瓦,下入钻头,钻头进入圆井(或方井)后放好转盘大方瓦,开泵,启动转盘,轻压、慢转。

② 表层套管的沉砂口袋不大于 2 m。

③ 钻完表层井深,调整好钻井液性能,循环两周,测斜起钻。

④ 起钻时连续向井内灌满钻井液,钻头出转盘前要提出大方瓦,再上提钻具使钻头过转盘,放好转盘大方瓦。

⑤ 卸钻头,盖好井口。

⑥ 钻具放入立柱盒并拉进立根排放架,挂好保险键,锁住挡板防止立柱出二层台。

(5) 安全要求

① 钻头接触地表要开泵,启动转盘,保证井眼规则,防止下表层套管困难。

② 卸钻头要按规定要求操作,严防井下落物,卸下后将钻头螺纹、牙轮清洗干净,螺纹涂抹好螺纹脂后妥善存放。

3.3　导眼施工

施工导眼是在井位地质条件认识不明确的情况下,为取准资料,确定准确层位,为水平段施工做基础而打的井,其目的是为了了解目的层的岩性、物性、电性、含油性、油气藏的油水关系、构造情况及其变化,以便确定水平井的 A,B…等靶点参数,起到校正设计靶点的作用。但其主要作用还是校正 A 靶点的位置(A 靶点是水平井水平段的起始点)。导眼可以是直导眼也可以是斜导眼。直导眼距靶 A 的距离较远,在地质条件比较复杂的情况下,直导眼井不能满足要求,则需打斜导眼。

3.3.1　直井段导眼施工

(1) 钻具组合

直井段导眼钻具组合见表 2-3-4。

表 2-3-4　直井段导眼钻具组合

井段	钻具组合
直井段导眼	ϕ241.3 mmPDC 钻头＋ϕ185 mm 螺杆＋ϕ172 mm 无磁＋ϕ127 mm 加重钻杆＋ϕ127 mm 钻杆＋方保

(2) 直井段导眼泥浆性能

直井段导眼泥浆性能见表 2-3-5。

表 2-3-5 直井段导眼泥浆性能

黏度/s	密度/(g/cm³)	失水量/(mL/30 min)	含砂量/%	pH 值
35～40	1.03～1.06	5～6	3～5	8～10

(3) 钻进技术参数

直井段导眼钻进技术参数见表 2-3-6。

表 2-3-6 直井段导眼钻进技术参数

钻压/kN	转数/(r/min)	排量/(L/s)	泵压/MPa
20～60	40～60	30	0.5～6

(4) 施工要求及注意事项

① 开眼要直,钻水泥与地层交界面时容易打斜,钻压一定要小,待钻铤全部进入新地层后再正常加压钻进。二开后的第一只钻头开始 50 m 钻进一般要求用小于 80 kN 钻压钻进。

② 若上部地层易吸水膨胀,形成厚泥饼阻卡,必须坚持短程起下钻制度,保证起下钻畅通。每钻进 200～300 m(或纯钻时间 35～40 h),短程起下钻一次。起钻过程中如有遇阻要反复拉井壁或划眼,直到畅通无阻后再下钻到井底继续钻进,每钻完一个单根先上提划眼一次后再接单根。

③ 钻进时,要求送钻均匀,钻压和转速在设备能力允许范围内尽量按设计要求执行,不能猛增猛减。如有整跳等情况时,应优选合适的钻压、转速。

④ 严格控制起下钻速度,防止抽吸压力或激动压力造成井涌、井塌、井漏等井下复杂事故。

⑤ 钻进时,要做到早开泵、慢开泵、晚停泵,每次起钻前充分循环钻井液,保持井眼干净,以减少井下复杂情况。

⑥ 起钻时应连续向环空灌浆,若灌入量大于或小于应灌入量,均应停止起钻作业,进行观察,如有溢流,应及时关井求压。下钻时若井口返出钻井液异常,应立即停止作业,先小排量开泵循环,待正常后再继续下钻。起完钻要及时下钻,检修设备时必须保持井眼内有一定数量的钻具。

⑦ 为确保直井段井身质量,坚持按要求进行单点测斜监控。监测要求:每钻进 50～150 m 测斜一次,计算井眼轨迹。严格控制井斜角、水平位移在设计要求的范围内,直井段水平位移小于 30 m,若发现有超标趋势,及时采取吊打或定向纠斜等措施。

⑧ 加强钻具管理,建立健全钻具记录,严禁带伤钻具入井,接头在井下工作 300 h,必须更换。起钻时应错扣检查钻具。凡下井钻具、接头、工具,井队技术员应做好记录,绘好草图。

⑨ 起钻前,要充分调整好泥浆性能,并循环好为定向造斜钻进作好井眼准备。

3.3.2 斜井段导眼施工

(1) 斜井段钻具组合

斜井段导眼钻具组合见表 2-3-7。

表 2-3-7　斜井段导眼钻具组合

井段	钻具组合
斜井段导眼	ϕ241.3 mmPDC 钻头＋ϕ185 mm 螺杆＋ϕ172 mm 无磁＋ϕ127 mm 加重钻杆＋ϕ127 mm 钻杆＋方保

(2) 斜井段导眼泥浆性能

斜井段导眼泥浆性能表 2-3-8。

表 2-3-8　斜井段导眼泥浆性能

黏度/s	密度/(g/cm^3)	失水量/(mL/30 min)	含砂量/%	pH 值
35～40	1.03～1.06	5～6	3～5	8～10

(3) 钻进技术参数

斜井段导眼钻进技术参数见表 2-3-9。

表 2-3-9　斜井段导眼钻进技术参数

钻压/kN	转数/(r/min)	排量/(L/s)	泵压/MPa
20～80	40～60	30	0.5～6

(4) 施工要求及注意事项

① 下钻遇阻不超过 100 kN,禁止硬砸硬压,以冲通为主,特别是下钻到造斜点时,严格控制下钻速度,防止把钻头和稳定器塞入小井眼中,造成卡钻事故。

② 调整和维护好泥浆性能,使流动性、润滑性、携岩性、抑制性、防塌性都达到最佳状态,并严格使用四级净化装置。

③ 若井下情况复杂,需要进行通井和划眼时,原则上采用上一趟钻具结构,如因实际情况必须改变钻具结构时,钻具的刚度必须小于上趟钻具的刚度,且有正、倒划眼的能力。

④ 进行短起下一次,确保井眼干净、畅通。

⑤ 以上钻具组合及钻进措施和参数,由定向井工程师现场根据轨迹控制的实际需要确定或调整。

⑥ 每钻进 1 个单根测量一次井斜和方位,及时预算井身轨迹,做到垂深、位移、井斜、方位四到位。

⑦ 旋转钻进时,可根据现场施工情况,调整钻进参数,改变增斜率,以增加旋转钻进的井段,提高施工速度。

3.4　二开钻井

二开钻井施工是水平井施工的重点环节之一,该阶段需要根据钻遇的标志层与导眼的标志层进行对比,以调整钻井轨迹,以合适的井斜角和靶前距进入煤层。二开钻井的入窗角合适与否是三开水平段施工顺利与否的关键。

二开侧钻是二开正眼施工的起始关键，侧钻方式分为降斜侧钻和增斜侧钻。两种方式各有优劣，降斜侧钻成功率较高，但需要导眼封填的井段较长，重复进尺较多，施工成本较大；增斜侧钻成功率偏低，但导眼封填的井段较短，重复进尺较少，施工成本较少。侧钻时需要综合考虑的因素：水泥塞位置，轨迹狗腿度大小，地层可钻性强弱，钻具组合及螺杆选用，钻时控制等。

（1）二开井段钻具组合

二开井段钻具组合见表 2-3-10。

表 2-3-10　二开井段钻具组合

井段	钻具组合
二开直井段	ϕ241.3 mmPDC 钻头＋ϕ185 mm 螺杆＋ϕ172 mm 无磁＋ϕ127 mm 加重钻杆＋ϕ127 mm 钻杆＋方保
二开定向段	ϕ241.3 mmPDC 钻头＋ϕ185 mm 螺杆＋ϕ172 mm 无磁＋ϕ127 mm 加重钻杆＋ϕ127 mm 钻杆＋方保

（2）二开井段泥浆性能

二开井段泥浆性能见表 2-3-11。

表 2-3-11　二开井段泥浆性能

黏度/s	比重/(g/cm^3)	失水量/(mL/30 min)	含砂量/%	pH 值
35～40	1.03～1.06	5～6	3～5	8～10

二开钻井要针对不同地层调整好泥浆性能，特别是井斜超过 45°时要保持泥浆润滑性良好，每班及时做好泥浆性能测试、做好泥浆净化工作并做好泥浆性能记录；泥浆消耗量大，禁止直接加入清水，泥浆比重、黏度大，泥浆性能调整严禁幅度过大，要循序渐进。

在钻进过程中，泥浆携带岩屑不好，摩阻大要适量加入羧甲基纤维素（CMC），液体润滑剂（或者固体润滑剂），泥浆消耗量大或出现漏失情况时，加羧甲基纤维素（CMC）、随钻堵漏剂、高粘堵漏剂等调整泥浆性能。

（3）二开钻进技术参数

二开钻进技术参数见表 2-3-12。

表 2-3-12　二开钻进技术参数

井段	钻压/kN	转数/(r/min)	排量/(L/s)	泵压/MPa
二开直井段	20～60	40～60	30	2～4
二开定向段	20～80	—	30	4～7

钻进过程中，每钻进一根要充分划眼循环，确保钻孔内干净，井底无岩屑、沉渣，上提及下放无阻力、无扭矩，方可接单根；上提钻具遇阻，上提拉力禁止大于钻具自重 1.5 倍。定向

钻进段严格按照钻井技术作业指令服从定向技术人员要求指令施工，按照要求选择钻进技术参数。

复合钻进时螺杆弯角推荐在 1°以下，最大不能超过 1.5°，转速不能超过 60 r/min。

（4）施工要求及注意事项

① 二开下钻过程中钻具丝扣按规定力矩上紧，严禁钻具转动，下钻过程中严格控制下钻速度，要均匀、平稳，严禁猛刹猛放。

② 防止下钻时顿钻，钻具（含螺杆钻具）禁止直接下入井底；下钻遇阻提离井底开泵循环，螺杆钻进过程中，泵压表变化应该作为钻进第一技术参数，指重表所示的压力与钻头所受的压力是不一样的。

③ 钻进速度不宜太快，施加钻压不能太猛，均匀送钻，螺杆钻进应根据螺杆设计压力选择钻压，钻压过大钻具会滞动（即钻头不转），此时泵压会在正常泵压下突然猛增。

④ 进入目的层，司钻操作人员要提前 30 m 观察钻时及钻具扭矩变化，钻时变快，扭矩变小，要及时停钻循环，同时通知录井人员，观察气测值，并捞好岩粉样，确保判层准确。确定目的煤层后，严格按照本井设计要求做好着陆准备。

⑤ 二开即将着陆时，要根据标志层的变化推算地层倾角的变化，进而推断着陆位置时目的层的埋深及位移，及时调整轨迹，以最佳的入窗角度进入煤层。

⑥ 二开着陆后，起钻前要充分划眼循环。钻具要上下活动，避免钻头在同一个地方循环。在起钻过程中，钻具上提速度要均匀，遇阻不能强拉，同时及时开泵循环，循环正常，上提无阻力，方可提钻，在起钻过程中要及时灌孔。井上下对接井施工现场见图 2-3-1。

图 2-3-1　井上下对接井施工现场

3.5　通井、划眼及下套管作业、固井

3.5.1　划眼、通井

划眼分为正划眼和倒划眼，正划眼就是旋转钻具向下划眼，倒划眼就是旋转钻具向上划眼。在水平段侧钻点附近及井斜变化较大的井段常进行划眼作业。正常钻进中经常进行的是正划眼，可以使井壁更规则，防止小井眼出现，防止卡钻等复杂事故发生。一般发生键槽

卡钻、缩径等复杂情况时，则会进行倒划眼。

通井是下光钻杆至井底，开泵循环泥浆，一般是为下套管、测井等做准备，防止下套管遇阻、测井遇阻等情况。根据通井钻具组合不同可分为三种通井方式：原钻具通井，单扶通井，双扶通井。

3.5.2 下套管作业

(1) 组织现场人员召开下套管作业专项会议。

(2) 检查并确保引鞋浮箍为可钻式，止回球运转灵活。

(3) 套管入井前要用与套管相匹配的通径规进行通径，确保套管内无异物及变形。

(4) 使用扭矩仪以规定的扭矩上紧丝扣。

(5) 每5～10个单根灌一次泥浆，以确保套管内外压力平衡。

(6) 参考钻井设计控制套管下放速度。

(7) 在裸眼井段(根据钻井设计)或井漏井段降低下放速度。

(8) 如果在裸眼井段遇阻，则通知值班干部上提、下放活动套管；接方钻杆缓慢开泵循环清洗井眼。

(9) 在下入最后一根套管之前，技术员应清点剩下的套管确保下入正确的套管数。

(10) 接方钻杆(或动力头)开泵循环两周，下套管完毕。

(11) 整个下列作业期间值班干部应在钻台上。

① 当下前十个单根时；

② 当套管下入裸眼井段时；

③ 下最后五个单根时；

④ 当作业和井眼出现问题时。

3.5.3 固井作业

(1) 固井前准备：固井设备、工具、水泥、固井用水准备；车辆、人员到井；车辆现场摆放；管线连接、固井头安装；管线试压。

(2) 依照固井设计注入前置液，注入水泥浆，压胶塞，注入替浆液，碰压。

(3) 冲洗管线及水泥车混浆系统；卸、收管线；车辆、人员回撤。

3.6 三开水平段钻井

(1) 钻具组合

水平段钻具组合见表2-3-13。

表2-3-13 水平段钻具组合

井段	钻具组合
水平段	ϕ171.4 mmPDC钻头+ϕ135 mm单弯螺杆+ϕ121 mm无磁+ϕ89 mm加重钻杆+ϕ89 mm钻杆

(2) 泥浆性能

水平段泥浆性能见表2-3-14。

表 2-3-14　水平段泥浆性能

黏度/s	比重/(g/cm³)	失水量/(mL/30 min)	含砂量/%	pH 值
32～36	1.03～1.08	5～8	3～5	8～10

水平段钻进钻遇岩层泥浆的黏度不小于 36 s；钻遇煤层黏度不小于 45 s；如遇消耗量大，一定要增加泥浆的黏度。

泥浆润滑性一定要保持好，每班及时做好泥浆性能测试、做好泥浆净化工作并做好泥浆性能记录；泥浆消耗量大，禁止直接加入清水，泥浆性能调整严禁幅度过大，要循序渐进。

观察泥浆泵压力表的压力变化（根据压力表空转压力和钻进压力的变化判断是否托压），泥浆携带岩屑不好，摩阻大要适量加入羧甲基纤维素（CMC），玻璃球，黄原胶，磺化沥青，液体润滑剂（或者固体润滑剂）；消耗量大、漏失加羧甲基纤维素（CMC），面碱（或者火碱）随钻堵漏剂、高黏堵漏剂等调整泥浆的黏度、比重，进行堵漏。

(3) 钻进技术参数

水平段钻进技术参数见表 2-3-15。

表 2-3-15　水平段钻进技术参数

水井段	钻压/kN	转数/(r/min)	排量/(L/s)	泵压/MPa
水平段定向	20～100	—	13～16	4～6
水平段复合	20～100	10～30	13～16	4～6

注：排量是指 QZ3NB-1000 缸套直径 130 mm 泵的额定排量。

(4) 施工要求及注意事项

三开水平段是水平井施工的另一重点环节，需要现场各方紧密配合，给导向人员提供准确的数据。导向人员的综合素质高低对减少侧钻次数，提高钻井效率有举足轻重的作用。

钻井队要保障现场各项设备运转正常，司钻要保持均匀送钻，保持钻压稳定，起下钻划眼等要控制速度，以免造成地层压力激动而造成事故。

泥浆工要保障泥浆性能良好，比重、黏度、失水、含砂量等参数要根据井下情况控制在一个合理的范围内，保障井内岩屑正常返出，并防止井漏、井塌等事故发生。

录井要提供准确的钻时、岩屑、全烃数据，为导向人员提供参考。

现场导向在水平段施工过程中起关键作用，需要根据现场反馈的各项参数（钻时、岩屑、全烃、伽马等）进行综合分析，判定钻头在目的煤层所处位置，进而调整钻井轨迹使钻头始终在目的煤层中穿行。

定向人员要掌握入井螺杆施工中，在不同钻压下的定向及复合钻进时的造斜率变化，保证钻井轨迹依据导向的分析判断进行调整。

4 连通作业

连通作业是水平连通井施工的最重要环节，对接连通系统由硬件和软件两部分组成。硬件部分包括旋转磁信标、信号接收探管、中靶导向系统和配套笔记本。其软件由 SpectraMag6 平台、数据采集、计算三部分组成。磁信标随钻头转动会产生一个动态旋转磁场，该磁场被信号接收探管接收后通过主机传送至笔记本从而完成数据采集工作。由软件系统对采集信号进行分析，解析出信号接收探管与旋转磁信标的相对空间位置关系。

施工中在距对接靶点 100 m 起钻将旋转磁信标连入钻具组合，根据接收到的磁信号计算钻头所处的空间位置，对接连通工程师再根据钻头所处的位置，及时调整定向数据，使钻井轨迹符合设计的井眼轨迹，从而实现两井的对接连通。

4.1 对接连通前准备工作

(1) 对连通设备进行调试，调试正常后开始下步作业。

(2) 将旋转磁信标安装到马达和钻头之间，使用 11 kN · m 扭矩上扣。

(3) 将信号接收探管下放到造穴孔井底洞穴，并将钻具下放至井底。

4.2 对接连通工艺技术

在对接连通施工过程中，水平井内下入强磁接头，造穴孔内下入对接仪信号接收探管，开始进行对接作业。在钻进过程中要实时进行沟通，根据造穴孔内接收信号的强弱，对钻井轨迹进行调整。由专人负责监视孔口压力表，一旦压力表读数瞬间减小，则证明地面水平井与造穴井对接成功；如压力表读数无变化，则应有造穴井上对接工程师根据实际测得的数据进行计算，直至两井顺利连通为止。

地面 L 型水平井与井下钻孔的对接连通是本项目的关键部位(环节)施工，对接连通系统由硬件和软件两部分组成。硬件部分包括旋转磁信标、信号接收探管、中靶导向系统和配套笔记本。其软件由 SpectraMag6 平台、数据采集、计算三部分组成。磁信标随钻头转动会产生一个动态旋转磁场，该磁场被信号接收探管接收后通过主机传送至笔记本从而完成数据采集工作。由软件系统对采集信号进行分析，解析出信号接收探管与旋转磁信标的相对空间位置关系。

施工中在距对接靶点 100 m 起钻将旋转磁信标连入钻具组合，根据接收到的磁信号计算钻头所处的空间位置，对接连通工程师再根据钻头所处的位置，及时调整定向数据，使钻井轨迹符合设计的井眼轨迹，从而实现两井的对接连通。

(1) 对接连通前准备工作

① 对连通设备进行调试，调试正常后开始下步作业。

② 将旋转磁信标安装到马达和钻头之间，使用 11 kN · m 扭矩上扣。

③ 将信号接收探管下放到对接钻孔井底洞穴，并将钻具下放到井底。

(2) 对接连通工艺技术

在对接连通施工过程中，水平井内下入强磁接头，井下瓦斯抽采对接钻孔内下入对接仪信号接收探管，开始进行对接作业。每钻进 5 m 需上提钻具 4 m，经过大泵量循环后停钻等待井下对接工程师的指令，对接连通工程师根据所测得的数据计算出钻头相对靶点的空间位移偏差并告知定向井工程师，定向井工程师根据对接工程师提供的预测数据调整合适工具面进行下一步对接钻进。此时，必须将对接钻孔内的对接仪信号接收探管取出并关闭孔口球阀，由专人负责监视孔口压力表，一旦压力表读数瞬间增大，则证明地面水平井与井下瓦斯抽采对接钻孔成功对接；如压力表读数无变化，则应有井下对接工程师根据实际测得的数据进行计算，直至两井顺利连通为止。

(3) 对接连通安全措施

对接连通期间会出现井下巷道内瓦斯增加、孔内大量钻井液急剧喷出，造成安全事故。对此，应建立一套完整的井上下对接连通安全措施，包括地面和井下联络机制、井下巷道导向钻孔孔口安装防喷装置及负压抽采装置、井下安全预防措施、连通程度检验手段与标准、井下巷道导向钻孔及钻场现场管理等，防止在对接过程中出现井下巷道内瓦斯超限、孔内钻井液失控性喷出等事故的发生。对于地面水平井与井下巷道导向钻孔连通程度的判断主要根据仪器显示和井下导向钻孔内返出物程度来衡量，必要时采取二次对接连通。第一口 U 形对接井连通现场见图 2-4-1。

图 2-4-1　第一口 U 形对接井连通现场

4.3　安装套管头、完井

生产套管依据钻井设计下入相应位置，安装套管头(见图 2-4-2)，完井。要求表层套管低于地面 0.70 m，与水平面垂直周正，环形钢板焊接在表层套管接箍上面，技术套管低于地面 0.40 m，生产套管低于地面 0.12 m。

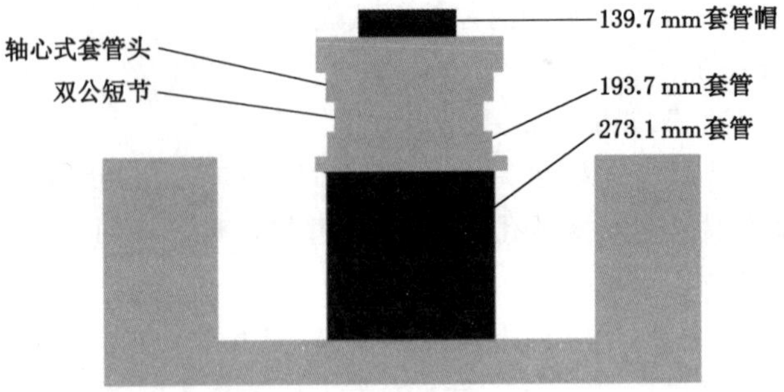

图 2-4-2　套管头安装示意图

5　施工难点及预防措施

5.1　一开井漏、井塌

一开钻进时，大部分施工井场裸露地层为黄土层、风化带或虚方，开孔之前需提前备好坂土浆，结合实际地层，调整好泥浆参数，做好防漏防塌准备，一开井段禁止清水钻进。

5.2　二开着陆井斜及靶前距控制

二开钻井施工是水平井施工的重点环节之一，能否根据甲方施工要求以合适的井斜和靶前距着陆是后续水平段安全顺利施工的关键，为此该阶段需要根据二开正眼钻遇的标志层与导眼标志层进行对比，根据已知标志层对比，判断地层走势，以调整钻井轨迹，以合适的井斜角和靶前距进入煤层。

5.3　三开水平段轨迹控制及泥浆处理

定导向人员的综合素质在三开水平段施工中起到关键作用，导向人员需要吃透地质设计、工程设计、临井资料并结合现场各项数据（钻时、岩屑、全烃、伽马、电信号等）进行综合分析，推断地层形态，调整井斜以使钻井轨迹始终保持在煤层中钻进。

泥浆性能好坏在水平井施工中也起到至关重要的作用，需要根据该井钻遇目的层物性特征，调整好泥浆的比重、黏度、含砂量、降失水、切力等参数，以保证泥浆有适合该地层的携砂能力并做到防塌、防漏。

5.4　对接连通

对接连通是对接连通井的完井关键环节。施工中在距对接靶点 100 m 起钻将旋转磁信标连入钻具组合，根据接收到的磁信号计算钻头所处的空间位置，对接连通工程师再根据钻头所处的位置，及时调整定向数据，使钻井轨迹符合设计的井眼轨迹，从而实现两井的对接连通

第 3 篇　穿采空区井施工技术

1 穿采空区井发展概况

随着煤矿大规模开采，针对山西沁水盆地沁南寺河、成庄等矿区开采3#煤层后，形成大面积采空区破碎带，常规钻完井工艺无法穿越采空区进行下组煤的预抽采，针对下组煤煤层气预抽等技术难题，选用采空区钻井、氮气钻进、定向钻进等工艺技术，形成过采空区垂直井、套管钻进、穿煤柱U型对接压裂井等完井工艺，晋城矿区煤与煤层气共采技术逐步由单一煤层开采模式向含有采空区的多煤层协调开发模式发展。

1.1 穿采空区煤层气井研究现状

国内外学者对开采上保护层过程中下伏煤岩体的移动变形和裂隙演化规律形成了较丰富的科研成果，通过对煤层采动变形破坏、采空区分布特征、煤炭开采围岩变形一破坏规律及渗透性分布特征的研究，发现上覆煤层采空后会对下组煤储层起到卸压作用，从而使得下组煤煤储层渗透率大幅增加，进而为下组煤煤层气的开发提供有利条件。晋城矿区在“十二五”期间，针对单一煤层煤矿开采形成了三区联动立体抽采模式，在“十三五”期间发展成为高瓦斯矿井全区域（规划区、准备区、生产区、采空区）、全层位（主采煤层、邻近煤层、富气围岩）、全时段（超前预抽、掘前抽、采前抽、采动抽、采后抽）井上下联合抽采全覆盖模式（“晋城模式”），丰富了煤与煤层气共采技术体系。刘见中等提出了利用国产100 t全液压车载钻机地面钻井穿越采空区的钻进装备，采用采动区煤层气井大直径空气潜孔锤、集束式反循环潜孔锤钻进工艺和防止卡埋钻、强力穿越冒落带空气潜孔锤正循环钻进工艺方法；方俊等针对碎软煤层提出采用空气复合定向钻进技术与装备进行碎软煤层钻孔施工的技术方案。胡千庭和孙海涛将煤矿采动区地面井抽采技术细分为邻近层采动发展区地面井抽采、本煤层采动发展区地面井抽采和采动稳定区地面井抽采3种类型，提出了不同类型采动区地面井的逐级优化设计方法；文光才等提出了采空区煤层气资源评估的方法；孟召平等建立了采空区积水量计算和含水饱和度计算模型，提出了废弃矿井煤层气资源量计算方法。

针对具有上覆采空区的瓦斯抽采规划区，无法简单利用普通直井或L型井组超前预抽，过采空区煤层气地面钻井的开发技术面临地面钻井穿越采空区时会面临钻井液漏失严重、井壁失稳等诸多难题。

目前，国内采用空气潜孔锤钻井技术已成功实现了穿采空区直井及水平井施工。

1.2 采空区煤层气井施工工艺

煤矿采空区煤层气开发涉及资源评价、区块优选、钻井施工等多个方面，综合开发难度较大，目前在国内尚处于起步阶段。山西晋城矿区 3# 煤层资源赋存条件好、埋深浅，采后形成的采空区内煤层气普遍储量大、浓度高，是我国现阶段煤矿区煤层气资源开发的示范区。

晋城矿区针对采空区地层的钻井施工分为采空区煤层气井（简称采空井）和穿采空区煤层气井（简称穿采空井）2 种模式，见图 3-1-1。

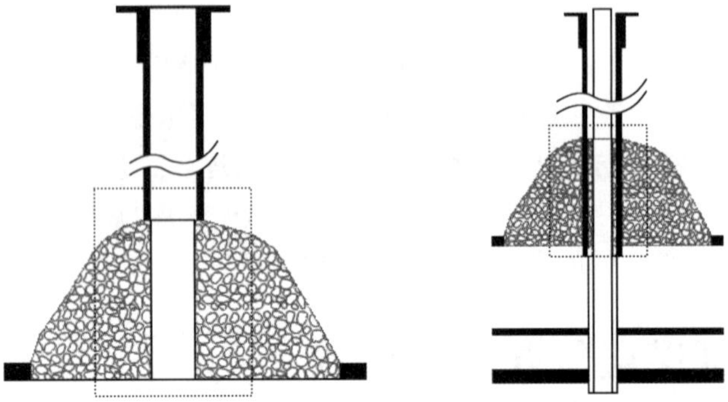

(a) 采空井　　(b) 穿采空井

图 3-1-1　晋城矿区煤层气井开发形式

从图 3-1-1 可以看出，晋城矿区采空井目的是开发 3# 煤层采空区内富集的煤层气资源，目标层位是采空区裂隙带中下部地层；穿采空井目的是穿过 3# 煤层采空区开发下组煤的煤层气资源，目标层位是 15# 煤层。虽然两种开发模式之间存在较大差异，但是都涉及采空区复杂地层的钻井施工，是目前的难点所在。受采空区地层裂隙发育影响，当钻进到裂隙带时，普遍会发生严重井漏，而现场多数采用泥浆加锯末、核桃壳、棉籽壳等桥塞材料或者注水泥浆工艺进行堵漏施工，因无法满足大裂缝地层堵漏要求，往往效果较差，造成基于常规堵漏施工的泥浆钻井工艺无法适用于采空井钻进。

后期为满足采空区煤层气资源开发需要，钻井队将冲洗液由泥浆调整为空气，实现了欠平衡钻井，解决了钻井液漏失严重的问题，同时还因空气来源充足和便利特点，成为采空井施工的最适用工艺。不过随着该工艺的推广应用，空气钻井暴露出一个重大安全隐患：因空气钻井采用潜孔锤作为动力钻具，利用冲击回转方式进行碎岩，当钎头冲击岩石表面时会产生热量、穿 3# 煤层上部钢架支柱时易产生火星，加上空气循环供氧，使得采空区存在遗煤自燃或煤层气燃烧的风险，安全性无法保障。为此，综合考虑空气钻井的安全风险和欠平衡钻井的技术优势，现场施工时又将冲洗液由空气调整为氮气，成功解决了安全问题，目前已成为晋城矿区钻进采空区裂隙地层的主要钻井工艺。不过随着氮气欠平衡钻井工艺的推广应用，因需要单独配置制氮机、增压机等设备，该工艺暴露出作业成本高的问题。

1.3 空气螺杆钻具研究情况

空气螺杆钻具是一种用于气井、定向井和水平井的井下动力钻具。20 世纪 50 年代中期，国外由 BakeHugtes、NOV、Halliburton 等美国大型石化企业，对空气螺杆马达技术开展了深入研究。通过几年的技术创新与累积，形成了完善的空气螺杆钻具产品。中国对空气螺杆钻具的研制与发展开始相对较晚，在二十一世纪初期，国内为了解决伊朗项目的现场急需，实现了 K7LZ 系列空气螺杆钻具样机的生产，并对空气钻相关的基本理论进行了研究。苏义脑院士通过空气钻井中压力分布的规律，探究了影响空气螺杆电机速度变化的有关原因；龚建春在对比分析空气螺杆钻具与液压螺杆钻具输出特性的基础上，阐述了转子截面、流量和功率变化对输出特性的影响，介绍了空气螺杆钻具的基本设计方法。王勇为解决“飞车”问题提出了空气限速的方法。

在全国范围内，空气螺杆钻具也得到了广泛应用。2004 年 7 月，空气螺杆钻具应用于白浅 111－H 水平井。使用 K7LZ120×7.0 型空气螺杆钻具完成气相欠平衡钻井，首次采用柴油机废气驱动气动螺杆钻具，采用 PDC 钻头进行钻井。同年 11 月窿 14 井，采用空气螺杆和 PDC 钻头对空气复合钻井技术进行了测试，钻井效果较好。实践证明，空气螺杆钻具比传统的螺杆钻具具有更大的优越性和可靠性。2009 年 4 月，将空气螺杆钻具应用于四川的河坝 107 井，使用 7LZ244x7Y-AD 型气动螺杆钻具完成复合钻进作业，现场数据表明，机械钻速提高了 1.5 倍，空气螺杆钻具的平均工作寿命为 30～90 h。在钻井完成后检测，螺杆钻具的各项特性均显示良好。

2013 年，空气螺杆钻具应用于元陆 27 预探定向井，使用空气螺杆钻具钻进 3 000 m 左右。存在的问题：下段约有 1 300 m 的井段可通过空中钻探，如果过早终止空中钻孔方法将会大大降低机器钻速，影响钻探时间，钻探生产成本也将大幅上升。综合分析，确定开始测试时选用由天津立林制造的空气螺杆(K9LZ216-2.5)配套无线随钻测斜仪完成定向造斜侧钻孔。气动钻孔工具分为两次运行，第一次由于润滑不良，导致传动轴发卡过热，钻孔失败。第二次采用 0 钻头压力，充分利用空气冲击力破开岩层，确保定向效果；完成了快速成功的定向侧钻，为下一次施工打下了良好基础。但是，实施过程中空气螺杆钻具试验暴露出润滑不佳的问题，导致摩擦生热过度严重影响螺杆钻具使用寿命甚至损坏螺杆钻具也是应注意的问题。

2014 年 3 月 19 日至 3 月 25 日，北石厂 216 mm 规格空气螺杆钻具(型号：K7LZ216-DW1.25°)在江汉钻井一公司 70130JH 钻井队承钻的焦页 13－1HF 页岩气评价井中成功进行了长距离空气＋泡沫定向钻井。该钻具使用井段为 1 179～1 703 m(茅口组-龙马溪组)，累计工作时间 102 h，累计进尺 52 m，其中 230 m 为定向钻进，创造了国内空气泡沫定向钻井最长进尺记录。在整个空气＋泡沫定向钻井过程中，空气螺杆钻具动力强劲、输出稳定，平均机械钻速较常规钻井液钻井提高 2～3 倍，受到中石化工程院钻井项目部、江汉钻井一公司的一致认可，为该地区今后长距离空气泡沫定向钻井技术的进一步推广提供了可靠的依据和保障。

2017 年 3 月，将空气螺杆钻具应用于贵州青龙煤矿井，使用空气螺杆钻具完成主孔、主分支孔的钻进，孔深达到 300 m 以上，进尺约 4 000 m，钻孔轨迹可控、钻进速度快、除尘效果好，单孔抽采瓦斯具有浓度高、排量大等特点。达到了良好效果。

从目前的应用情况来看，空气螺杆钻具能够提高机械钻速，提高效率。不过从现场的实际使用角度看，空气螺杆钻具技术问题却不容忽视，在这里主要涉及：空气螺杆寿命很短，平均寿命只有 30 个小时，无法保证在弯曲阶段成功的钻进；造成的“飞车”问题，会造成转动速度过快，并损坏（因摩擦热）了马达的柔性螺旋瓣及空腔护套。国内对解决气体螺杆钻具马达“飞车”“突然制动”等现象已经做了大量的研究，目前，仿真分析得到的最新空气螺杆结构能够有效避免这些弊端，但是由于试验条件的限制，新型气体螺杆钻具的研究还存在许多不足有待完善。

2　钻前准备

2.1　井场布设

井场面积及布置应符合钻井施工作业、压裂施工作业和排采作业等要求。目前公司实施穿采空区直井、水平井常用水源 TSJ2000、GZ2600、雪姆 T85 等小型钻井设备，井场布设详细步骤及要求可参考第 2 篇相关内容。

2.2　设备选择

穿采空区钻井设备配置，需要考虑两方面内容。一方面能解决涌水、漏失、卡钻等采空区常见问题；另一方面，能够提高穿采空区钻井效率。针对这两方面，设备机具选配分为两大部分，一部分为常规设备机具，另一部分为特殊设备机具。其中常规设备机具包括常规泥浆钻井设备机具和空气潜孔锤及空气潜孔锤钻进设备组合，特殊设备机具包括井口密封除尘装置，单向阀，旁通阀等。

2.2.1　穿采空区直井设备机具

目前施工范围内的穿采空区直井、水平井普遍使用水源 TSJ2000、GZ2600、雪姆 T85 等小型钻井设备，配备底座，安装简易放喷装置，以便将井口瓦斯气体及时导流到安全地带。穿采空区直井采用空气潜孔锤钻井工艺。空气潜孔锤设备机具配套见表 3-2-1。

表 3-2-1　空气潜孔锤设备机具配套

序号	名称		型号	规格	备注
一	钻机	车载钻机	T130	69T	根据施工要求选用不用型号钻机
		水源钻机	TSJ－2000	75T	
二	泥浆循环系统配置	钻井泵	TBW1200		
		钻井液罐		40 方	含储备罐
		搅拌器	NJ－7.5	15 kW	每具罐 2 台
三	空气循环系统配置	空压机	LUY4000－30	3 MPa/40 m^3	
		增压机	WF－1.3/25－100	10 MPa	含水大地层配备
		注浆泵		12 MPa	

表 3-2-1(续)

序号	名称		型号	规格	备注
三	空气循环系统配置	氮气车			
		注氮机			
		井口密封器			
		旋流除尘器			
四	动力	柴油机	12V135	309 kW	
五	发电机组	发电机	BF－300GF	300 kW	
六	固控设备	振动筛	2ZZS－D		高频振动筛
七	有毒有害气体防护装备	气体监测仪			
		正压式空气呼吸器			
		防爆鼓风机			

2.2.1.1 特殊机具

空气潜孔锤钻进施工中，需要考虑3个方面问题：第一，无水地层钻进灰尘大影响周边环境和作业人员健康；第二，当钻具内空气量大、压力大时，加杆排余气时间长、辅助时间增加；第三，采空区裂隙漏风影响排渣效果、碎屑岩地层随井深增大供风量加大井壁冲刷而影响稳定及超径段影响排渣效果。针对上述三点问题，为保证钻井正常进行，需配置特殊机具：

① 井口密封除尘装置：钻进无水碳酸岩地层、碎屑岩层，钻进中灰尘大，影响周边环境和人员健康，钻井设备底座(操作平台)高度多在 3 m 以内，在井管上连接简易井口密封除尘装置(见图 3-2-1)，除尘时连接抽水泵注水除尘，注水量根据钻进速度将钻进产生的灰尘完全除去，一般 8～10 m^3/h。

② 单向阀：防止钻具内空气逆向流动，加在钻具上可有效防井底余屑上返堵塞潜孔锤及减少加杆排气降压、起压时间，缩减辅助工作时间和潜孔锤堵塞故障发生。

③ 旁通阀：空气潜孔锤钻井随着井深增加及钻遇复杂情况(井内涌水、裂隙漏风、井壁轻微掉块)需增加供风量，供风量的增加使潜孔锤风量过盈致潜孔锤非正常磨损、减少其使用寿命及增大井壁冲刷加剧欠稳定井段失稳；同时复杂井况使局部井段排屑困难，在钻具一定位置设旁通阀，满足潜孔锤正常工作外的余气从旁边通眼返出，从而实现防风量过盈磨损潜孔锤、减弱井壁冲洗和接力排屑。

2.2.1.2 其他设备

震击器是一种解除卡钻事故的有效工具。当钻具遇卡时，通过震击器给卡点处以向上或向下的强烈震击力使卡点松动，从而达到解卡目的。现场应用较多的震击器主要分为两种：机械式和液压式。

(1) 推荐钻具组合

下钻铤(外径不得小于震击器外径)＋屈性长轴＋震击器＋加重钻杆(外径不得大于震击器外径)。

(2) 震击器操作方法

a. 下钻时应先开泵循环，再缓慢下放，切忌直通井底造成“人为下击”。若在下钻过程

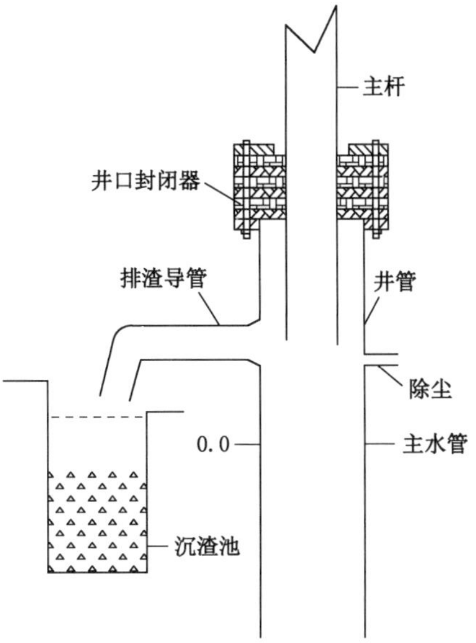

图 3-2-1　井口密封除尘装置

中发生遇卡，可启动震击器实施上击解卡。

b. 上提钻具产生震击

(3) 常用震击器系列

① ZS 系列随钻震击器

随钻震击器是连接在钻具中随钻柱一起进行钻井作业的井下工具，它是打定向井、复杂井、深井必不可少的理想工具。ZS 系列随钻震击器是集上击、下击于一体的上击液压、下击机械式的整体式随钻震击器，规格有：ZS121、ZS159、ZS165、ZS178、ZS203、ZS229。其特点是：上击力可由上提力的大小自由调节，但使用时不允许超过工具限定的最大负荷，下击部分采用的是机械原理，在装配时预先调好，下井后不能再进行调节；震击力不受井温影响，适应于各种深井(7 000 m 及以上井)作业；结构严谨，零件相对较少，加工、维修方便，制造成本低；使用性能可靠，使用寿命较长。

② 2DX 系列地面震击器

DX 系列地面震击器主要用于在钻台上解除井下卡钻事故，调整吨位的机构是露出盘面的，震击力的强弱只用简单的方法就可以调节，是一种操作方便、设计巧妙、能进行连续下击的工具。不但能承受重载荷和强扭矩，而且密封性能良好，能抵抗高泵压泥浆循环，是一种安全可靠的解卡工具。规格有：DX121、DX159、DX165、DX178、DX203、DX229。

③ CSJ 系列超级上击器

CSJ 系列超级上击器是一种靠拉、压操作的打捞震击器。其主要特点是：复位容易，它只需要能克服摩擦力重量，不会引起钻柱损坏；能在操作中的任意方向始终地传送全部扭矩；当需要震击时能提供一系列快速震击；不妨碍打捞、测试、安全接头、倒扣等工具自由操作。规格有：CSJ108、CSJ114、CSJ121、CSJ160、CSJ165、CSJ168、CSJ178、CSJ203。

④ ZJS 系列震击加速器

ZJS 系列震击加速器是为上击器增加震击功能而设计的井下打捞震击工具。它必须和

CSJ 型超级上击器或 YSJ 型液压上击器联合使用。工作时能对接在其下方的上击器上部起加速作用，以获得对卡点更强大的震击力，同时可以减少震击之后钻柱回弹时的震动。规格有：ZJS114、ZJS121、ZJS146、ZJS159、ZJS178、ZJS203。

⑤ JQ 系列双作用减震器

JQ 系列双作用减震器是利用工具内部减震元件吸收或减小钻井过程中钻头冲击载荷、钻柱震动负荷以及旋转破岩时扭转负荷的工具。它克服其他类型减震器的缺点和不足之处，其技术创新点是：靠环簧和压缩空气吸收或减缓钻进过程中钻柱的纵向震动和冲击负荷，从而维持正常的钻压，结构简单，维修方便，缓冲减震能力高。规格有：JQ121、JQ159、JQ178、JQ203、JQ228。

(4) 机械式随钻震击器工作原理

机械式随钻震击器(见图 3-2-2 和图 3-2-3)是全机械式随钻震击、解卡工具。它集上、下震击作用为一体，可解除钻进作业中井下遇阻、遇卡等钻井事故，另外在修井过程中也得到了广泛应用。它在不需要震击时，是钻柱的一部分，需要震击时，随时可以作业，因而大大提高了作业效率。

图 3-2-2　机械式随钻震击器外形

图 3-2-3　机械式随钻震击器内部结构

图 3-2-3 所示为装配调试合格的位置，即准备出发(解锁)状态。运行轴与运行套的内齿对应啮合，运行套外部齿与摩擦衬套内部齿是齿顶对齿顶的摩擦状态。当钻柱上提，通过上接头，上控制套，中部套筒，下控制套，下调节套，压缩弹簧管，使运行套相对摩擦衬套下移。当运行套的外齿齿顶与摩擦衬套的齿间相对应时，运行衬套在运行轴的作用下张开，运行轴的齿从运行套内齿滑出，见图 3-2-4。此时钻柱储备的能量释放，向上震击，下放钻柱，整个工具又恢复上部状态，即准备击发状态，重复上述操作，就可使钻具解卡。

在运行套的上部，还有一组弹簧管。当下压钻柱时，通过上接头，上控制套，上调节套，压缩上面一组弹簧管。运行套相对于摩擦衬套上行，钻柱储能。当达到预定的吨位，运行套的齿顶与摩擦衬套的顶间相对应，运行衬套张开，运行轴齿从运行套内的齿中滑出，产生下击，与上击方向相反，见图 3-2-5。

2.2.2　穿采空区水平井设备机具

穿采空区水平井直井段钻井所用设备与穿采空区直井设备相同，定向段、水平段根据要求使用气动螺杆钻具。

(1) 二开定向段

① 钻进钻具组合(以蓝焰某井为例)

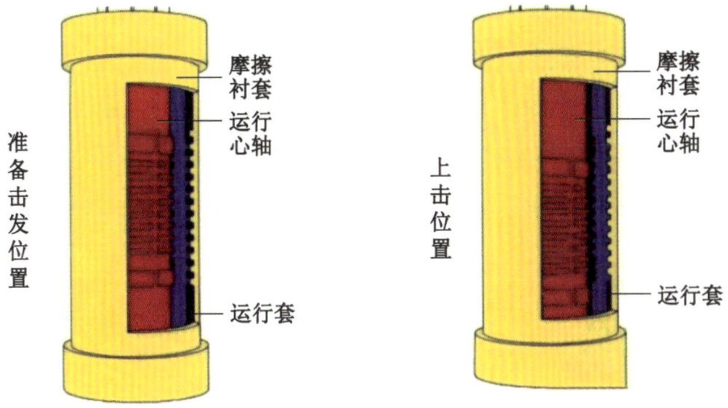

图 3-2-4　机械式随钻震击器上击工作原理

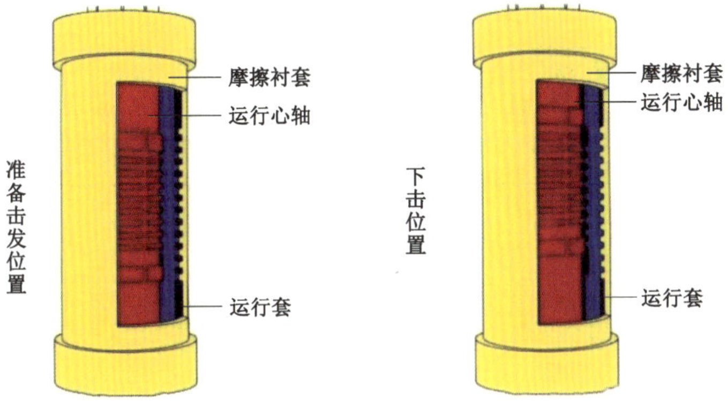

图 3-2-5　机械式随钻震击器下击工作原理

二开定向段设备机具配套见表 3-2-2。

表 3-2-2　二开定向段设备机具配套

井段	钻具组合
二开定向段	ϕ342.9 mm 钻头＋ϕ244 mm 气动螺杆×1.5°＋ϕ165 mm 无磁钻铤×1 根＋EMWD＋ϕ165 mm 钻铤×8 根＋ϕ127 mm 钻杆(若干)

② 钻进参数

气动螺杆钻井参数见表 3-2-3。

表 3-2-3　气动螺杆钻井参数

开钻次序	井段/m	钻头直径/mm	钻头类型	钻压/kN	转速/(r/min)	风量/(m^3/min)	风压/MPa
二开	26.6～365.00	342.9	PDC	60～100	30＋螺杆	90～130	3
			牙轮	90～180			

(2) 水平段氮气钻进

① 钻进钻具组合

水平段设备机具配套见表 3-2-4。

表 3-2-4 水平段设备机具配套

井段	钻具组合
二开定向段	ϕ342.9 mm 钻头＋ϕ244 mm 气动螺杆×1.5°＋ϕ165 mm 无磁钻铤×1 根＋EMWD＋ϕ165 mm 钻铤×8 根＋ϕ127 mm 钻杆(若干)
备注	四开选择 ϕ135 mmK7LZ135×7.0－DW 型空气螺杆钻具

② 钻进参数

气动螺杆钻井参数见表 3-2-5。

表 3-2-5 气动螺杆钻进技术参数

开钻次序	井段/m	钻头直径/mm	钻头类型	钻压/kN	转速/(r/min)	风量/(m^3/min)	风压/MPa
四开	601.76～931.93	171.4	PDC	20～50	30＋螺杆	30～50	3

3　钻井施工

3.1　井身结构设计

3.1.1　穿采空直井

直井常采用三开结构(见图 3-3-1)。一开 ϕ425 mm 钻头开孔,钻入基岩 10 m 完钻,下入 ϕ377.7 mm 表层套管,防止地表松散层坍塌;二开 ϕ311.15 mm 钻头常规钻进至 3# 煤层采空区顶板以上 50～75 m,更换为氮气钻井方式,至 3# 煤层底板以下 10～20 m 后完钻,下入 ϕ244.5 mm 套管,水泥返高至 3# 煤层顶板,封固采空区段漏失层段;三开 ϕ215.9 mm 钻头钻进,钻穿 15# 煤层底板以下 30 m 后完钻,下入 ϕ139.7 mm 石油套管,固井,候凝。

基于采空区地层松散特性,传统钻完井工艺易出现埋钻和塌孔事故,致使后续下套管作业和固井作业无法完成,最终导致无法完井。过采空区钻完井关键技术是在“安全敏感层段”利用氮气作为循环介质,套管钻进过采空区及特殊的堵漏固井工艺技术,形成了氮气安全保护措施,节省施工时间,减少泥浆漏失,保障井口稳定性。其方法是在二开钻进至 3# 煤层采空区顶板以上 50 m,确定无瓦斯含量超标的情况下,换用氮气钻穿采空区,按照循序渐进的原则,即每钻进 0.5 m 就上提至采空区顶板,待破碎物回落埋孔,然后再钻,如此循环往复,直至 3# 煤层采空区底板以下二开钻进完成。

3.1.2　穿采空水平井

采空区存在,造成了 3# 煤及其上部近 80 m 或更长井段成为易漏失、易垮塌的复杂地层,为了保障采空区下部安全、顺利施工,必须下入一路技术套管,罩住 3# 煤层及上部松散不稳定地层。因此,目前该区块煤层气水平井主要采用四开井身结构保障施工安全。

一开以 ϕ445.0 mm 钻头钻穿第四系至稳定基岩 10 m 处完钻,下入 ϕ377.0 mm 表层套管,水泥固井返至地面。

二开以钻头直径 ϕ342.9 mm,钻穿采空区坍塌、掉块严重地层,钻至 3# 煤层底板 10 m,下入 ϕ273.1 mm 套管,水泥固井返至 3# 煤底板。

三开以 ϕ241.3 mm 钻头钻至着陆点,下入 ϕ193.7 mm 套管,水泥固井,返至地面。

四开以 ϕ171.4 mm 钻头水平钻进至靶点,下入 ϕ139.7 mm 筛管,不固井完井(见图 3-3-2)。

3.2　钻头设计

(1) 钻头选择及主要参数

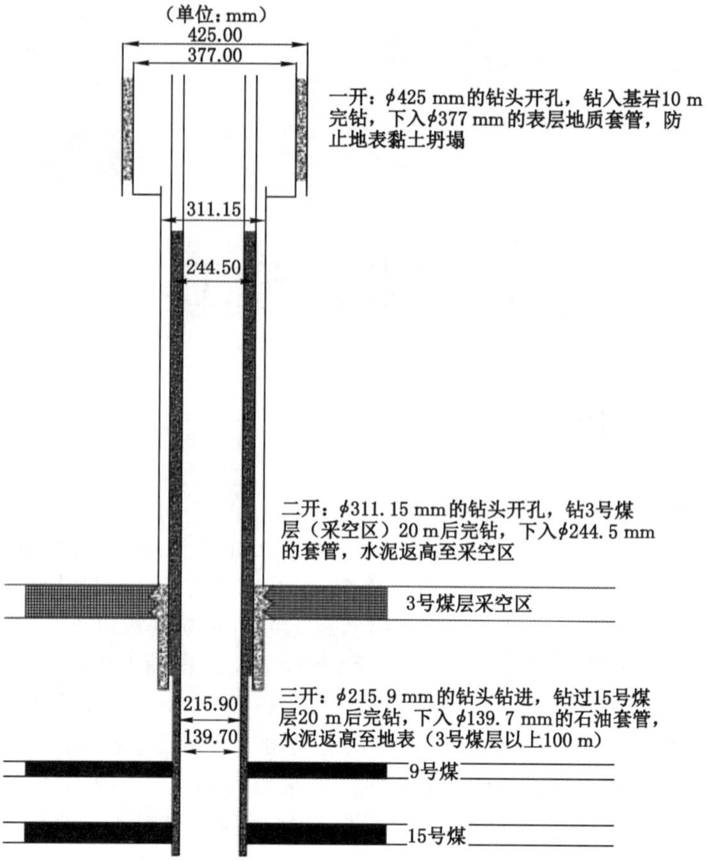

图 3-3-1　穿采空直井井身结构

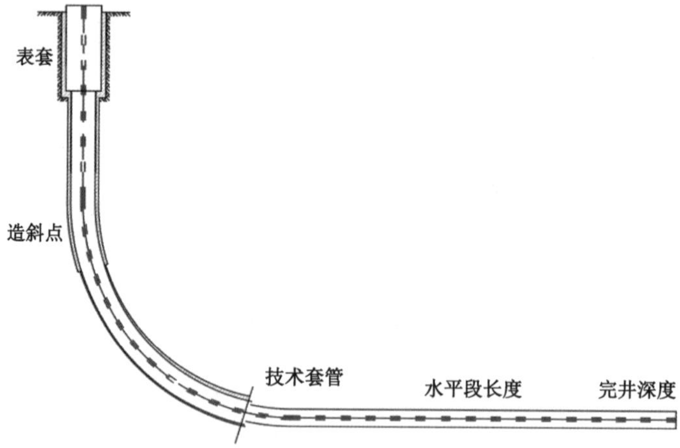

图 3-3-2　穿采空水平井井身结构示意图

泥浆及气动螺杆钻进钻头类型及钻井机械参数见表 3-3-1。

表 3-3-1　泥浆及气动螺杆钻进钻头类型及钻井机械参数

序号	钻头尺寸/mm	推荐使用钻头类型	数量/个	机械参数	
				钻压/kN	转速/(r/min)
1	444.5	三牙轮	1	40～100	60～120
2	342.9	PDC	2	100～180	50～80、30+螺杆
3	241.3	PDC	1	80～150	60～80、30+螺杆
4	171.4	PDC	1	20～50	30+螺杆

潜孔锤钻进钻头类型及钻井机械参数见表 3-3-2。

表 3-3-2　潜孔锤钻进钻头类型及钻井机械参数

序号	钻头尺寸/mm	推荐使用钻头	数量/个	机械参数	
				钻压/kN	转速/(r/min)
1	444.5	潜孔锤钻头	1	30～60	3～8
2	342.9	潜孔锤钻头	1	20～50	3～8
3	241.3	潜孔锤钻头	1	10～30	5～10

(2) 钻井参数设计

泥浆钻进钻井参数设计见表 3-3-3。

表 3-3-3　泥浆钻进钻井参数设计

开钻次序	钻头直径/mm	喷嘴组合/mm	钻压/kN	转速/(r/min)	钻井液密度/(g/cm^3)	排量/(L/s)	泵压/MPa
一开	444.5	14+12+14	40～100	60～120	—	—	—
二开	342.9	PDC/牙轮			1.01～1.03		
三开	241.3	PDC/牙轮	80～150	60～80、30+螺杆	1.01～1.03	30～40	6～10
四开	171.4	PDC	20～50	30+螺杆	1.03～1.08	18～28	5～8

潜孔锤钻进钻井参数设计见表 3-3-4。

表 3-3-4　潜孔锤钻进钻井参数设计

开钻次序	钻头直径/mm	钻头类型	钻压/kN	转速/(r/min)	风量/(m^3/min)	风压/MPa
二开	342.9	潜孔锤钻头	20～50	3～8	80～140	3
三开	241.3	潜孔锤钻头	10～30	5～10	60～100	3

气动螺杆钻进钻井参数设计见表 3-3-5。

表 3-3-5　气动螺杆钻进钻井参数设计

开钻次序	钻头直径/mm	钻头类型	钻压/kN	转速/(r/min)	风量/(m^3/min)	风压/MPa
二开	342.9	PDC/牙轮	90～180	50～80、30＋螺杆	180～230	3
三开	241.3	PDC /牙轮	80～150	50～80、30＋螺杆	150～180	3

3.3　钻井液设计

一开钻井液以满足排屑,防止井壁坍塌为原则;二开、三开钻井液以低密度、防止井漏为原则;四开钻井液以不污染煤层为原则,应和煤层流体相配伍,不得与煤层水产生非溶性的沉淀物质,影响煤层渗透性。

以泥浆钻进设计钻井液(见表 3-3-6)。若采用气体螺杆钻进或潜孔锤钻进,则应根据具体情况采用空气或氮气。

表 3-3-6　钻井液设计

开钻次序	常规性能										流变参数				总固含/%	膨润土含量/%
	密度/(g/cm^3)	漏斗黏度 S	API失水/mL	泥饼/mm	pH值	含砂/%	HTHP失水/ml	摩阻系数	静切力/Pa 初切	静切力/Pa 终切	塑性黏度/(mPa·s)	动切力/Pa	*n* 值	*K* 值		
一开	1.06～1.13	40～60	/	/	/	/	/	/	/	/	/	/	/	/	/	/
体系			处理方法与维护													
清水聚合物			注意防漏防塌。必要时调节密度。													
三开	1.01～1.03	30～45	≤6	/	8.5～9.5	＜0.5	/	/	1～2	2～4	8～15	4～8	/	/	越低越好	/
体系	处理方法与维护															
低固相聚合物钻井液	1. 加强固控措施,及时清洗沉砂池和锥形罐,用好固控设备。使用地面沉降池进行大循环钻井作业,要保持一定量的钻井液,维持钻井液体系有足够的抑制性和絮凝能力,在满足井下安全顺利的前提下,尽可能将密度控制,以上部井漏,并提高钻速。 2. 为防止地层坍塌,在二开下部地层将钻井液转为防塌聚合物钻井液体系,严格控制各项性能参数,保持体系中的防塌抑制剂含量,适当提高其黏度,降低失水。 3. 保持钻井液低密度外,起下钻应操作平稳,防止压力激动,引起井漏。准备一定的堵漏材料,若发生井漏,先进行静止堵漏;如不奏效,可打水泥进行堵漏作业。 4. 每隔一天或起钻前用黏度较高的清扫液进行井眼清洗,保持井眼干净畅通,防止沉砂卡钻。															
四开	1.03～1.08	45～60	≤5	/	8.5～9.5	＜0.3	/	/	2～3	3～5	10～20	9～18	/	/	越低越好	/

表 3-3-6(续)

体系	处理方法与维护
无固相聚合物钻井液	1. 视井内具体情况,加入润滑剂改善钻井液润滑性能,降低摩阻、扭矩。 2. 充分利用固控,严格控制含砂量,减少有害固相对储层的伤害。 3. 每4小时测量1次钻井液性能并作好记录。发现钻井液达到或接近临界值时应进行井液性能调整(排除稠浆,添加清水)。 4. 下钻(或接单根)有遇阻现象,应及时配稠浆清洗井眼,将井眼内的沉砂或掉块清洗干净后,再起下钻和钻进,以防阻卡。 5. 在该段起钻时,勤灌钻井(完井)液和平稳操作。 6. 应保持一定的钻井液密度,若发现坍塌、掉块迹象时,应提高钻井液密度。

3.4 氮气使用及要求

目前在沁水区块穿(过)采空井施工过程中,会发现漏浆、不返风等情况,而且在钻遇煤层时因为钻头与岩石的摩擦会产生热量,容易导致煤层燃烧,为保证矿方安全高效生产,以及钻井安全顺利进行,在钻进距3#煤层顶板50～80 m时,更换氮气施工。

氮气钻井设备技术参数主要包括注氮量、供氮压力,注氮量主要考虑工作面采空区漏风量和制氮机供氮能力,供氮压力主要考虑最大输氮量、管径及管路直径。此外钻杆的直径应满足最大输氮量和压力要求,根据供氮能力及钻压来确定空压机及增压机的使用数量,注氮泵(或制氮机)还应满足一定的技术要求:增压机与钻井设备之间高压软管耐压能力不得低于12 MPa,氮气排量不低于100 m^3/min,且需保证17 h正常注氮的供应量,注入压力不低于3.0 MPa,在此压力下能实现连续稳定工作。

受采空区地层裂隙发育影响,当钻进到裂隙带时,普遍会发生严重井漏,而现场多数采用泥浆加锯末、核桃壳、棉籽壳等桥塞材料或者注水泥浆工艺进行堵漏施工,因无法满足大裂缝地层的堵漏要求,往往效果较差,造成基于常规堵漏施工的泥浆钻井工艺无法适用于采空井钻进。后期为满足采空区煤层气资源开发需要,钻井队将冲洗液由泥浆调整为空气,实现了欠平衡钻井,解决了钻井液漏失严重的问题,同时还因空气来源充足和便利特点,成为采空井施工的最适用工艺。不过随着该工艺推广应用,空气钻井暴露出一个重大安全隐患:因空气钻井采用潜孔锤作为动力钻具,利用冲击回转方式进行碎岩,当钎头冲击岩石表面时会产生热量,加上空气循环供氧,使得采空区存在遗煤自燃或煤层气燃烧的风险,安全性无法保障。为此,综合考虑空气钻井安全风险和欠平衡钻井技术优势,现场施工时将冲洗液由空气调整为氮气,成功解决了安全问题,目前已成为晋城矿区钻进采空区裂隙地层的主要钻井工艺。不过随着氮气欠平衡钻井工艺的推广应用,因需要单独配置制氮机、增压机等设备,该工艺暴露出作业成本高的问题。

为使岩粉能顺利吹出井外,注氮气钻进施工时应保证氮气注入量≤100 m^3/min,注入压力≥3.0 MPa。根据地面工艺流程设计相应的设备配套方案,选用空压机5台,工作压力为2.1～3.5 MPa,排量为40 m^3/min;选用制氮机2台,每台制氮机进气压力为2.4 MPa,排气压力为2.2 MPa,排量为60 m^3/min;选用增压机3台,每台增压机进气压力为2.4 MPa,排气压力为6.9 MPa,排量为69 m^3/min;此外,要求增压机与钻井设备之间高压软管耐压能力不得低于12 MPa，在此压力下能实现连续稳定工作。主要配套设备参数及数量见表3-3-7。

表3-3-7 主要配套设备参数及数量

类型	进气压力/MPa	排气压力/MPa	排量/($m^3 \cdot min^{-1}$)	数量/台
增压机	2.4	6.9	69	3
制氮机	2.4	2.2	60	2
空压机		2.1～3.5	40	5

3.4.1 设备进场

接到设备进场通知后，后勤保障组应根据井深需要迅速组织液氮槽车、液氮泵车至钻井现场。

要求：根据井深、地层及现场实际情况合理安排液氮车。现场每台机械设备分别配备一名液氮操作员来保障机械正常运转、维护保养和数据记录。

3.4.2 现场氮气施工流程

(1) 设备安装及调试

液氮槽车、液氮泵车进场后，要进行合理摆放，然后安装调试，以保障钻机在钻进时的正常施工及完钻作业。

(2) 氮气施工

常规清水钻进穿越采空区会产生严重的井漏，采用单一的堵漏方法难以从根本上解决问题；空气穿越采空区钻井安全隐患较大，特别是对煤矿井下开采会造成不可预知的后果。因此，穿越采空区钻井除了要考虑工程施工成本以外，主要考虑安全风险和隐患，采用惰性气体氮气作为介质实施穿越采空区钻井既保障了施工成功又杜绝了安全隐患(图3-3-3)。

氮气施工流程见图3-3-3。

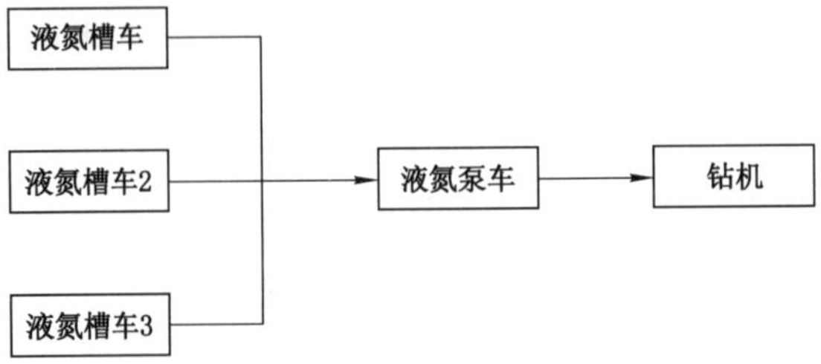

图3-3-3 氮气施工流程

a. 当二开开钻时，要保障氮气及辅助设备检查无误后，方可氮气施工作业。

b. 当钻进至3[#]煤层以上60 m时，液氮操作员应正确启动液氮槽车，设备高压管汇连接完好，以保障液氮泵车的送风量满足钻进需求，同时操作员观察仪表显示情况，确保液氮量满足生产需要。

c. 当氮气满足需求后，液氮操作员把氮气输入孔内。通过输入的氮气，观察井口的返风、返渣情况，确保钻机的正常施工。

3.5　施工要求及注意事项

(1) 一开首先要保证井筒垂直，做好防渗铺垫，防止井口泥浆渗漏，施工中防止孔内落物发生，起钻后盖好孔口。

(2) 一开采用空气钻进，要轻钻压、慢钻速，防止打斜，防止井口坍塌。如果地层有轻微出水，一定要加注清水把孔内井壁吸附岩粉冲洗干净，多扫孔，否则下入套管困难，固井水泥浆呈线状上返，影响固井质量。

(3) 一开泥浆钻进，轻压慢转，要保证井壁垂直，有利于 ϕ377 mm 套管下入，孔内岩粉循环干净，钻进表土层时要控制好钻压，不能因为进尺快而加快下放速度，多划眼保证井筒畅通，预防进尺太快压漏地层或遇虚方导致井塌埋钻，禁止一开钻进施工时下入 ϕ377 mm 顺孔短节(扶正器)，如遇复杂情况不好处理，可单独进行一次顺孔作业。

(4) 二开施工时钻头直径 ϕ343 mm，螺扶 ϕ338 mm，钻至采空区上部遇漏失后起钻换氮气施工，在施工中遇到起下钻时拆卸防喷器防范意识不足造成孔内落物。因泥浆泵排量小，造成定向钻进划眼时出现裤裆孔，因钻具不配套老化及转速偏高造成钻具断裂等情况。

(5) 过采空区钻进时应制定详细的施工方案，进行技术交底，及时观测井口瓦斯逸出情况，每班组严格控制钻压、转速，确保井斜满足设计要求；进入采空区后应缓慢下入钻具，轻压施工，防止井底有异物；进入煤层底板施工后，要多扫孔，多划眼，防止坍塌、埋钻。

(6) 二开水钻施工先透水泥塞，套管内水泥塞要扫干净，钻完直井段，用优质泥浆替换出井内含有水泥的泥浆，更换螺杆开始定向造斜钻进，钻速控制在 30～40 转，避免井径大钻具摆动幅度剧烈，容易发生钻具断裂事故。定向钻进划眼时，钻压要根据地层来适时调节，下放速度要快点，防止划出新井眼，确保螺杆能够完全打开，能够有效防止裤裆孔。二开泥浆性能：前期黏度 40～45 s，采空区上 150 m 增加黏度至 50～55 s，比重 1.1，提前准备好堵漏材料，延长循环时间，充分循环孔内岩粉，保证井底干净，防止突然遇到漏失造成埋钻。

(7) 二开过采空施工，首先要召开专项技术交底及氮气施工安全防范措施告知，在正常钻进前要把井内留存的泥浆排出，风量从 90 m^3/min 逐渐增加，转速 30 r/min，钻压最大 2 t，防止加压过快憋钻，全程注浆泵注泡沫剂，观察出渣口上风上水情况，监测瓦斯浓度。

(8) 钻遇破碎带地层，要钻 1～2 m 上提钻具慢慢探底，防止卡钻，时刻观察气压表压力。钻完一根加尺放气时要慢放，防止岩粉回吸。现场要配备两台防爆风扇，保证井口及排渣口处无瓦斯聚集。根据临井资料保证钻到位置，设计底板下 10 m，为保证质量尽量钻至底板下 20 m。下 ϕ273 mm 衬管后，要将套管底部岩粉清理干净再固井，保证固井质量。

4 施工难点及预防措施

煤矿采空区不仅地层裂隙普遍发育，而且裂隙发育的地层段长度比较长，由此对后期钻井施工造成严重影响。

4.1 井漏问题

4.1.1 施工难点

穿越采空区钻井最大的施工难度在于采用清水钻进穿越采空区时钻井液漏失，不能建立正常的循环；采用空气钻进穿越采空区，会将一部分空气注入与采空区瓦斯混合，增加煤矿井下生产安全隐患。

采空区地层是原始状态被破坏后形成的一种类似"构造地层"，其中岩层间存在大量离层和破断裂隙，由此导致地层压力非常小，当循环介质的压力大于地层压力时，循环介质将进入地层裂隙通道，从而发生漏失。钻井液因密度大，形成的正压差大，所以泥浆钻井漏失最明显，而当采用空气或氮气钻进时，受压差小影响，发生漏失的严重程度较泥浆减轻许多。不过在冒落带地层，因裂隙通道尺寸大，钻进过程中空气或氮气也会漏失，出现井口不返屑现象。

4.1.2 预防措施

为做好钻井漏失处理，常采用降低井筒中钻井液动压力和提高破碎地层承压能力的方法。降低井筒中钻井液的动压力，选用合理的钻井液密度与类型，实现近平衡压力钻井；降低钻井液环空压耗；降低开泵、下钻过程中的压力激动等。提高破碎地层的承压能力，通过人工方法封堵近井筒漏失通道、增大钻井液进入漏失层阻力来提高地层承压能力，以达到防漏的目的。

4.2 井壁失稳问题

4.2.1 施工难点

采空区地层在经历垮落或下沉过程中，不同岩层间因位移变化不同，造成后期岩体分布多呈碎块状，使得地层结合强度低。当钻进到该地层时，钻具扰动和循环介质冲刷将造成井筒周围地层发生失稳，进而导致掉块或井壁坍塌。此外，因套管外径大，在完钻下套管时，套管易与井壁发生刮擦，进而加重破碎地层失稳，最终导致下套管遇阻。

4.2.2　预防措施

为防止事故发生，钻遇距采空区 60 m 时，严密观察井口风量变化及岩屑排出情况，一旦发现漏风或岩屑排出量较少时，应降低钻进速度，每钻进 3 m 快速将钻头提离孔底。根据气体理想状态方程，快速提升钻具，压强变小，体积迅速增大，可大幅度提高环空气体返速，利于岩屑排出孔底。反复操作 2～3 次，岩屑排出正常或上提无阻力可继续钻进。在钻至采空区时，应缓慢下放钻具，防止有较大空洞，发生大面积坍塌。在钻进采空区底板时，可能发生井口不返风现象，此时岩屑随风进入裂隙，可继续钻进，但应严密控制钻速，每钻进 1 m 反复升降钻具，确保吹净岩屑、上提无阻力再进行钻进。钻进至目的层位后起钻时，应将钻头提离孔底 5 m 后，逐步停止送风，防止岩屑快速下落卡钻。

4.3　采空区自燃问题

4.3.1　施工难点

目前穿采空井施工一般采用空气＋氮气欠平衡钻井工艺，其中为了控制成本，一开和二开钻进常选用空气循环，当钻进到采空区时再更换为氮气循环。由于空气钻井是利用冲击方式进行碎岩，井底会产生热量，加上循环供氧，当钻进到裂隙带上部揭露采空区时，存在煤层气被钻燃的风险，具有非常大的安全问题。

4.3.2　预防措施

防止采空区自燃采取的主要措施是采用氮气作为循环介质进行施工。该工艺能有效降低区域温度、防止煤层自燃，提高施工安全性。氮气施工除空气钻井常规配备设备外，还需要配置制氮机、增压机等专用设备，极大地增加了施工成本。穿采空区钻井施工时，通过加注水或泡沫也可有效降低钻头区域温度，防止煤层自燃，且施工成本较低，是施工中普遍采用的技术方法。该方法的关键点在于加注水或泡沫剂的量，量少会造成湿黏的岩屑附着在井壁上，造成卡钻、埋钻等孔内事故；量大不利于碎岩及岩屑排出。加注水量使孔口排除岩屑与水气能明显分离，且岩屑比较干净，钻井效果最佳。同时，通过加注水或泡沫还能防止扬尘，减少污染。

5 穿采空井施工案例

5.1 地质概况

晋城寺河矿区位于沁水煤田南部，奥陶系灰岩为煤系地层基底。根据寺河矿地质报告，寺河矿主要煤系地层为二叠系下统山西组(P_1s)和石炭系上统太原组(C_3t)，平均厚度 136.02 m。其中山西组厚 30.7～59.1 m，平均 45.2 m，含煤 4 层，可采煤层 1 层，为 3# 煤层，厚度 5.7～7.48 m，平均 6.31 m。含夹矸一般为 1～3 层，结构简单，顶板主要为砂质泥岩或粉砂岩；底板主要是砂质泥岩、泥岩和粉砂岩。

当上覆 3# 煤层被采出后，煤层顶板岩体发生了较为复杂的移动变形，煤层顶板岩层在自重及覆岩层的作用下，弯曲并向下移动。当其内部拉应力超过岩层的抗拉强度极限时，直接顶板首先断裂、破碎、相继垮落，基本顶岩层则以梁或悬臂梁弯曲的形式沿层理的法线方向移动、弯曲，进而产生离层和断裂，在地面产生开采沉陷，具有"连续＋缓波"型沉陷特征并形成高位环形裂隙体。

工作面开采以后，根据"上三带"理论，上覆岩层受采动影响的变形带由下而上的岩分为垮落带、裂隙带和弯曲下沉带(见图 3-5-1)。其中，垮落带与所开采的煤层相毗连，很多情况下是由于直接顶岩层垮落后形成的。破裂后的岩块呈不规则垮落，排列也极不整齐，松散系数一般可达 1.3～1.5，但经重新压实后，可降到 1.03 左右。裂隙带是岩层破断后岩块仍然整齐排列的区域。垮落带与裂隙带合称为"两带"，又称为"导水裂隙带"，是指上覆岩层含水层位于"两带"范围内，将会导致岩体水通过岩体破断裂隙流入采空区和回采工作面。弯曲下沉带包括自裂隙带顶界到地表的所有岩层。

5.2 穿采空直井

5.2.1 施工概况

SHCK-01 井位于山西省晋城市阳城县润城镇大安头村，为寺河煤层气地面预抽项目的一口穿采空区井。SHCK-01 井施工简况见表 3-5-1。甲方为山西蓝焰煤层气集团有限责任公司。设计穿过 3# 煤层采空区，开发、利用 9#、15# 煤层的煤层气，降低煤层瓦斯含量，获得相应的储层资料。

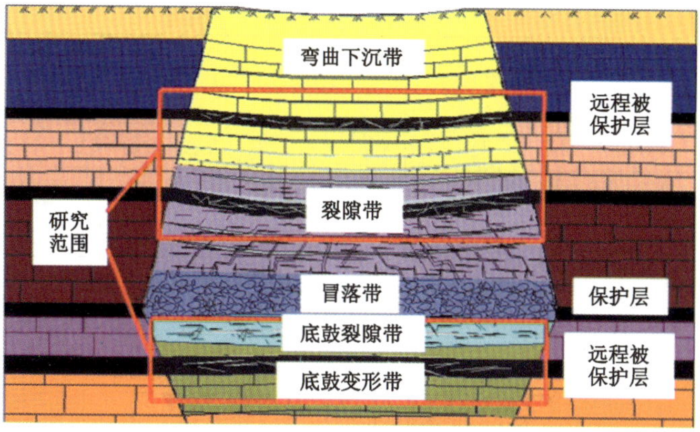

图 3-5-1　采空区三带卸压示意图

表 3-5-1　SHCK-01 井施工简况

井 号	SHCK-01	井 别	穿采空直井	设计井深	497.00 m
井 位	晋城市阳城县润城镇大安头村			完钻井深	493.00 m
井口坐标	X:3 936 500.040	海 拔	地 面		890.896 m
	Y:508 899.989		井 口		891.176 m
钻进方法	空气钻进		完井方式		套管完井
完井层位	O_{2f}	完钻原则	钻至 15$^{\#}$ 煤层底板以下 30 m 后完钻		
钻井目的	开发利用 9$^{\#}$、15$^{\#}$ 煤层的煤层气，降低煤层瓦斯含量				
	获得相应的储层资料				
完井依据	15$^{\#}$ 煤层底板以下 30 m 和《钻井工程技术要求》				

2014 年 9 月 11 日一开钻进，钻头规格 ϕ445 mm 三牙轮，9 月 21 日下入 ϕ377.7 mm 表层套管，经 48 小时固井候凝后，9 月 23 日二开钻进，钻头规格 ϕ311.15 mm 三牙轮，10 月 2 日下入 ϕ244.5 mm 表层套管，经 72 小时固井候凝后，10 月 6 日下入 ϕ215.9 mmPDC 钻头进行三开钻进。2014 年 10 月 9 日达到设计目的后完钻，完钻井深为 493.00 m。

5.2.2　井身结构

井身结构数据见表 3-5-2。

表 3-5-2　井身结构数据

项目＼层次	一开	表层套管	二开	技术套管	三开	生产套管
钻头直径/mm	445		311.15		215.9	
井深/m	41.57		376.05		493.00	
套管外径/mm		377.7		244.5		139.7
套管总长/m		41.57		376.05		490.79
套管下深/m		41.57		376.05		490.51

表 3-5-2(续)

项目 \ 层次	一开	表层套管	二开	技术套管	三开	生产套管
套管顶部位置/m		0		0		−0.28
人工井底深度/m						485.50
水泥上返深度/m		地面		3# 采空区底板		138.25

SHCK-01 井身结构见图 3-5-2。

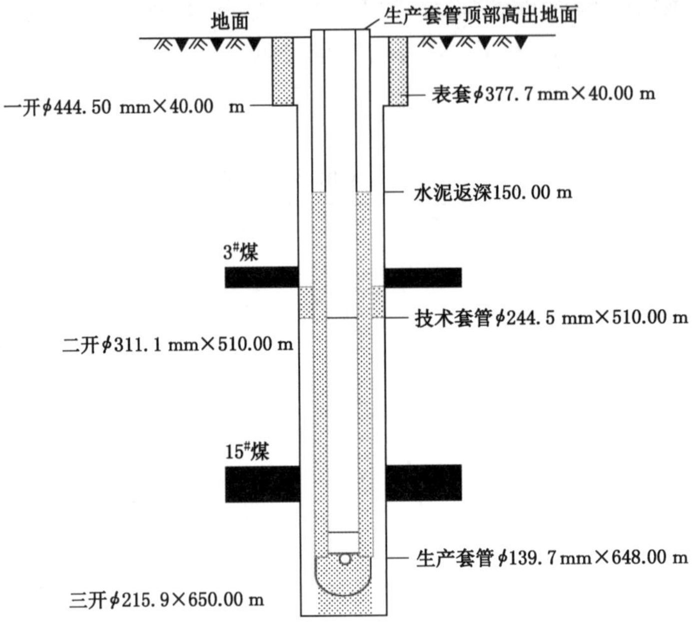

图 3-5-2　SHCK-01 井身结构

5.2.3　井身质量评述

(1) 井斜

① 最大井斜:井深 491.00 m,斜度为 3.5°,方位 126°。

② 终孔井斜:井深 491.00 m,斜度为 3.5°,方位 126°。

③ 全井井斜最大变化率为:0.6°/30 m。

(2) 井径

① 二开最大井径平均值出现在 38.00～50.00 m,平均井径 333.63 mm,平均井径扩大率为 7.24%;三开最大井径平均值出现在 375.00～400.00 m,平均井径 220.15 mm,平均井径扩大率为 1.97%。

② 全井平均井径 224.00 mm,平均井径扩大率为 7.38%;井眼规则。

5.2.4　钻井参数

(1) 钻具组合

① 一开钻具组合(0～41.57 m)

ϕ445 mm 三牙轮钻头＋双母接头＋ϕ178 mm 钻挺＋转换接头＋方钻杆。

② 二开钻具组合(41.57～376.05 m)

ϕ311.15 mm 三牙轮钻头＋双母接头＋ϕ178 mm 钻挺＋转换接头＋方钻杆。

③ 三开钻具组合(376.05～493.00 m)

ϕ215.9 mm 三牙轮钻头＋双母接头＋ϕ159 mm 钻挺＋转换接头＋ϕ127 mm 钻杆＋方钻杆。

(2) 钻井液参数

钻井液参数见表 3-5-3。

表 3-5-3　钻井液参数

钻进井段	深度/m	类型
一开	0.00～41.57	空气钻进
二开	41.57～376.05	
三开	376.05～493.00	
煤层	365.40～455.48	

根据煤层气钻井的特点,全井使用空气钻进。

(3) 钻进参数

该井井型是煤层气穿采空区井,在钻进中根据不同的钻具组合,采用了相应的钻进参数(见表 3-5-4),一开井段为了防斜,采用了小钻压吊打的方法,在钻遇煤层的井段,为达到防塌目的,采用小泵量、小钻压、低转速的钻进方式,确保了煤层稳定性。

表 3-5-4　钻进参数表

钻进井段	深度/m	钻压/T	转速/(r/min)	泵压/MPa
一开	0.00～41.57	1.0～2.0	42～45	1
二开	41.57～376.05	2.0～8.0	45～72	2
三开	376.05～493.00	2.0～8.0	45～72	2

5.3　穿采空水平井

5.3.1　施工概况

SHH28-L1 井于 2020 年 09 月 10 日用 ϕ445 mm 三牙轮钻头开始一开钻进,09 月 11 日井深 45.50 m 处。下入钢级 J55,ϕ377 mm 表层套管固井。

10 月 12 日二开,10 月 13 日钻至孔深 158.00 m,起钻准备实验空气螺杆。10 月 15 日钻至孔深 190.00 m 开始定向造斜钻进。10 月 18 日钻至孔深 332.50 m,因井斜达不到设计要求固井回填,封固段 100.00 m～332.50 m,候凝。

10 月 21 日从井深 105.00 m 开始侧钻。

10 月 31 日钻至井深 367.59 m,井斜 36.50°,垂深 344.36 m,方位 1.9°,见采空区顶板,

钻至井深 375.12 m，井斜 36.5°，方位 1.57°，位移 95.99 m，见采空区底板，钻进至井深 385.20 m 达到设计要求起钻。

11 月 01 日～11 月 03 日下套管，下入 ϕ215.90 mmPDC 钻头，使用空气循环，将孔内岩粉吹干净起钻。

注入 G 级油井水泥浆 5 m^3，水泥浆平均密度 1.85 g/cm^3，替清水 0.5 m^3，封固至 $3^{\#}$ 煤底板，施工正常。

因固井质量不合格，11 月 06 日再次固井，注入 G 级油井水泥浆 6 m^3，水泥浆平均密度 1.85 g/cm^3，替清水 0.5 m^3，候凝。

三开（小导眼）采用 ϕ241.3 mmPDC 钻头钻进，11 月 11 日钻至井深 512.00 m，井斜达到 70°，起钻更换 ϕ215.90 mmPDC 钻头进行小导眼钻进。11 月 12 日穿遇 $15^{\#}$ 煤层，钻进至孔深 669.00 m，达到设计要求，循环钻井液两周，导眼完钻。

固井作业，注入 G 级油井水泥浆 13.6 m^3，水泥浆平均密度 1.85 g/cm^3，替清水 3.4 m^3，封固段 385.20～669.00 m，施工正常。

11 月 16 日采用 ϕ241.3 mmPDC 开始三开正眼钻进，从井深 404.00 m 开始侧钻。11 月 19 日钻至井深 635.00 m 见 $15^{\#}$ 煤，井斜 86.50°，垂深 471.04 m，方位 358.8°，位移 313.09 m，沿煤层钻至井深 673.00 m，达到设计要求，循环钻井液两周，三开完钻。

11 月 25 日下技术套管：外径 ϕ193.68 mm，壁厚 8.33 mm，钢级 J55，长管 55 根，全长 631.96 m，下深 632.65 m，套管顶口低于地面 0.72 m。

固井注入 G 级油井水泥浆 17.5 m^3，水泥浆平均密度 1.83 g/cm^3，替清水 15.30 m^3，水泥浆返至地面，施工正常。

试压作业，压力 15 MPa，试压 30 min，时间 30 min，压降 0 MPa，试压合格。

四开下入 ϕ171.4 mmPDC 钻头，钻穿浮箍、浮鞋，透完水泥塞起钻。

12 月 4 日采用 ϕ171.4 mmPDC 钻头，从井深 635.00 m 开始水平段钻进。12 月 5 日钻进至井深 936.00 m，水平段长 301.00 m 达到设计要求（表 3-5-6，图 3-5-3）完钻。

5.3.2 井身结构

井身结构数据见表 3-5-5。

表 3-5-5 井身结构数据

项目＼层次	一开	表层套管	二开	衬管	三开	技术套管	四开	生产套管
钻头直径/mm	445.00		342.90		241.30		171.50	
井 深/m	45.50		385.20		673.00			936.00
套管外径/mm	377.00		273.05		193.68			139.70
套管总长/m		44.50		384.00		631.93		917.16
套管下深/m		45.50		385.20		632.65		917.58
套管顶部位置/m		1.00				0.72		0.42
水泥上返深度/m		地面				地面		不固井
阻流环位置						620.55		
套管鞋						632.22		

SHH28-L1 井井身结构见图 3-5-3。

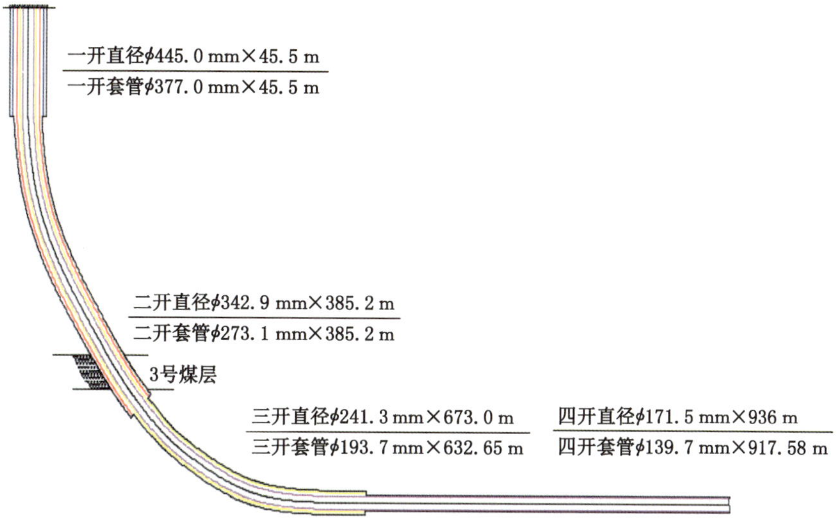

图 3-5-3　SHH28-L1 井井身结构

5.3.3　井眼轨迹

（1）轨道参数计算

轨道参数计算结果见表 3-5-7。

表 3-5-7　轨道参数计算结果

<table>
<tr><td colspan="3">井号</td><td colspan="10">SHH28-L1</td><td colspan="4">完钻井深</td><td colspan="4">936.00 m</td></tr>
<tr><td colspan="3">钻井施工单位</td><td colspan="18">勘探分公司 KTD—YZ—21 队</td></tr>
<tr><td colspan="3">方位修正</td><td colspan="3">−4.50</td><td colspan="15">度　已校正（+顺时针　−逆时针）</td></tr>
<tr><td colspan="3">实际造斜点</td><td colspan="2">井深：</td><td colspan="2">120.00</td><td colspan="2">/m</td><td colspan="2">井斜：</td><td colspan="2">0.81</td><td colspan="2">(°)</td><td colspan="2">方位：</td><td colspan="2">5.85</td><td colspan="2">(°)</td></tr>
<tr><td colspan="3">实际最大井斜点</td><td colspan="2">井深：</td><td colspan="2">752.59</td><td colspan="2">/m</td><td colspan="2">井斜：</td><td colspan="2">90.30</td><td colspan="2">(°)</td><td colspan="2">方位：</td><td colspan="2">357.20</td><td colspan="2">(°)</td></tr>
<tr><td colspan="3">靶点参数</td><td colspan="3">井深/m</td><td colspan="3">垂深/m</td><td colspan="3">水平位移/m</td><td colspan="3">闭合方位/(°)</td><td colspan="3">纵距/m</td><td colspan="3">横距/m</td></tr>
<tr><td rowspan="4">中靶情况</td><td rowspan="2">A</td><td>设 计</td><td colspan="3">601.76</td><td colspan="3">454.41</td><td colspan="3">248.43</td><td colspan="3">347.85</td><td colspan="3">244.31</td><td colspan="3">−52.61</td></tr>
<tr><td>实 测</td><td colspan="3">635.00</td><td colspan="3">471.04</td><td colspan="3">313.09</td><td colspan="3">359.24</td><td colspan="3">314.34</td><td colspan="3">−4.18</td></tr>
<tr><td rowspan="2">B</td><td>设 计</td><td colspan="3">931.93</td><td colspan="3">462.40</td><td colspan="3">577.39</td><td colspan="3">354.07</td><td colspan="3">574.31</td><td colspan="3">−59.61</td></tr>
<tr><td>实 测</td><td colspan="3">936.00</td><td colspan="3">484.55</td><td colspan="3">613.09</td><td colspan="3">358.00</td><td colspan="3">614.17</td><td colspan="3">−21.41</td></tr>
<tr><td colspan="3">测斜方式</td><td colspan="6">MWD</td><td colspan="4">仪器型号</td><td colspan="8">SEMWD</td></tr>
<tr><td colspan="3">技术负责人</td><td colspan="6">高士举</td><td colspan="4">测量负责人</td><td colspan="8">张尧</td></tr>
</table>

（2）井眼轨迹垂直投影示意图

井眼轨迹垂直投影示意图见图 3-5-4。

（3）井眼轨迹水平投影示意图

井眼轨迹水平投影示意图见图 3-5-5。

（4）井眼轨迹立体投影示意图

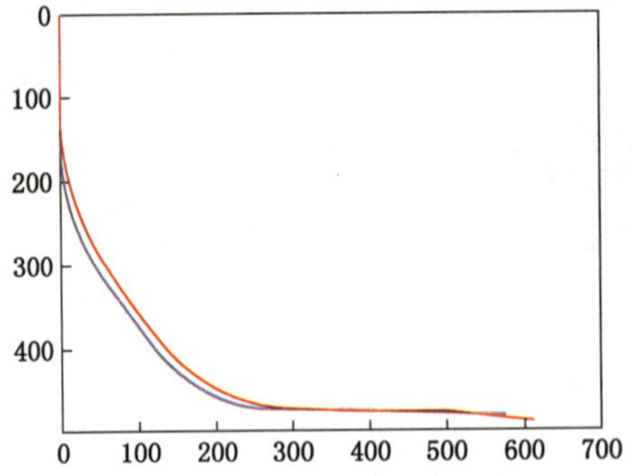

图 3-5-4　井眼轨迹垂直投影示意图

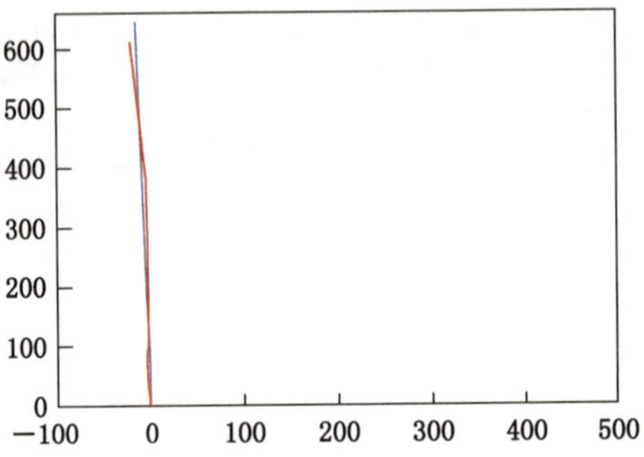

图 3-5-5　井眼轨迹水平投影示意图

井眼轨迹立体投影示意图见图 3-5-6。

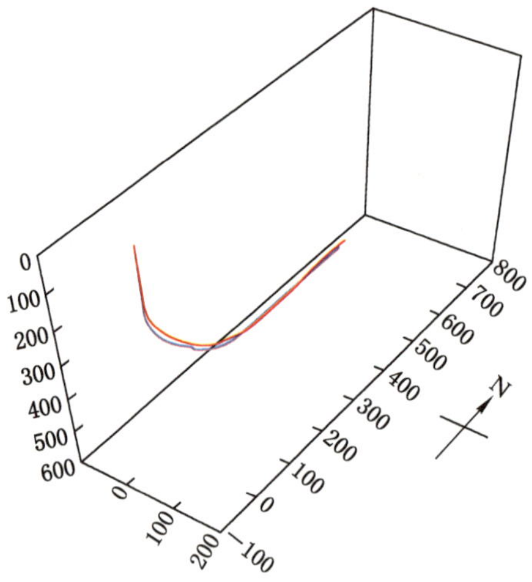

图 3-5-6　井眼轨迹立体投影示意图

(5) 煤层走势图

煤层走势图见图 3-5-7。

(6) 实钻轨迹参数

SHH28-L1 实钻轨迹数据见表 3-5-7。

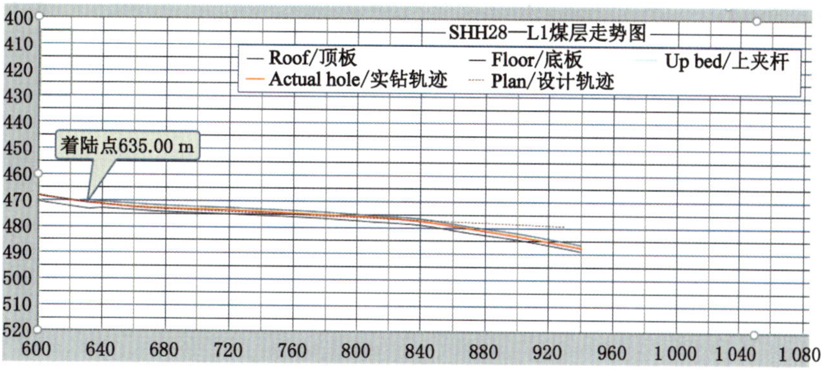

图 3-5-7　煤层走势图

表 3-5-8　SHH28-L1 实钻轨迹数据表

MD/m	Inc/(°)	Azi/(°)	TVD/m	E/W/m	N/S/m	V. Sec/m	Closure Azimuth/(°)	Closure Distance/m	DLeg /(°/30 m)
0.00	0.00	0.00	0.00	0.00	0.00	0.00	0.00	0.00	0.00
68.18	0.90	58.70	68.18	0.46	0.28	0.23	58.70	0.54	0.40
92.21	1.00	66.80	92.20	0.81	0.46	0.37	60.52	0.93	0.21
101.97	0.70	74.10	101.96	0.95	0.51	0.41	61.76	1.08	0.98
111.67	0.50	65.40	111.66	1.04	0.54	0.43	62.51	1.18	0.68
121.29	0.90	1.60	121.28	1.08	0.64	0.52	59.59	1.26	2.54
130.92	2.00	6.00	130.91	1.10	0.88	0.76	51.46	1.41	3.44
140.54	3.00	2.00	140.52	1.13	1.30	1.17	41.04	1.72	3.16
150.19	4.80	354.10	150.15	1.10	1.95	1.83	29.33	2.24	5.83
159.90	6.60	355.10	159.81	1.01	2.91	2.79	19.08	3.08	5.57
169.55	9.10	351.70	169.37	0.85	4.22	4.11	11.38	4.30	7.90
179.19	11.10	353.40	178.86	0.63	5.90	5.80	6.12	5.93	6.29
188.74	12.90	352.60	188.20	0.39	7.87	7.78	2.84	7.88	5.68
198.52	14.60	350.90	197.70	0.05	10.17	10.11	0.30	10.17	5.36
208.09	16.50	351.20	206.92	−0.34	12.70	12.67	358.44	12.70	5.96
217.64	18.50	351.60	216.02	−0.77	15.54	15.54	357.15	15.56	6.29
226.48	20.60	351.90	224.35	−1.20	18.47	18.49	356.29	18.51	7.13
236.13	22.80	353.20	233.32	−1.66	22.00	22.06	355.69	22.07	7.00
245.74	24.80	353.70	242.11	−2.10	25.86	25.94	355.36	25.94	6.28
255.53	26.80	354.80	250.93	−2.53	30.10	30.20	355.20	30.20	6.30
265.18	27.90	355.30	259.50	−2.91	34.51	34.63	355.18	34.64	3.49
274.74	29.70	357.20	267.87	−3.21	39.11	39.23	355.31	39.24	6.34
284.31	31.40	357.50	276.12	−3.43	43.97	44.09	355.54	44.10	5.35
293.93	32.90	359.00	284.26	−3.59	49.08	49.19	355.82	49.21	5.30

表 3-5-8(续)

MD/m	Inc/(°)	Azi/(°)	TVD/m	E/W/m	N/S/m	V. Sec/m	Closure Azimuth/(°)	Closure Distance/m	DLeg /(°/30 m)
303.54	33.90	358.80	292.28	−3.69	54.37	54.46	356.12	54.50	3.14
313.32	34.70	357.30	300.36	−3.88	59.88	59.96	356.30	60.01	3.57
323.22	35.00	357.70	308.49	−4.12	65.53	65.61	356.40	65.66	1.14
332.85	35.50	358.80	316.35	−4.29	71.09	71.15	356.54	71.22	2.52
342.48	36.10	0.80	324.16	−4.31	76.72	76.75	356.78	76.84	4.10
352.18	36.60	1.20	331.97	−4.21	82.47	82.46	357.08	82.58	1.71
361.79	36.50	1.90	339.69	−4.06	88.19	88.14	357.37	88.28	1.34
371.32	36.50	1.90	347.36	−3.87	93.85	93.75	357.64	93.93	0.00
381.83	37.70	2.00	355.74	−3.65	100.19	100.03	357.91	100.26	3.43
391.23	39.50	3.40	363.08	−3.37	106.05	105.83	358.18	106.10	6.38
400.77	41.20	4.40	370.35	−2.95	112.21	111.91	358.49	112.25	5.72
409.61	39.20	3.60	377.11	−2.55	117.90	117.53	358.76	117.93	7.01
419.26	39.80	2.00	384.55	−2.26	124.03	123.60	358.96	124.05	3.67
428.87	42.50	1.40	391.79	−2.07	130.35	129.87	359.09	130.37	8.52
438.66	45.00	0.40	398.86	−1.96	137.12	136.59	359.18	137.13	7.95
448.31	47.70	359.80	405.52	−1.95	144.10	143.53	359.22	144.11	8.50
457.86	50.20	359.60	411.79	−1.99	151.30	150.70	359.25	151.32	7.87
467.42	52.20	359.50	417.78	−2.05	158.75	158.12	359.26	158.77	6.28
477.04	53.70	359.40	423.58	−2.12	166.43	165.76	359.27	166.44	4.68
486.65	55.30	358.00	429.16	−2.30	174.25	173.56	359.24	174.27	6.13
496.23	57.80	357.46	434.44	−2.62	182.24	181.53	359.18	182.26	7.95
505.75	60.40	357.80	439.33	−2.96	190.40	189.69	359.11	190.42	8.24
515.37	62.50	358.50	443.92	−3.23	198.84	198.11	359.07	198.87	6.82
525.00	65.20	358.80	448.17	−3.43	207.48	206.73	359.05	207.51	8.45
534.69	67.90	359.20	452.02	−3.59	216.37	215.59	359.05	216.40	8.44
544.30	70.40	359.50	455.44	−3.69	225.35	224.53	359.06	225.38	7.85
553.83	72.00	0.50	458.51	−3.69	234.37	233.50	359.10	234.40	5.85
563.39	74.60	359.90	461.26	−3.66	243.53	242.60	359.14	243.56	8.36
573.17	77.40	359.90	463.63	−3.67	253.02	252.04	359.17	253.04	8.59
582.83	80.10	359.80	465.51	−3.70	262.49	261.47	359.19	262.52	8.39
592.44	81.70	359.30	467.03	−3.77	271.98	270.92	359.21	272.01	5.23
602.20	83.80	359.90	468.26	−3.84	281.66	280.55	359.22	281.69	6.71
611.93	85.20	0.00	469.20	−3.85	291.35	290.19	359.24	291.37	4.33
621.66	85.00	359.10	470.03	−3.92	301.04	299.84	359.25	301.06	2.83
631.29	85.90	358.80	470.79	−4.10	310.64	309.40	359.24	310.66	2.95

表 3-5-8(续)

MD/m	Inc/(°)	Azi/(°)	TVD/m	E/W/m	N/S/m	V. Sec/m	Closure Azimuth/(°)	Closure Distance/m	DLeg /(°/30 m)
635.00	86.50	358.65	471.04	−4.18	314.34	313.09	359.24	314.37	5.00
643.27	87.71	358.70	471.45	−4.37	322.60	321.32	359.22	322.62	4.39
653.04	89.20	359.10	471.72	−4.56	332.36	331.05	359.21	332.39	4.74
660.00	89.60	359.10	471.79	−4.67	339.32	337.99	359.21	339.35	1.72
665.33	89.70	359.10	471.82	−4.75	344.65	343.30	359.21	344.68	0.56
675.09	89.20	358.50	471.92	−4.96	354.40	353.02	359.20	354.44	2.40
684.81	89.00	358.40	472.07	−5.22	364.12	362.71	359.18	364.16	0.69
694.45	88.40	358.80	472.29	−5.46	373.75	372.32	359.16	373.79	2.24
704.26	89.20	358.20	472.49	−5.71	383.56	382.10	359.15	383.60	3.06
714.02	89.40	358.00	472.61	−6.04	393.31	391.83	359.12	393.36	0.87
723.76	89.30	358.10	472.72	−6.37	403.05	401.55	359.09	403.10	0.44
733.29	89.10	358.10	472.86	−6.68	412.57	411.06	359.07	412.62	0.63
742.90	89.60	357.60	472.97	−7.04	422.17	420.64	359.04	422.23	2.21
752.59	90.30	357.20	472.97	−7.48	431.85	430.32	359.01	431.92	2.50
762.35	90.00	356.90	472.95	−7.99	441.60	440.06	358.96	441.67	1.30
772.11	89.70	356.80	472.97	−8.52	451.35	449.81	358.92	451.43	0.97
781.65	89.90	356.70	473.01	−9.06	460.87	459.34	358.87	460.96	0.70
791.38	89.70	356.40	473.04	−9.65	470.58	469.06	358.83	470.68	1.11
801.10	89.40	355.80	473.12	−10.31	480.28	478.78	358.77	480.39	2.07
810.62	88.90	355.80	473.26	−11.01	489.77	488.29	358.71	489.90	1.58
820.30	87.80	355.80	473.54	−11.72	499.42	497.96	358.66	499.56	3.41
830.03	86.70	355.30	474.00	−12.47	509.11	507.68	358.60	509.26	3.72
839.76	85.10	355.10	474.70	−13.28	518.78	517.38	358.53	518.95	4.97
849.52	84.60	355.10	475.58	−14.11	528.47	527.10	358.47	528.66	1.54
859.27	84.60	354.40	476.49	−15.00	538.13	536.81	358.40	538.34	2.14
868.90	84.30	354.70	477.42	−15.91	547.68	546.39	358.34	547.91	1.32
878.47	83.70	354.40	478.43	−16.81	557.15	555.91	358.27	557.40	2.10
888.18	83.10	355.10	479.54	−17.70	566.75	565.55	358.21	567.03	2.84
897.71	83.70	355.70	480.64	−18.46	576.19	575.02	358.17	576.49	2.66
907.24	84.50	355.50	481.62	−19.18	585.64	584.49	358.12	585.96	2.60
916.97	84.20	355.30	482.57	−19.96	595.29	594.17	358.08	595.63	1.11
926.60	84.00	355.70	483.56	−20.71	604.84	603.75	358.04	605.20	1.39
936.00	84.00	355.70	484.55	−21.41	614.17	613.09	358.00	614.54	0.00

5.3.4 钻井设备及性能参数

表 3-5-9 钻井设备及性能参数

序号	名称		型号	规格	数量	备注
一	钻机		T130	69T	1	
二	泥浆循环系统配置	钻井泵	3NB1000		1	
		钻井液罐		40 方	3	含储备罐
		搅拌器	NJ－7.5	15KW	10	每具罐 2 台
三	空气循环系统配置	空压机	LUY4000－30	3 MPa/40 m^3	5	
		增压机	WF－1.3/25－100	10 MPa	1	
		注浆泵		12 MPa	1	
		制氮车			1	
		注氮机			1	
四	动力	柴油机	G12V190PZL－3	1 000 kW	1	
五	发电机组	发电机	BF－300GF	300KW	2	
六	固控设备	振动筛	2ZZS－D		2	高频振动筛
		除砂器	ZCS250×2	旋流器直径 250 mm	1	处理量 200 m^3/h
		除泥器	ZQJ125	旋流器直径 100 mm	1	处理量 200 m^3/h
		离心机	LW450－1000N		1	处理量 45 m^3/h
七	定向设备	无线随钻	SEMWD－2000B		1	
		无磁钻铤	178 mm、165 mm、121 mm		3	
		常规螺杆	127 mm、172 mm、197 mm、203 mm		6	
		空气螺杆	244 mm、135 mm		4	
		数据处理计算机	笔记本		1	
八	有毒有害气体防护装备	气体监测仪			3	
		正压式空气呼吸器			3	

5.3.5 钻井液性能参数

表 3-5-10　钻井液性能参数对比

钻次＼性能	比照	密度/(g/cm³)	漏斗黏度/S	API失水/ml	pH值	含砂量/%
一开	设计	<1.03	30～40			
0.00～45.50 m	实际	1.05～1.07	33～38			
二开	设计	1.10～1.15	35～40	<5	8～10	0.3
45.50～385.00m	实际	1.11～1.13	36～39	4	9	0.3
三开	设计	1.03～1.07	30～40	<5	8～9	0.2
385.00～673.00 m	实际	1.04～1.06	33～39	4	9	0.2

5.3.6 空气螺杆使用记录及实钻数据表

实际钻进过程中，风量、风压与设计值相差不大，但钻压与设计值相差较大，主要是空气螺杆施工是钻压过大影响螺杆的正常工作，与前文分析的情况一致。

二开空气螺杆钻进效率约为 8.5 m/h，四开空气螺杆钻进效率约为 19 m/h，整体钻进效率高于常规泥浆钻进。

表 3-5-11　空气螺杆使用记录表

日期	开始钻进时间	结束钻进时间	氮气注入量(液态/m³)	开始井深/m	结束井深/m	进尺/m	风量/(m³/min)	钻压/T	风压/MPa
10～27	17:07	18:04	12	330	341	11	112	1.5	3.0
10～31	11:00	16:30	55	341	385.2	44.2	112	2.5	3.0
12～04	11:50	17:00	37	670	782	112	65	2.0	3.0
12～06	14:00	23:00	86.13	782	936	154	65	2.0	3.0

表 3-5-12　空气螺杆实钻数据表

MD/m	Inc/(°)	Azi/(°)	TVD/m	E/W/m	N/S/m	V. Sec/m	Closure Azimuth/(°)	Closure Distance/m	DLeg(°/30 m)	Easting/m	Northing/m
332.85	35.50	358.80	316.35	−4.29	71.09	71.15	356.54	71.22	2.52	19 499 229.32	3 939 802.78
342.48	36.10	0.80	324.16	−4.31	76.72	76.75	356.78	76.84	4.10	19 499 229.30	3 939 808.41
352.18	36.60	1.20	331.97	−4.21	82.47	82.46	357.08	82.58	1.71	19 499 229.40	3 939 814.16
361.79	36.50	1.90	339.69	−4.06	88.19	88.14	357.37	88.28	1.34	19 499 229.55	3 939 819.88
371.32	36.50	1.90	347.36	−3.87	93.85	93.75	357.64	93.93	0.00	19 499 229.74	3 939 825.54
381.83	37.70	2.00	355.74	−3.65	100.19	100.03	357.91	100.26	3.43	19 499 229.96	3 939 831.88
391.23	39.50	3.40	363.08	−3.37	106.05	105.83	358.18	106.10	6.38	19 499 230.24	3 939 837.74

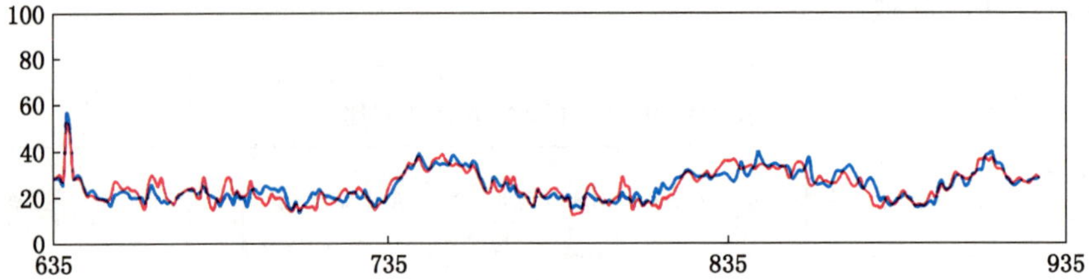

图 3-5-8　SHH28-L1 井水平段伽马曲线

第 4 篇　区域灰岩水害治理技术

1 概　　述

1.1 背景

随煤矿开采深度的不断增加，煤层底板承受的水头压力越来越大，突水危险性也随之加大，对底板突水机理研究及治理提出了更高更迫切的要求。国家和地方政策对煤矿安全绿色环保生产越来越重视，相关法律、法规越来越完善和严格，为了煤矿安全及可持续发展，煤矿顶底板注浆防治水项目越来越多，投入资金逐年增多。

2013 年以淮北矿区朱庄煤矿为首例，开始采用近水平定向顺层钻探技术和注浆改造技术对煤层底板进行区域探查与改造。近水平定向顺层钻探技术能使钻孔近水平段在灰岩中顺层钻进，顺层段长度大，可连续穿过灰岩，与灰岩充分接触，钻孔利用率高，在工作面形成之前从区域上最大限度地超前揭露岩溶裂隙，增强注浆改造效果，是目前国内煤层底板灰岩水害防治的新技术。近年，煤矿顶底板地面区域探查水平多分支定向注浆治理技术在陕西、山西、河北、内蒙、山东、安徽被广泛应用，取得了较好的成果(图 4-1-1)。

1.2 目的

在治理区合理布井，做到全覆盖无盲区，对于可能存在通道的区域进行有效封堵，加固可能存在裂隙的隔水层。探查煤层底板构造发育程度，揭露可能存在隐伏导水构造，并对钻进过程中揭露的灰岩溶隙、裂隙以及垂向导水构造进行高压注浆封堵(图 4-1-2，图 4-1-3)。

1.3 技术原理

区域超前探查治理技术就是从地面施工钻孔，以一定角度沿目的灰岩层顺层钻进，从而探查沟通各底板含水层组的垂向隐伏构造并注浆加固改造的一项水害探查、治理新技术。

区域超前探查治理技术是地面定向水平井钻探技术实现“精准探查”和地面注浆控制工艺，实现“高效治理”相结合的“探注协同治理”技术。该技术基于水害及治理现状，综合考虑地质及水文地质条件、突水机理、探注手段等因素，形成成套技术工艺，达到根治灾变突水，实现底板水害区域超前治理的目的。

多分支定向钻井技术。包括井眼轨迹设计、测录井技术、钻井液工艺、定向钻井技术、地质导向工艺等多种工艺技术综合作用，使钻井井眼轨迹在同一地层中钻进，揭露地层裂隙及

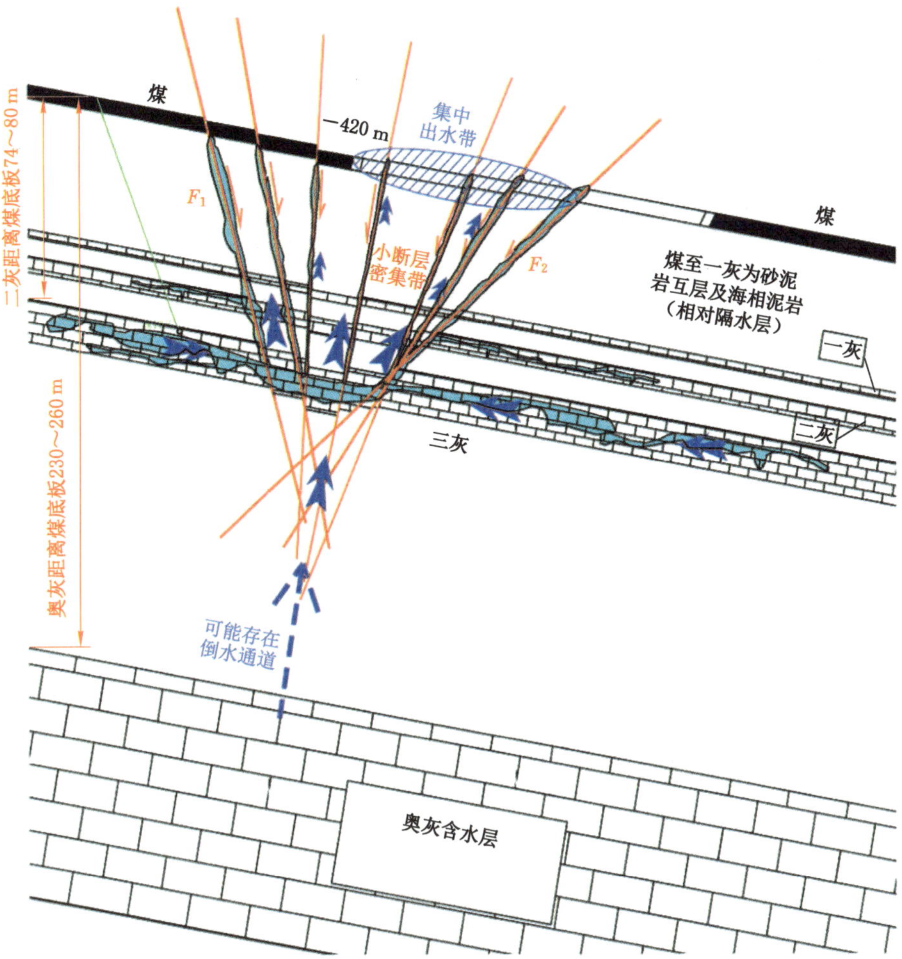

图 4-1-1　典型地层结构及水害模式示意图

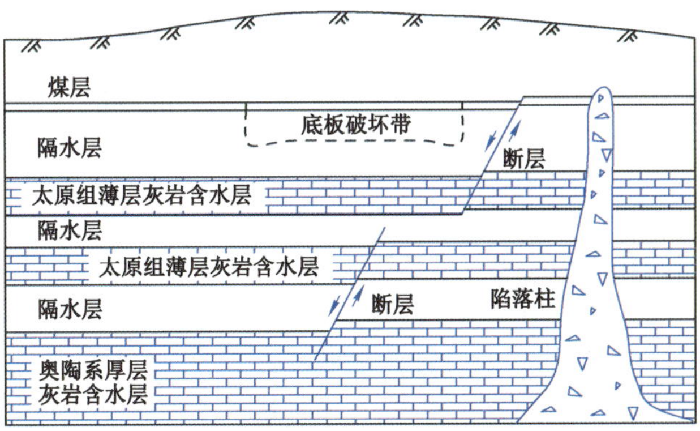

图 4-1-2　煤层底板灰岩含水层充水结构示意图

断层构造，是区域灰岩水治理的主要技术手段。

高压注浆技术。通过钻探工程揭露地层裂隙及断层构造，在地面预制浆液，通过高压将

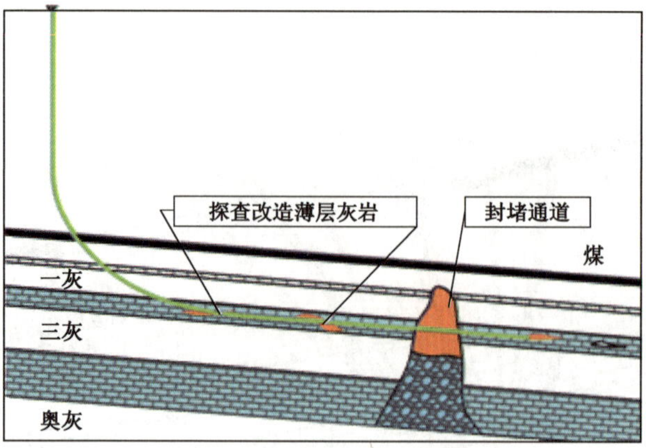

图 4-1-3　探查封堵导水通道示意图

浆液压注进地层裂隙中，充填地层裂隙，降低地层渗透性，提高地层抗压强度，是区域灰岩水治理技术的重要环节(图 4-1-4)。

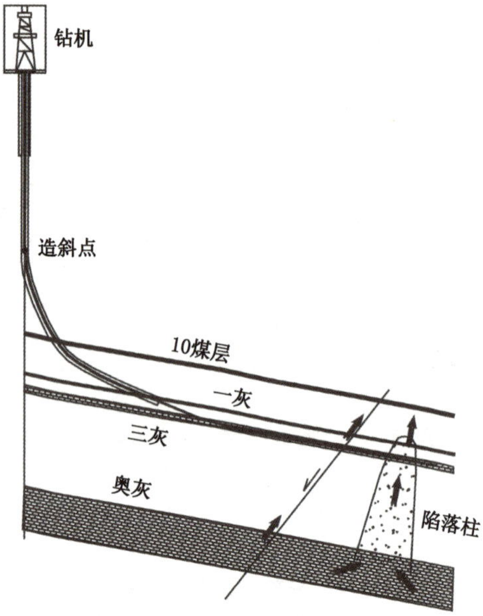

图 4-1-4　顺层钻孔治理薄层灰岩示意图

与传统井下定向钻孔注浆治理技术相比，优势明显：

(1) 占用场地小，利用一个主井眼可侧钻多个水平分支井，以点带面，利用分支井眼尽可能增大控制面积，使区域注浆效果得到有效体现；

(2) 不受井下巷道空间限制，安全隐患较小，地面设备能力较强，施工效率较高，注浆加固效果好；

(3) 可对巷道和工作面进行超前注浆治理，节省巷道掘进时间，有效避免出现巷道底鼓和漏浆现象，降低安全隐患的同时实现工作面提前回采。

1.4　国内外发展现状

1.4.1　多分支定向技术发展现状

（1）定向钻井技术发展

定向钻井技术是指使井身沿着预先设计的方向和轨迹，钻达目的层的钻井工艺方法，定向钻探技术的钻孔深度较大，能实现远距离钻孔轨迹控制，提高井下作业的安全性，优化勘测数据精准度。定向钻井起源于 20 世纪初的美国，在 20 世纪 50 年代初，苏联和法国已经开始采用和研制出了涡轮钻。在此期间，美国斯密斯工具公司研制了螺杆钻，螺杆钻是一种正排量马达，简称 PDM。

我国定向钻进始于上世纪五十年代，是继美国和苏联之后第三个钻定向水平井的国家，当时我国定向钻进也主要应用于油气田勘探和开发方面。建国初期，我国从前苏联、捷克等国家引进了几台环测钻孔测斜仪和陀螺定向测斜仪。

90 年代后定向钻井技术得以长足发展，通过研究引进，我国石油勘探部门基本上拥有了国外专用于定向井的先进工具、仪器，如有线随钻测量仪、无线随钻测量仪、单点陀螺测斜仪等等。在石油和天然气钻井中，通过对先进的钻井系统、无线随钻测量系统、三维显示技术的摸索改进，国内水平井的钻进技术和速度不断提高。1993 年煤科总院西安院在大同矿务局四台矿施工勘探地质异常体的近水平钻孔，采用以孔底稳定组合钻具为主，局部孔段使用国产的螺杆钻具纠斜钻进的方法，使孔深达到了 302.5 m。

进入 21 世纪，我国又掌握了定向轨迹设计与控制技术、套管防卡技术、地层测试技术等，并拥有了新的自主研发的钻井设备和专用工具。定向施工技术进入蓬勃大发展阶段。2005 年研制出 CGDS－I 近钻头地质导向钻井系统样机，胜利油田钻井工艺研究院依托重大装备国产化研究项目，成功地研制出了 MWD 和随钻伽马测量仪。

随钻测量是指在钻探过程中实现钻孔轨迹信息（井斜、方位和工具面等）和地质参数（自然电位和自然伽马等）的实时测量和上传的技术，为钻探工程的高效进行提供指导。随钻测量装置是进行定向钻进的关键设备，根据信号传输方式可分为有线传输和无线传输两种。国内外煤矿井下均以有线随钻测量装置为主，即采用特制的中心通缆式钻杆为信号传输通道进行信号传输，国外矿用有线随钻测量装置的代表性产品有澳大利亚 VLD 公司的 DGS 系统，该系统采用一次性锂电池筒供电方式，单节电池筒工作时间约 30 天且不可重复使用，于 2003 年引入国内并得到大量推广。

（2）水平多分支定向钻井技术

20 世纪 90 年代，美国和西方国家的分支井技术在得到了迅速发展，其轨迹设计、钻井工艺技术、完井技术及相关的配套设备、仪器的水平具有世界领先地位。当时，美国和西方国家在全球范围内施工了大量的水平定向多分支钻井，占领大部分的市场份额。他们不断完善钻井技术、井下工具和随钻系统软件，据不完全统计，施工的数千口分支井中，约 80％为裸井，并且施工地面钻探设备基本上都是常规的钻井设备，主要在地质导向（随钻测井）、井下泥浆使用、定向设备、钻头选型等方面采用了新技术、新工具。在分支井钻进技术发展过程中，他们施工的分支井结构也越来越多样化和复杂化。

在注浆应用中，水平多分支井钻孔结构多采用三开形式。安徽界沟煤矿为封堵含水层，使用多分支水平井注浆技术，三开孔。一开打直，二开、三开控制轨迹紧跟设计，中途MWD复测定向数据，安全中靶。

钻具组合为：

① 一开钻具：ϕ311.15 mm牙轮钻头＋ϕ159 mm钻铤＋ϕ127 mm钻杆；

② 二开钻具：ϕ215.9 mmPDC钻头＋ϕ165 mm螺杆＋定向接头＋ϕ159 mm无磁＋ϕ127 mm钻杆；

③ 三开钻具：ϕ152.4 mm的PDC钻头＋ϕ120 mm螺杆＋定向接头＋ϕ120 mm无磁＋ϕ89 mm钻杆。

1.4.2 注浆工艺技术发展现状

(1) 注浆技术发展现状

工程注浆最早出现在十九世纪早期，1802年，法国人查理士·柏利尼采用石灰、黏土混合注液成功了加固迪普港的砖石体，揭开了注浆技术应用工程实践的序幕。我国注浆技术刚开始阶段主要服务于水利水电领域的坝基加固以及水下隧道的防渗等工程问题，随着技术的不断革新，注浆技术开始应用在矿山巷道地下水防治以及岩层加固。

注浆技术不仅广泛应用于矿山巷道、地铁隧道等地下工程的防渗加固等方面，还在矿业领域中注浆减沉、加固隔水层等方面取得较大的进步，一点点缩小与国际先进的注浆技术的差距，并且在某些方面(如注浆材料以及注浆设计)已经达到世界先进水平，注浆技术的快速提升带来的是注浆理论也在不断的发展创新以及完善。注浆技术渐渐成为一门应用范围广、工程实践丰富的实用技术。在煤矿防治水工程和采空区充填工程方面，注浆工艺主要分为井下注浆和地面钻探注浆两种工艺。

① 井下注浆治理

在过去的几十年中，以往多采用井下进行注浆、充填，注浆材料主要有水泥基浆液和化学基浆液等。在地面建立注浆站，然后通过井口至工作面铺设管路，向治理区域进行注浆充填。其缺点是占用井下巷道施工时间、在巷道开挖后进行注浆治理导致注浆效果不理想、受井下空间限制注浆效率低、井下施工安全系数低；随着煤层开采深度的增加，地层条件的不断复杂化，以及施工安全要求的不断提高，传统的井下注浆治理困难重重。例如，含水层水压较大时，注浆无法进行，注浆量较大时，严重影响巷道掘进和工作面回采时间。

井下注浆治理具有以下缺点：采充作业相互干扰，生产效率低；系统复杂、初期投资大，操作难度大、用人多；施工工作量大，成本高；井下施工，对施工设备、人员技能、安全要求较高，施工难度大，风险系数高。

② 地面注浆施工

随着钻探施工技术的不断改进，技术创新和材料创新不断涌现，地面钻探注浆工艺项目越来越多，能够通过地面施工定向小孔径钻孔，配合地面注浆站，对治理区域进行注浆充填。能够实现在地面施工水平孔，即在地面开孔，通过直孔段和造斜段的施工，使钻孔变为水平，可沿某含水层顺层钻进。同时，由于在地面进行施工，不占用井下巷道掘进时间，可提前对煤层底板进行探查和治理，并且减少空间的限制，大幅提高了施工安全性和施工效率。

采空区注浆治理上又分为常规地面高密度钻孔对采空区全部注浆充填和新的离层注浆充填。防治水治理也同样分为地面高密度钻孔注浆治理和地面定向注浆治理工艺。

地面注浆治理解决了传统注浆治理的缺点问题，具有以下优点：投资少，系统工艺简单；

减少了减少或消除平面置换带来的工序相互干扰；施工工作量少，成本低；施工难度低，风险小数小；采用高压注浆时，水灰快速分离，实现治理区域的最大压填。

近年，相关施工单位在安徽、山西、陕西、山东、陕西、河北等地推广地面注浆治理技术，取得了较好的成效。

(2) 注浆材料

注浆材料是能向岩层裂隙内压入具有流动性、凝胶性的浆液，注浆过程中发生了由液相向固相转变，并转化成结石体填塞岩体裂隙加固岩层、堵住岩体渗流通道起到堵水作用。注浆浆液应具备黏度低、流动性好、细度大、分散性好，容易被压进岩体内部的微细裂隙内，且在注浆过程中不易沉析，防止沉析后影响后续浆液的注入。注浆材料是注浆技术中不可缺少的重要组成部分。

常用的浆液主要有：普通水泥、水泥-水玻璃注浆材料、聚氨酯类注浆材料、高聚物改性水泥基注浆材料等，其差异性对比见表 4-1-1。

表 4-1-1　浆液性能

浆液类型	力学性能	耐久性	环保性	成本
水泥浆液	强度增长较慢，后期强度高	好	无污染	较低
水泥-水玻璃浆液	凝结时间短，前期强度较高	较差	无污染	一般
聚氨酯类	凝结时间可控，强度较高	好	有一定污染	较高
高聚物改性水泥基注浆材料	动水抗冲刷，浆液留存率高，强度较低	较差	无污染	高

安徽淮北界沟煤矿采用多分支水平井注浆技术，以水泥浆为注浆材料，通过注浆成功封堵太原组石灰岩岩溶裂隙含水层。河南鹤壁赵固一矿选用 1∶3 的水泥黏土混合浆为注浆材料，通过多分支井注浆治理，该工作面目前已经回采结束，未出现突水现象。河北邢东矿为确保 2224 工作面安全回采，不受 2222 工作面出水影响，该采区采用长距离定向近水平顺层分支钻孔进行注浆堵水和构造探查，注入水灰比控制在 1∶1～3∶1 的水泥浆液，有效改造了 2222 工作面底板隔水层，降低了工作面内奥灰突水威胁。

1.4.3　区域治理技术应用现状

2012 年为提高淮北矿业集团信湖煤矿深井巷道围岩的稳定性和支护结构的安全性，开展了“千米深井围岩改性 L 型钻孔地面预注浆关键技术”研究，对信湖煤矿井底车场的中央泵房、变电所进行了注浆加固，通过 2 个直孔段的施工，下部进行 3 个分支孔钻进。实现了垂深 1 002.5 m、水平段注浆加固距离 200 m，单孔造斜段注浆量达 1 459 m^3，水平加固段注浆量达 955.5 m^3，在明显减少地面预注浆孔数的基础上，大幅度提高了单孔注浆范围和注浆效果，确保了深井巷道围岩的稳定性。

2016 年起针对淮北矿区朱仙庄煤矿“五含”地层，太灰及奥灰含水层岩溶发育，并与“四含”、太灰和奥灰存在明显的补给联系特征，西安研究院提出“帷幕截流、疏干开采”的治理方法，通过注浆建造一面具有“上顶下底隔水”且满足矿井安全开采截流要求的“连续截流防渗墙体”。共计布设注浆孔 202 个，总进尺 74 843.5m，注入水泥、粉煤灰等注浆材料共计 707 288.54 t，阻断“五含”及奥灰水对矿井的垂向和侧向补给，帷幕墙截流率达到 95%，确保煤矿安全回采。

2017 年西安研究院基于超前区域治水和水源-通道一体化治理理论，针对山东邱集煤矿顶板四、五灰和底板含灰地层采用地面水平定向钻进技术对其进行注浆加固的理论，并付诸于工程实践，为我国黄河以北煤田利用定向钻进分支水平井技术治理类似矿井水害问题提供成功经验。

河南赵固一矿 11291 工作面水害区域治理工程共施工注 1、注 2 两口地面井，每口地面井布置 4 个水平分支孔，分支孔间距控制在 40～60 m，对整个工作面进行注浆加固，累计进尺 12 248.04 m，其中直孔段 501.01 m、造斜段 1 129.7 m、水平段 10 617.33 m。11291 工作面经过本次的地面注浆加固后，下顺槽在掘进过程中未出现底鼓或突水现象。该工作面目前已经回采结束，未出现突水现象。

河北邢东矿为确保 2224 工作面安全回采，不受 2222 工作面出水影响，该采区采用长距离定向近水平顺层分支钻孔进行注浆堵水和构造探查。2222 和 2224 工作面区域共设计 6 个分支孔，分别为 N8～N13 孔，目标层位主要控制在奥灰顶面下 70～90 m 范围内，孔斜最大 108°，孔深最大 2 757 m，水灰比控制在 1∶1～3∶1，注浆终压 10 MPa 并稳定 30 min。注浆过程有效的对已探明的裂隙进行了封堵，有效改造了 2222 工作面底板隔水层，降低了工作面内奥灰突水威胁。

2　钻前工作

2.1　施工场地布置

2.1.1　井场规划

井场设计之初要充分考虑工程施工难度以及场地征用的可行性，井场的规划要严格按照钻机设计标准。在对井场规划时要满足以下要求：

（1）在井场左右附近 200 m 范围内不得有工业和民用建筑，井场道路应位于井场正前方，井场大门方应与季风方向相反。井场内道路及施工场地应进行硬化处理，确保通畅。

（2）井场有足够的抗压强度。平整场地应满足中间四周低，具有 1∶10～1∶20 的坡度，排水效果良好；井场周围应规划排水设施并保持畅通，钻井液沉砂池或废液池周围有截水沟，防止自然水浸入；基础平面应高于井场面 100～200 mm，并具有良好的排水效果。

（3）应充分考虑井场位置的特殊性，保证施工道路和基础场地的质量。

（4）井架基础、机泵基础和罐式循环系统基础应坐落在挖方上。

（5）井场配备足够的钻井液储备池（罐），并做到不垮、不漏、不渗。

（6）井场有毒物品应规划独立场地进行储存，并设置明显标志以示区别，并有专人保管和发放。

（7）井场周围设置围栏以及施工警示标志。

（8）井场完井后应按相关规定进行场地恢复。

2.1.2　井场建设

井场布置依据自然环境、钻机类型及钻井工艺要求等确定钻井设备安放位置。充分利用地形、节约用地，方便施工；在有条件的情况下，井场应最大可能地部署在交通方便、地形平坦、生活方便的区域。

按照规范及现场踏勘情况，井场面积设计不低于 4 800 m^2，长 80 m，宽 60 m。场地布置如图 4-2-1、图 4-2-2。

2.1.3　注浆站建设

注浆系统建站要求尽可能地靠近注浆钻孔，最小化布置在面积 40×30 m 范围内，详见注浆系统示意图（图 4-2-3）。

注浆设备系统，由注浆泵（包括电控设备），搅拌机和输浆管路组成。

输浆管路系统由钢管、高压胶管、阀门组成，其铺设方法参照注浆场地管路系统图连接，连接线路应符合相关标准。注浆站站内使用可移动式板房作为现场工作办公室。

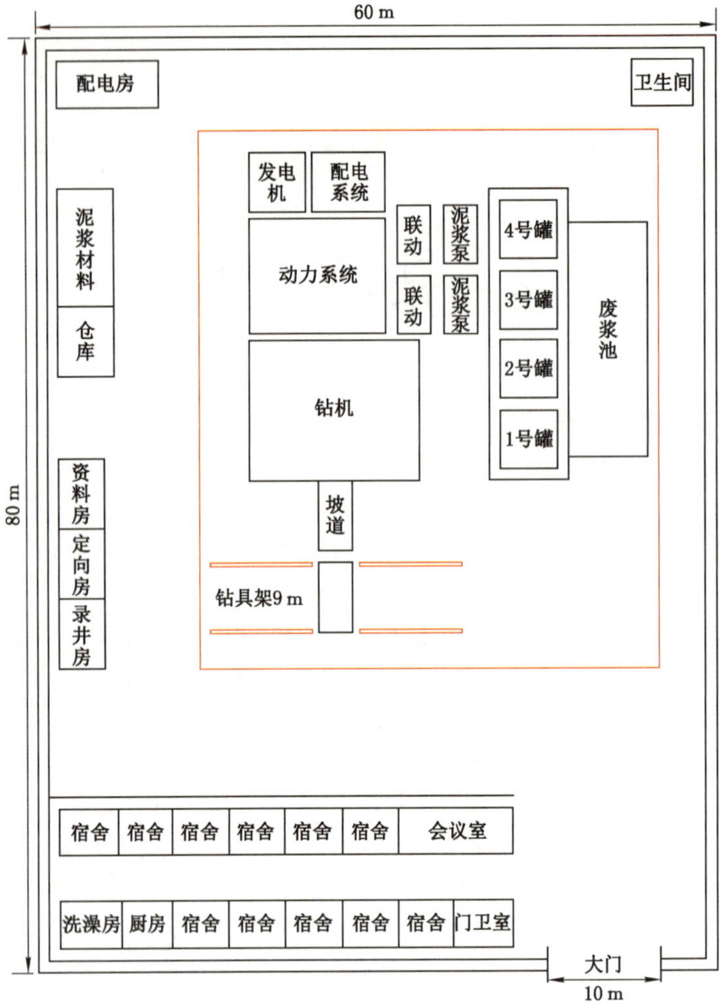

图 4-2-1　井场布置示意图

表 4-2-1　注浆站布置

注浆站面积	40 m×30 m	面积	1 200 m^2
一级搅拌池	ϕ2 m×2.5 m×2 m	体积	10 m^3
二级搅拌池	ϕ2 m×2.5 m×2 m	体积	10 m^3
清水池	10 m×20 m×1.5 m×2	体积	600 m^3

2.2　施工设备选型

2.2.1　钻机选型

综合考虑我国煤层埋深、钻井工艺、注浆要求等因素，地面注浆多分支水平井完井的深度大多小于 2 000 m，位垂比约 1.8～2.5。因此用于注浆多分支水平井施工的钻机需具备 2

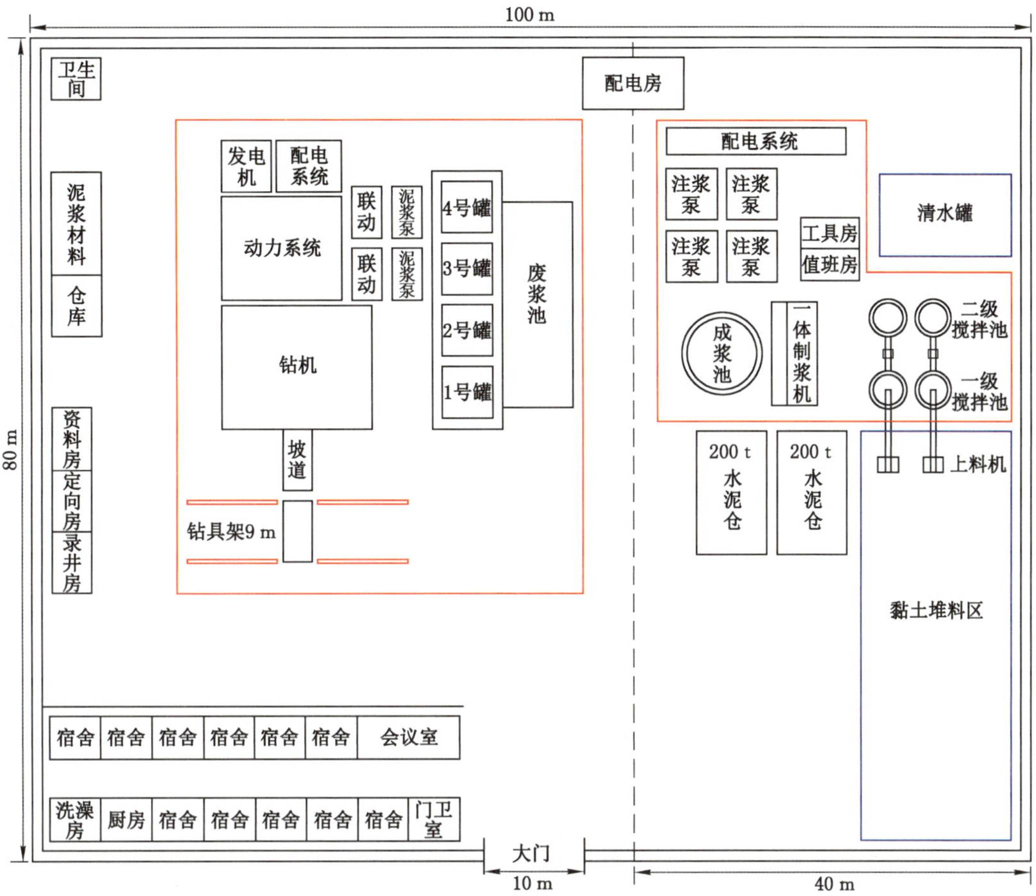

图 4-2-2　井场布置示意图(含注浆站)

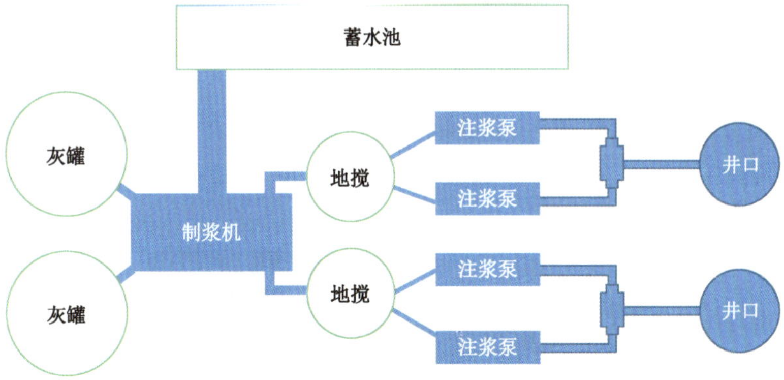

图 4-2-3　注浆系统示意图

000 m 钻进能力。目前,市场上 2 000 m 钻机主要有小型石油钻机、水源钻机和全液压车载钻机,其中小型石油钻机主要有 ZJ20 型和 ZJ30 型;水源钻机主要有 GZ－2600 型和 RPS-3000 型;全液压车载钻机主要有德国 RB－T100 型、美国 T200XD 型、瑞典 PREDATOR 型及意大利 HH102 型等进口钻机,中煤科工集团西安研究院有限公司 ZMK5530TZJ100 型、石家庄煤矿机械有限公司 TZJ25/1000Y 型及北京天和众邦勘探技术有限公司 CMD100 型等国产钻机。从钻机能力上看，三类钻机均能满足使用要求，结合工程实际情况进行钻机设备选型。

(1) 钻孔设计水垂比介于 1.3～2.5，且井深不超过 2 000 m；

(2) 施工井场布置相对集中，交通便利，设备搬迁便利；

(3) 从安全、成本、效率等方便综合考虑，选用石油钻机 ZJ20、ZJ30 以及 ZJ40 完全满足地面注浆多分支水平井施工(图 4-2-4)。

图 4-2-4　石油钻井

2.2.2　泥浆泵组选型

泥浆泵组是在高压条件下向井内输送钻井液，是钻机配套主要设备之一。泥浆泵组主要有柴油机驱动和电驱动式 2 种(图 4-2-5)，由于注浆多分支水平井钻井和注浆周期长，且施工地点大多位于矿区和村庄周边，柴油机驱动式泥浆泵存在耗油量大、成本高、噪音扰民及环保性差等缺点，因此选用电驱动式泥浆泵组。2 000 m 以浅注浆井选用 3NB－1300 型卧式活塞泵，该泵组具有以下优点：

图 4-2-5　1300 型泥浆泵

（1）成本低，设备保养维修方便；

（2）安全性高：采用变频驱动电机，拥有过压、过流、过载、欠载、输出接地及输出短路等多项保护功能；

（3）噪音小，环保性好，无柴油机及皮带或链条传动，泥浆泵震动及噪音大幅降低，环境污染小；

（4）运输安装方便：泵组结构紧凑、质量轻、搬运方便。

2.2.3　无线随钻测量系统

无线随钻测量系统是通过井下仪器向地面传输钻井数据，利用计算机对数据进行处理分析，获得具有实时性的地层及钻井参数，为井眼轨迹控制提供依据，是注浆井实现精准定向的关键设备。目前，常用的无线随钻测量系统主要有泥浆脉冲式和电磁波式2种，其中泥浆脉冲式无线随钻测量系统是以泥浆为传输介质，该系统配置简单、操作方便、成本较低（图4-2-6）。

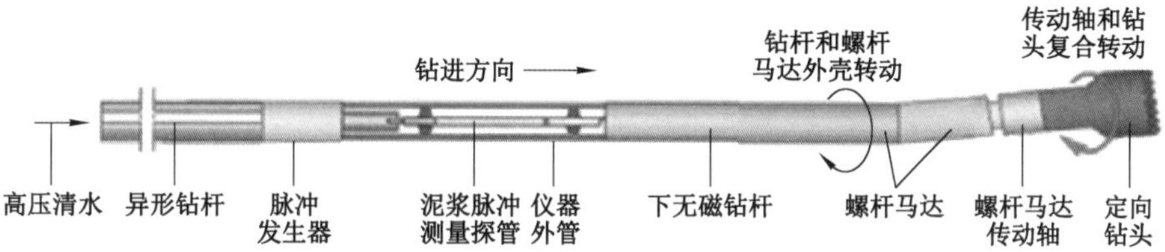

图4-2-6　泥浆脉冲随钻测量系统示意图

2.2.4　智能化注浆设备

（1）主要注浆备

由水泵、上料机、制浆机、搅拌机、输送泵，以及制浆机和搅拌机之间设置的用于控制浆料输送的送浆控制装置组成整个制浆系统，通过单独的控制连线分别与控制系统的处理器连接，可以实时监控系统情况，既实现了制浆过程的系统控制，又能保证每一个装置控制的独立性，不会产生相互影响，系统的安全性强。智能化注浆设备具有以下优点：

① 制浆系统各单元统一与控制系统调控，各单元之间相互独立，除却检修设备，不需要人员到现场对设备进行调整，效率更高。

② 水泵、上料机、制浆机、搅拌机和输送泵有专一的传感器与控制器连接，对制浆过程进行实时监控，能够精准调控制浆各类参数。

③ 制浆系统末端使用变频注浆泵，能够实时监控并调整注浆排量大小，做到对注浆过程的有效调控。

（2）卧式水泥仓

传统立式水泥仓作为水泥储存设备，由于其结构特征需要加强其根基承载力，安装前需要对水泥仓根基做浇筑处理，安装过程复杂。相比之下卧式水泥仓具有以下优点：

① 免基础，安装方便。卧式水泥仓是有多个支腿、下部锥体、仓体、上料管、爬梯、安全防爆阀组成，重力分散，只需要在卧式水泥罐下方进行硬化即可放置使用，省时省力。

② 高度低，适用范围广。卧式水泥仓出料锥体为方形锥体，仓体为瓦楞板和型材组成的框架焊接而成，仓体高度为2.9 m，而对于立式水泥罐来说，即使小吨位的50吨水泥仓安装好后高度也有将近9 m左右。

③ 无需做外封装，节省成本。卧式水泥罐是由集装箱板焊接而成，就有强度高，密闭性好，由于高度较低，免除了做外封装，大大节省了使用成本(图 4-2-7，图 4-2-8)。

图 4-2-7　智能化注浆设备

图 4-2-8　200 t 卧式水泥仓

3　工程施工

3.1　一开施工

3.1.1　钻进参数

（1）钻具组合

① 常规钻具组合

ϕ311.15 mm 牙轮钻头＋ϕ178 mm 或 ϕ159 mm 钻铤＋ϕ127 mm 钻杆＋主动钻杆

② 造斜钻具组合

ϕ311.15 mm 牙轮钻头＋ϕ172 mm 螺杆（弯度 1.5°/1.75°）＋ϕ165 mm 无磁钻铤＋ϕ178 mm 或 ϕ159 mm 钻铤＋ϕ127 mm 钻杆＋主动钻杆

备注：螺杆的弯度根据造斜率要求调整。

（2）钻井液参数

一开施工中，要考虑表层覆土和松散沉积物在钻进过程中垮塌形成埋钻、卡钻，另外由于地层胶结程度低，层间及粒间孔隙大，钻井液与地层间水极易串通，易污染钻井液，同时层间吸水也易导致局部黏土地层膨胀，致使井眼缩径。钻井液要求有良好的护壁效果，将孔内与地层之间的水力联系隔绝开来，同时也能有效防治地层垮塌掉块。

用于钻井液护壁的参数：第四系、第三系基岩风化带采用化学泥浆护壁。钻井液指标控制范围为：比重 1.05～1.15，黏度 30～50 s，失水量小于 30 mL，泥饼厚度小于 1 mm，pH 值保持在 8～9 之间。

一开钻进泥浆配制：清水＋3.9％膨润土＋火碱 0.1％＋0.4％CMC，配制比例可根据钻井工程和地质条件进行调整。

3.1.2　岩屑录井

一开岩屑录井主要目的在于卡准基岩层，为后续一开套管固井提供稳定地质条件。要严格对比每一段岩屑固结程度，当发现岩屑固结良好，岩屑颗粒分选性变好、质量明显变硬时要准确记录井深位置，确定岩屑固结程度明显变好后，加密捞取岩屑，卡准层位。

参考钻时、分层定名：钻时变化虽反映了地层的可钻性，但因其受钻压、钻头类型、钻头新旧程度、钻井液泵排量、转速等因素的影响，不能作为分层的唯一依据。因此，应以岩屑新成分出现的百分含量变化，参考钻时及随钻测井，上追顶界、下查底界的方法进行分层定名。

3.1.3　井眼控制

一般情况下，一开钻进过程中只需考虑井眼打直，使用常规钻具组合就能满足主井眼一开的设计要求。但通过安徽项目地区施工情况分析,部分区域目的层赋存浅,二开造斜段不能够满足目的层着陆条件,这就需要在一开施工时提前造斜,以满足后期施工要求。

以我公司安徽界沟项目项目 Z4 孔组为例(图 4-3-1),10 煤开采标高在－360 m～－500 m 之间,目的层着陆设计垂深在 441 m,着陆点设计井斜 78°,分支定向方位 207°。由于着落目的层较浅,一开施工中不得不增加造斜段以满足目的层着陆要求。Z4 孔组使用一开造斜钻具组合,在一开着陆稳定基岩层时井斜增至 20.18°。

表 4-3-1 造斜数据

MD	Inc	Azi	TVD	MD	Inc	Azi	TVD
/m	(°)	(°)	/m	/m	(°)	(°)	/m
0.00	0.00	0.00	0.00	180.00	1.48	188.69	180.00
30.00	0.10	106.49	30.00	210.00	5.18	207.06	209.94
60.00	0.20	106.49	60.00	240.00	9.77	212.44	239.69
90.00	0.30	106.49	90.00	270.00	14.39	212.92	269.02
120.00	0.40	106.49	120.00	303.00	20.18	212.70	300.51
150.00	0.51	106.49	150.00				

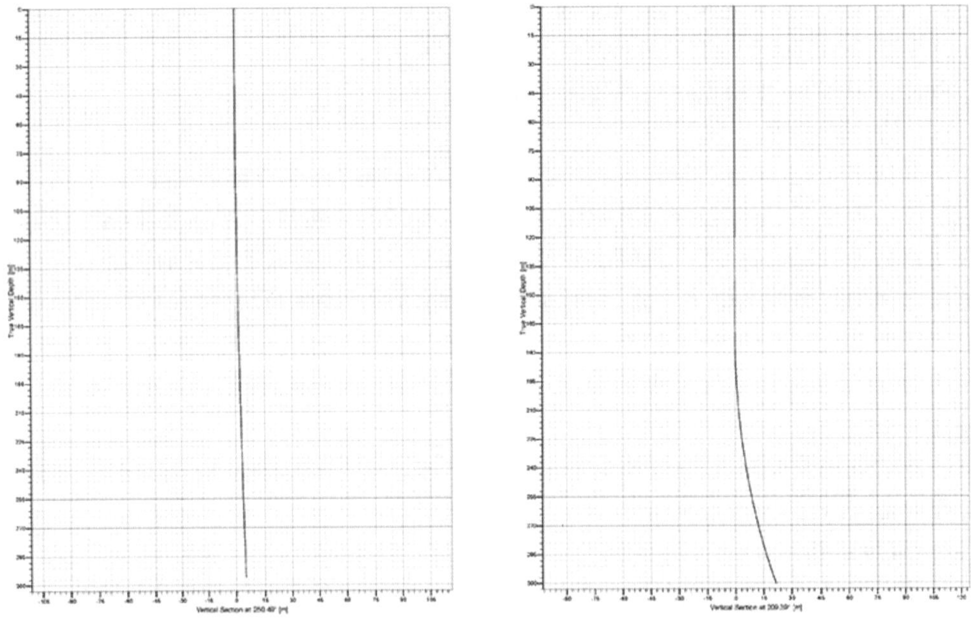

图 4-3-1 常规(左)与造斜(右)井眼轨迹垂直投影图

3.1.4 下套管作业

(1) 套管设计

根据《套管柱结构与强度设计》(SY/T 5724-2008),结合区域灰岩水防治特点,合理设计套管结构与强度。设计原则应满足以下原则。

① 满足钻井作业及注浆工程作业等后期作业的工艺要求；

② 满足定向造斜段的作业要求；

③ 满足固井施工和有利于提高固井质量。

(2) 下套管

根据《下套管作业规程》(SY/T 5412-2016)有关要求，结合区域灰岩水防治特点，规范下套管作业。

① 下套管前应通井，要求如下：

通井到底，保证井眼通畅；循环钻井液不少于两周，进出口密度差小于 0.02 g/cm^3，保持井眼干净；

对于造斜段分段通井，对起下钻遇阻、狗腿度大的井段反复划眼，彻底清理岩屑床，到底后大排量循环钻井液。

② 在钻井过程中发生漏失或者潜在发生漏失的井，应设法提高地层承压力；

③ 对套管设计下不到井底的，预留口袋不得大于 2 m；

④ 入井套管应使用标准通径规逐根通径，检查外观螺纹伤痕，清洗螺纹，丈量长度，地质、工程人员应分别检验。确定入井套管的直径、钢级、壁厚、螺纹类型和长度无误，及时剔除受损套管；

⑤ 对入井套管现场编号，编写入井套管记录，将备用套管与入井套管分开排放；

⑥ 根据设计和井下情况设计合理的管串结构，配齐作业附件，包括浮箍、浮鞋和扶正器等；

⑦ 入井前严格校验钻机载荷；

⑧ 制定下套管技术措施，技术措施应包括：

a. 下套管次序；

b. 套管附件及套管的连接要求及注意事项；

c. 套管上下钻台的保护措施；

d. 套管下放速度和灌钻井液要求；

e. 下套管过程中的应急预案。

3.1.5　固井作业

(1) 固井

① 套管与井眼环空间隙一般应不小于 19 mm，必要时宜采取扩孔措施；

② 固井过程中可能漏失的井，应先采取试漏、堵漏，正常后方可下套管；

③ 按固井设计要求的性能、数量准备顶替液；

④ 注入的水泥浆密度应大于钻进过程中钻井液密度 0.3 g/cm^3 以上；

⑤ 注水泥浆之前按固井设计要求，配置好前置液；

⑥ 注水泥浆之前对注浆管线试压，试压值大于最高施工压力的 1.5 倍；

⑦ 注水泥浆返深应返至地面；

⑧ 替顶替液时，应准确计量顶替量，并安排专人观察井口返出情况，后期应降低顶替量，密切注意泵入量、泵压变化；

⑨ 固井候凝时间不低于 48 小时(图 4-3-2)；

具体操作技术规范参考《固井作业规程》(SY/T 5374)。

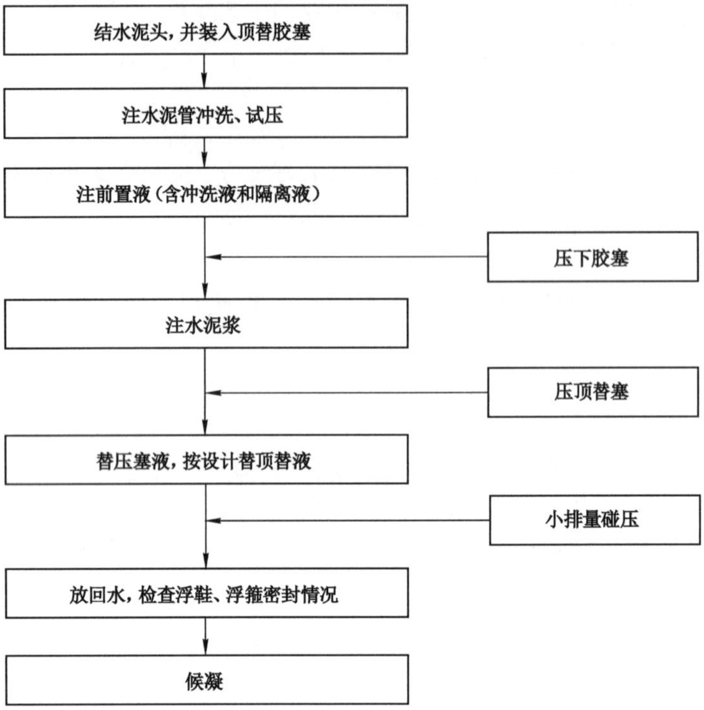

图 4-3-2　固井流程图

（2）试压

按照《套管柱试压规范》(SY/T 5467-2007)要求进行套管试压。

① 表层套管柱试压，宜在注水泥碰压后立即进行，管套试压稳压 10 min，无压降为合格；

② 未碰压的井试压应在固井质量评价后进行，固井质量评价后试压的套管柱，套管直径小于或等于 244.5 mm 的套管柱试压值为 20 MPa，套管直径大于 244.5 mm 的套管柱试压值为 10 MPa(实际试验值以工程设计为准)，稳压 30 min，压降小于或等于 0.5 MPa 为合格；

③ 试压设备采用水泥车、钻井泵或其他试压设备；

④ 管内试压液采用原替浆液，管内应充满试压液；

3.2　二开施工

3.2.1　钻进参数

（1）钻具组合

ϕ215.9 mmPDC 钻头＋ϕ172/165 mm 螺杆(弯度 1.5°/1.25°)＋ϕ159 mm 无磁钻铤＋ϕ127 mm 钻杆＋主动钻杆

（2）钻井液参数

二开施工过程中，根据定向技术的要求，钻井液要求起到润滑钻具的作用。另外，钻进砂、泥岩层时，要防止井壁掉块、垮塌以至卡钻、埋钻。

钻井液指标控制范围为：比重 1.05～1.15 g/cm^3，黏度 30～40 s，泥饼厚度小于 1 mm，pH 值保持在 8～9 之间。

二开钻进泥浆配制：清水＋0.4％润滑剂＋0.1％氨＋0.2％CMC，配制比例可根据钻井工程和地质条件进行调整。

3.2.2　目的层着陆

二开作为多分支水平井施工中的重要技术井段，施工过程中需要综合考虑工程地质条件，要严格控制井眼轨迹、计算好着陆位置，尤其在注浆井施工中，目的层的着陆直接影响到后续三开钻探施工及注浆工程质量。

在定向段造斜及轨迹监控上，采用 MWD 无线随钻测斜，结合伽马录井、岩屑录井、钻时录井等资料，对井眼轨迹、钻遇地层进行实时监控、监测，结合录井解释，保障目的层位的顺利着陆

(1) 通过随钻测斜仪，每隔 10 m 对井眼轨迹进行一次观测，实时记录测斜数据，并绘制井眼实钻轨迹曲线；

(2) 通过随钻伽马测井仪，实时观测钻遇地层伽马值，并生成伽马曲线图，实时分析钻遇地层情况。

(3) 着陆点井斜角的选择，必须考虑井眼轨迹“既增加垂深，又容易增斜上挑”的原则，决不能完全按照设计执行。一般选择小于地层倾角 1～3 度。

(4) 着陆点垂深的选择，尽可能考虑目的层上部，避免目的层变薄导致轨迹脱离目的层。若提前到达目的层，需要提前完钻；若目的层或者标志层延迟，则需降低垂深，避免延迟完钻损失水平段。

3.2.3　套管固井

(1) 资料收集

下套管之前应收集齐全井身结构、实际井深、钻具结构、造斜点位置、井斜及方位、水平位移、井径、钻井液性能、地层流体特征及分布、地层分层及岩性、井下工程复杂情况等，以及附近钻井的情况。

(2) 注意事项

① 二开完钻应分段通井，对起下钻遇阻、狗腿度大的井段反复划眼，保障井眼顺畅。到井底后大排量循环钻井液，循环钻井液不少于两周，进出口密度差小于 0.02 g/cm^3，保持井眼干净；

② 调整好钻井液性能，可以加入适量润滑剂或塑料小球降低下套管摩阻；

③ 结合井眼轨迹特征，设计合理的管串结构，并根据井眼井斜，搭配合适的套管附件。斜井段加入套管扶正器；

④ 控制水泥浆自由水量为零或接近零，使水泥浆失水量小于 50 mL；

⑤ 根据钻井液，确定前置液体系的基本液，控制较小的失水量，加入适量表面活化剂，达到井下最大清洗要求，使其具有冲洗和隔离功能；

⑥ 在条件允许的情况，尽量采用“漂浮”设计，即提高水泥浆密度，降低顶替液密度，提高顶替效率。

3.3 三开施工

3.3.1 钻井参数

(1) 钻具组合

ϕ152.4 mmPDC 钻头＋ϕ121 mm 螺杆(1.25°)＋ϕ120 mm 无磁钻铤＋ϕ89 mm 钻杆＋ϕ89 mm 加重钻杆(或者 127 mm 钻杆＋120 mm 钻铤)＋主动钻杆

使用钻铤加压时,定期定段进行短起下倒换钻具,防止钻铤靠近水平段无法起到加压作用,甚至因井眼曲率导致钻铤托压。

(2) 钻井液配制

三开施工过程中,根据区域灰岩水治理特点,钻井液要求使用清水或近清水。另外,为保障三开施工安全,在钻进过程中可适当加入防塌润滑剂,但禁止添加堵漏性质泥浆材料。

钻井液指标控制范围为:比重 1.00～1.10,黏度 28～32s,pH 值保持在 7～9 之间。

三开钻进泥浆配制:清水＋0.6%CMC＋1.3%氨＋2.5%润滑剂＋1.9%钾盐＋0.03%碱,配制比例可根据钻井工程和地质条件进行调整。

3.3.2 地质导向

地质导向是三开水平段顺层施工的关键技术,它利用近钻头处实时采集的地质参数,超前预测和识别目的层,并根据需要来调整井眼轨迹,引导钻头精准钻遇目的层。

地质导向的关键在于近钻头处地层参数、井眼轨迹参数和钻头工作参数的实时测量与解释(图 4-3-4)。

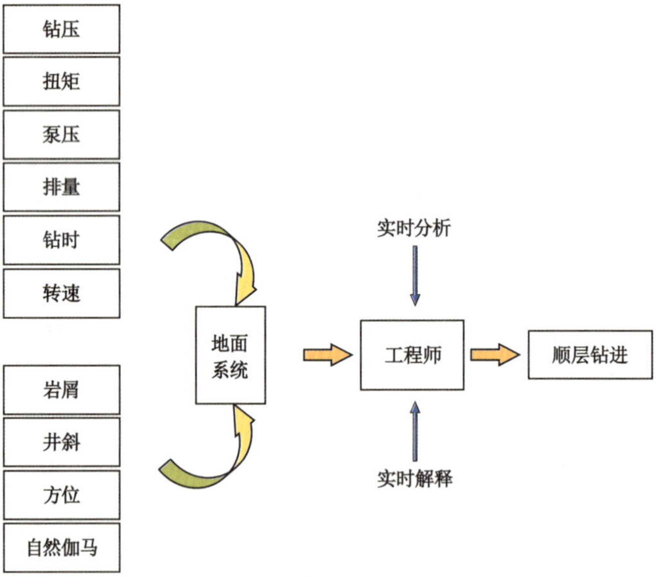

图 4-3-4 地质导向系统图

(1) 控制井眼轨迹,优化修正靶点(地层倾角确定)。在钻探过程中,二开着陆到目的层后要及时修正靶点,确保水平段长度和井眼轨迹控制在目的层合适位置。现场具体实施时,根据目的层提前或推后深度、位置及层厚度情况，及时修正钻孔预想轨迹剖面图，绘出靶点位置，并在实钻过程中，实时对井眼轨迹进行控制，对靶点进行修正，在保障钻遇率的前提下尽量使井眼轨迹平滑。

(2) 穿断层施工。施工尽量遵循"由高而低"的原则，即从上升盘到下降盘，施工时提前降低轨迹垂深至目的层下部，穿过断层后接驳下降盘目的层上部。若断层落差过大，则需考虑断层两盘分别施工注浆孔，交叉注浆，钻孔轨迹穿过断层 50 m 完钻，避免浪费水平段。

(3) 与煤层气井这类在资源储层中施工的水平井一样，注浆井也同样要考虑轨迹在目的层中的钻遇问题，注重的是井眼轨迹是否沿目的层钻进，而不是单一的命中目的靶点，通俗讲就是"重过程"。因此，在钻进过程中要充分应用录井资料(录井资料包括岩性、钻时等资料)、随钻伽马录井资料(井斜、方位、伽马等)判别井眼轨迹和目的层位置，确保钻遇的层位是目的灰岩层(图 4-3-5)。

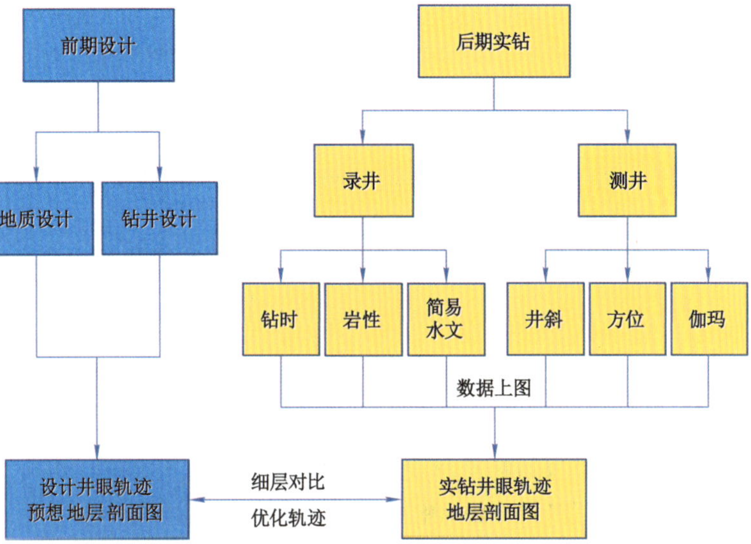

图 4-3-5　地质导向所需资料

3.4　注浆施工

3.4.1　压水试验

目的：一是检验注浆设备和管路的运行状态及密封性能；二是同时把裂隙中的松散充填物推到注浆范围之外，以保证浆液充填密实饱满；三是检查钻孔的畅通情况，根据水量和压力计算单位吸水率，获得受注段的单位吸水率，结合钻孔稳定水位，分析钻孔的可注性，确定注浆初期浆液配比及单位注浆量。

各孔段压水试验的压力应不大于注浆施工时该孔段所使用的最大注浆压力的 80%。在稳定的压力下每 3～5 min 测读一次压入流量，连续 5 次流量读数中最大值与最小值差小于最终值的 10%，或最大值与最小值差小于 1 L/min 时，试验即可结束，最终值作为计算值。每次注浆前压水试验时间不小于 30 min，并做准确详细的记录，从而获得水文地质参数，了解含水层的渗透性、连通性、裂隙的发育程度。

根据压水试验结果，结合钻探施工中的漏失量观测数据、漏点位置数据等，分析研究，确定注浆参数，确定浆液的密度。一般来讲，须先用稀浆进行试注，了解该漏点吃浆量大小及孔口压力情况。当注浆段吸水率大于矿区地层平均吸水水率 2 倍时，采用浓一级浆液浓度作为起始浆液浓度。

3.4.2 制浆

(1) 浆液制作根据浆液类型选择合适的制浆设备。所选择的设备性能与注浆量、浆液密度和注浆方式相适应，能安全、稳定、均匀、连续制浆。

(2) 大、中型注浆工程建立集中制浆站，其制浆能力满足注浆高峰期所有机组的用浆需要；配备防尘、除尘设施。

(3) 纯水泥浆液的拌制时间，使用高速制浆机时大于 30 s，使用普通搅拌机时大于 3 min。

(4) 外加剂以水溶液状态加入搅拌好的浆液中，搅拌时间不小于 2 min。

(5) 注浆前、浆液浓度变换后及注浆超过 2 h 时，检测浆液密度、流动性等性能，及时调配，使浆液性能满足工程要求。

(6) 寒冷季节施工做好机房和注浆管路的防冻措施，浆液温度不低于 5 ℃。炎热季节施工应采取防晒和降温措施，浆液温度不超过 40 ℃。

(7) 定期保养搅拌和计量设备，及时清除搅拌桶、搅拌池、贮浆池中的残留物和杂物，保持搅拌系统的清洁。

3.4.3 注浆

(1) 注浆设备满足流量和压力可调、耐磨和抗腐蚀等要求，选用 BQ-250、NBB390 等注浆泵，最大泵量不小于 30 m^3/h，最大压力不小于 12 MPa。

(2) 注浆管路保证浆液流动畅通，并能承受 1.5 倍的最大注浆压力。

(3) 注浆管路配套阀门采用耐蚀、耐磨、耐高压的高强度材质阀门。

(4) 注浆压力表的最大量程为最大设计注浆压力的 2～2.5 倍。

(5) 注浆方式遵循施工组织设计的规定，当遇特殊情况需改变注浆方式时，需要经过审批认可。

(6) 注浆封闭采用孔口封闭方式，注浆前检查封闭器密封性并有防爆措施。

(7) 采用分段注浆时，分段计算注浆段压力，压力计算点取段中位置。

(8) 注浆达到结束标准后，先孔内浆液自行卸压至井口压力为零，然后止浆塞松压，候凝一定时间后进行扫孔，扫孔到底并通过简易压水试验检验该段注浆效果。压水试验结果符合设计要求，可结束该段次注浆。压水试验结果不符合设计要求，进行复注(图 4-3-6)。

(9) 最后一级浓度浆液连续注浆 5 h 或注浆达到设计注浆量而注浆压力和流量仍无明显变化时，可采用以下措施：

① 间歇注浆，一般候凝 8 h 以上，通过浆液试验确定待凝时间；

② 采用浓浆、速凝浆液、混合浆液注浆。

(10) 注浆必须连续进行，因故中断，按以下原则处理：

① 尽快恢复注浆，否则立即冲洗钻孔；若无法冲洗或冲洗无效，则应进行扫孔恢复注浆。

图 4-3-6　智能化控制系统

② 恢复注浆时，应使用初始水灰比浆液，如注入率和中断前相近，即可采用中断前浆液浓度继续注入；如注入率较中断前减少较多，应降低浆液浓度继续注浆；如在短时间内停止吸浆，则应采取补救措施。

（11）注浆孔注浆结束，扫孔到底进行全孔简易压水试验，试验结果达到设计要求时，使用浓浆浆液进行全孔封孔注浆，并进行二次填平；如果试验结果未达到设计要求时，查明原因进行复注。

（12）对岩溶、构造带、破碎带等注浆量大的注浆段，应遵循以下原则：

① 应查明溶洞充填类型、规模和渗流情况；

② 根据溶洞发育情况可采用骨料充填，将岩溶地下水管流变成渗流后再进行注浆；

③ 缩短注浆段段高；

④ 低压、浓浆、限流、限量、间歇注浆；

⑤ 注入速凝浆液、混合浆液；

（13）注浆过程中出现巷道冒浆时及时查明原因，并宜采取以下措施处理：

① 巷道出现冒浆现象即停止注浆，间歇一定时间后进行复注；

② 采用低压循环注浆或浓浆慢注；

③ 采用表面封堵，低压、浓浆、限流、限量注浆。

3.4.4　P-Q-t 曲线图

P-Q-t 曲线法是通过对注浆施工中所记录的注浆压力 P、注浆速度 Q(单位时间内的注浆量)进行 P-t、Q-t 曲线的绘制，根据地质特征、注浆机制、设备性能、注浆参数等对 P-Q-t 曲线进行分析，从而对注浆效果进行评判。

对于一般注浆工程，不必采取钻孔取心，基本上都可以采用 P-Q-t 曲线法对注浆效果进行十分有效的评判(图 4-3-7)。

3.4.5　注浆站管理

（1）为了搞好注浆站精细化管理，保证注浆站安全正常运行，注浆站需配置基本人员如下：站长 1 人，技术员 1 人，机电维修工 2 人；司泵工、操作工按正常运转每班 2 人。

（2）注浆站所有工作人员，必须认真学习、严格执行有关规程规定及安全技术措施，经培训合格后上岗。司泵工及机电维修工要熟练掌握制浆、注浆设备的基本构造、性能及操作程序，经培训合格后持证上岗。

（3）各工种岗位责任制及管理牌板齐全，并悬挂整齐。

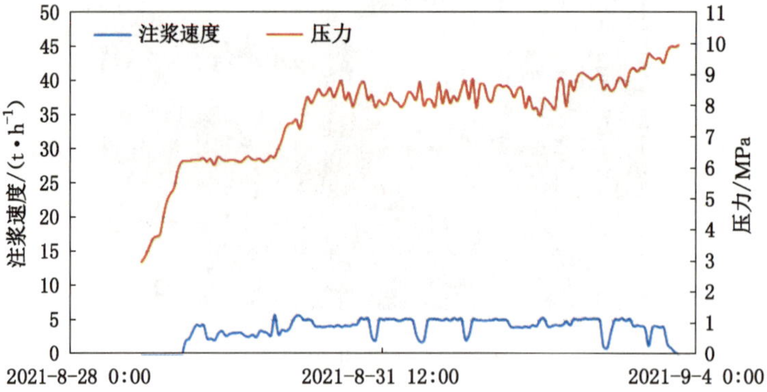

图 4-3-7　P-Q-t 曲线图

(4) 电缆管线铺设悬挂整齐,仪器工具按规定地点摆放。注浆管摆放平稳,并有明显警示牌。

(5) 注浆设备必须悬挂标志牌。注浆场所无杂物,保持清洁卫生,设备无灰尘。

(6) 加强注浆站所有设备的检修、维护工作,保证设备完好,安全防护装置必须齐全,否则不准运转。

(7) 单孔注浆前,注浆站要对员工就注浆计划任务书要求内容和有关安全技术措施等进行注前培训。对该孔所用注浆系统及设备进行一次全面检修,保证系统运转正常。

(8) 注浆期间技术员要根据钻孔的可注性条件和设计的浆液浓度、水泥添加量等参数及时调整浆液的配比,配制合格的浆液。

(9) 在注浆过程中,司泵工要坚守岗位,随时掌握泵压动态,以防超压伤人、损坏设备及管路。注浆站必须实行现场交接班,严格执行交接班管理制度,做好交接班记录。

(10) 每孔注浆结束或因故停泵超过 20 分钟,要高档位开泵压清水对注浆管路进行冲洗,水变清后再冲洗时间不得少于 1 h。

(11) 单孔注浆结束后注浆站要及时提交注浆成果表,内容包括孔号、注浆起止日期、注浆量/泵压(1 MPa 为一统计段)、注浆量/泵量、注浆量/泵号、注浆量/注浆次数、终压、总注浆量以及注浆过程中漏浆等其他需要说明的情况。

4　施工难点及预防措施

4.1　地质异常体判别及解决措施

4.1.1　钻遇构造区异常情况判别

(1) 钻进速度忽快忽慢，钻压不稳；

(2) 孔口有憋车现象，泵压忽高忽低；

(3) 泥浆循环液有时有大量消耗现象，甚至全漏；

(4) 继续钻进有可能孔内有劲，钻杆回退异常；

(5) 岩屑录井岩性发生变化；

4.1.2　系统分析

(1) 钻探异常情况，如憋车、憋泵等记录齐全，系统分析；

(2) 岩屑录井及时确定地层变化；

(3) 及时记录漏(涌)水情况突变位置；

4.1.3　技术措施

(1) 明显钻遇构造区后立即回撤钻具离开构造区；

(2) 调整泥浆，循环清洁钻孔，确保完整井段井壁稳定完好；

(3) 备足泥浆，检查设备性能完好，做好可能遇见情况的各种人员分工；

(4) 快速钻进穿越或顶漏钻进穿过；

(5) 孔内有劲，憋车严重，钻进液大量漏失，不能强行施工，可进行下一步注浆工作。

4.2　过断层判层措施

通常针对断层导水导致底板突水问题，通过多分支水平注浆井的各分支井眼对断层带实施注浆加固，较大范围的封堵导水通道。在满足治理突水问题的同时，断层带的存在对随钻地质导向跟踪带来很大困难。在钻头进入灰岩含水层前遭遇断层，通过断层特征和邻井测井资料，结合伽马(GR)测井曲线变化特征，推断钻头钻遇断层带的空间位置，为地质导向钻进工作提供参考。

(1) 当断层断距较小时，且断距小于目的层厚度，如钻遇正断层(如图 4-4-1 所示)，通过钻时岩屑录井及灰岩伽马曲线特征判断，当井眼轨迹穿过断层靠近灰岩目的层顶板且还处于目的层中时，可略微降低井斜角控制轨迹继续沿目的层钻进；当轨迹穿过断层进入目的层顶板时，此阶段的伽马测井曲线变化特征：伽马传感器低边位置首先接触顶板，低边 GR 急速下降，高边 GR 保持不变，平均 GR 值开始呈下降趋势，幅值增大，随着轨迹进一步延伸，低边 GR 下降至一定值，高边 GR 随之减小，幅值逐渐减小最终高低边 GR 值趋于一致。

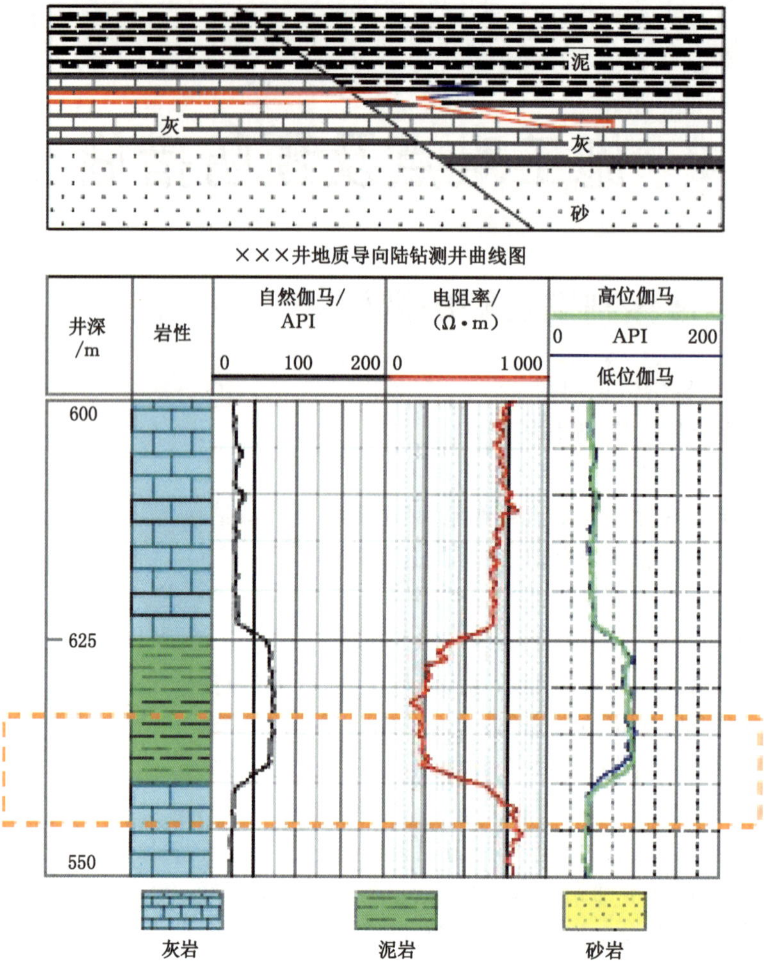

图 4-4-1　过正断层从顶板进入

如钻遇逆断层，当井眼轨迹穿过断层靠近灰岩目的层底板且还处于目的层中时，可略微增加井斜角控制轨迹继续沿目的层钻进；当轨迹穿过断层进入目的层底板时（如图 4-4-2 所示），此阶段的伽马测井曲线变化特征：伽马传感器高边位置首先接触底板，高边 GR 急速下降，低边 GR 保持不变，平均 GR 值开始呈下降趋势，幅值增大，随着轨迹进一步延伸，高边 GR 下降至一定值，低边 GR 随之减小，幅值逐渐减小最终高低边 GR 值趋于一致）。

（2）当断层断距较大，且断距远大于目的层厚度，断层两侧目的层完全错开，在钻进过程中目的层突然消失，无法直接判断钻头与目的层的相对位置。通常采取寻找标志层的方法，一般煤层作为灰岩含水层的导向标志层，依据地质资料与邻井信息通过探煤顶或探煤底的方式，并结合伽马测井曲线变化特征来确定与目的层的垂深差，探明标志层后退回至合适位置侧钻进入目的层，分为钻遇正断层和逆断层 2 种情况。

如钻遇正断层，通过探煤顶的工艺方法，依据钻时岩屑录井信息，减小井斜角使井眼轨

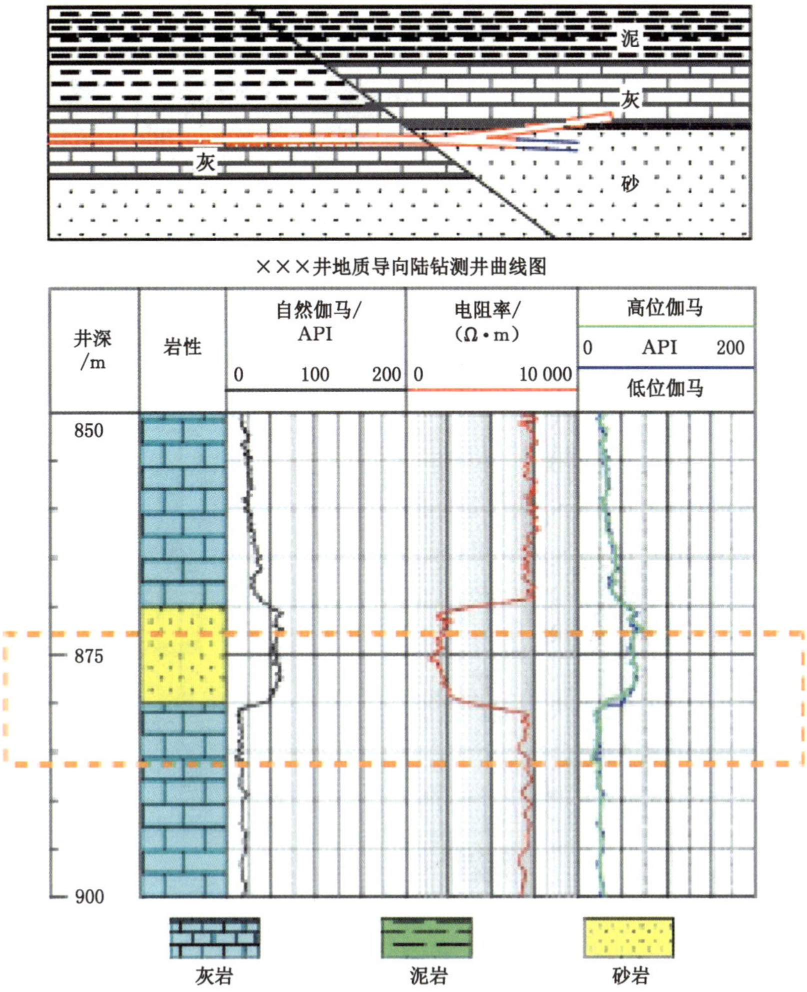

图 4-4-2　过逆断层从底板进入

迹下行，穿过煤层及底板进入灰岩含水层，如图 4-4-3 所示，此阶段的伽马测井曲线变化特征：伽马传感器进入煤层顶板，低边 GR 首先减小，高边 GR 减小滞后，并在煤层内保持较为稳定的 GR 值。随着轨迹的延伸，开始穿出煤层进入底板，伽马传感器低边位置首先接触煤层底板，低边 GR 开始急速上升，高边 GR 保持不变，平均 GR 值开始呈上升趋势，幅值增大，随后低边 GR 上升至一定值，高边 GR 随之增大。随着轨迹的进一步延伸，穿出煤层底板进入灰岩含水层，低边 GR 开始急速下降，高边 GR 保持不变，平均 GR 值开始呈下降趋势，幅值增大，随后低边 GR 下降至一定值，高边 GR 随之下降，幅值逐渐减小最终高低边 GR 值趋于一致。

如钻遇逆断层，通过探灰岩含水层底板的工艺方法，依据钻时岩屑录井信息，增大井斜角使井眼轨迹上行，穿过底板进入灰岩含水层（如图 4-4-4 所示），此阶段的伽马测井曲线变化特征：伽马传感器高边位置首先接触底板，高边 GR 急速上升，低边 GR 保持不变，平均 GR 值开始呈上升趋势，随着轨迹延伸，高边 GR 上升至一定值，低边 GR 随之上升。随着轨迹的进一步延伸，轨迹从灰岩底板穿出进入灰岩含水层，高边 GR 开始急剧下降，低边 GR

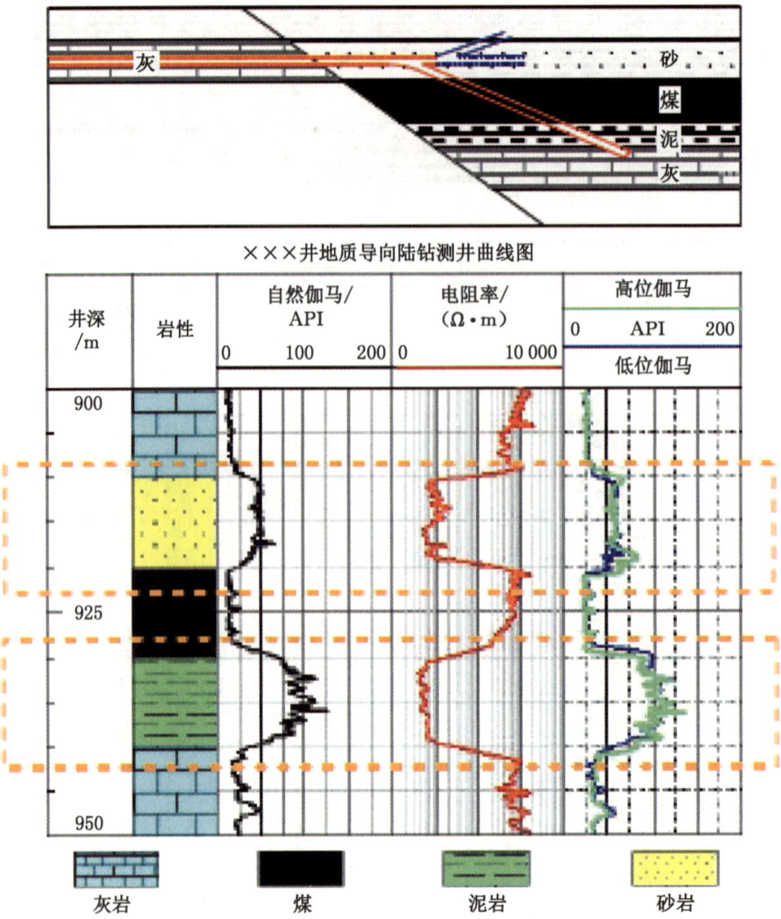

图 4-4-3　过正断层从顶板进入

暂时保持不变，平均 GR 值开始呈下降趋势，幅值逐渐增大，随后高边 GR 下降至一定值，低边 GR 随之下降，幅值逐渐减小最终高低边 GR 值趋于一致。

4.3　水平井段安全、高效施工措施

在水平井段施工过程中钻具为平躺在井眼中，受重力作用，钻具表面下部紧贴孔壁，摩擦阻力与扭矩大，钻具重力不易传递到钻头，托底现象尤为严重，为安全、高效施工，采用以下措施：

(1) 泥浆泵满足大泵量钻进；

(2) 直孔段增加钻铤和加重钻杆，ϕ121 mm 钻铤不少于 4 立根，ϕ89 mm 加重钻杆不少于 10 立根；

(3) 钻杆每 28 m 左右安装一个防磨减扭接头；

(4) 在无磁钻铤上口安装一个震击器。震击器产生压力脉冲，可以刺激全部井下管柱，这有助于改善重量转移和减小摩擦；

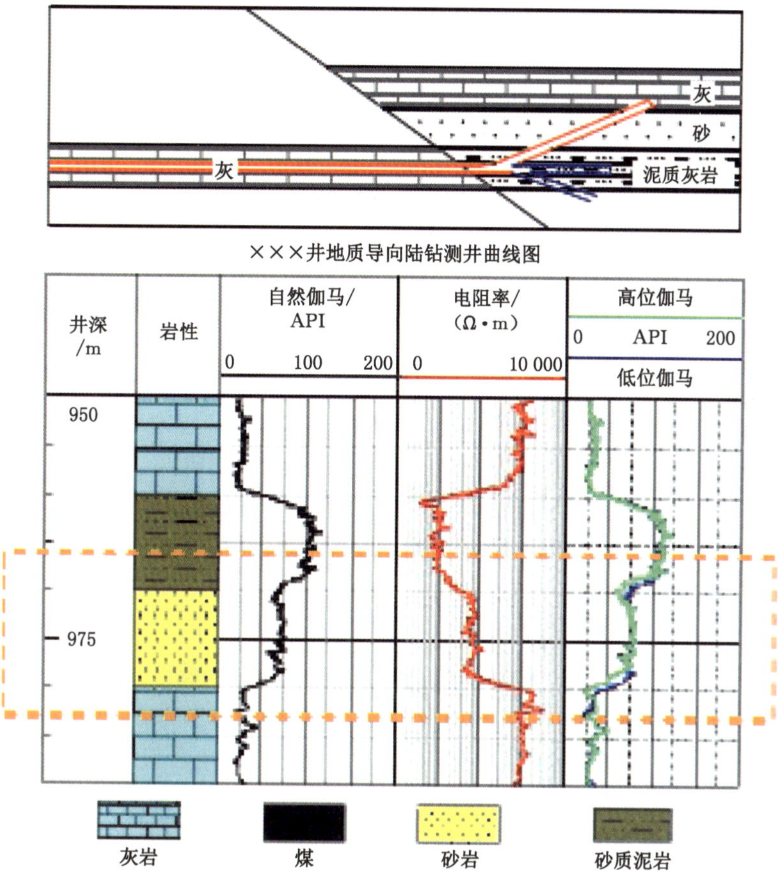

图 4-4-4　过逆断层从底板进入

(5) 近水平段钻进，泥浆中加润滑剂；

(6) 复合钻进，尽量减少沉砂；

(7) 及时维护调整泥浆。

4.4　水平段井眼控制措施

受重力作用、地层倾角影响，近水平井段施工过程中钻具自然下垂，随地层倾角变化不易控制。为确保顺层率，采取以下井眼轨迹控制措施：

(1) 岩屑录井：通过岩性随时直观确定水平段定向所在层位；

(2) 随钻测井：采用 MWD+γ 探管地质导向；

(3) 采用稳斜钻具：在钻头后方加四个以上 ϕ145 mm 的扶正器，从而稳斜钻进；

(4) 下钻前准备技术措施

① 认真检查弯壳体的度数和定向键的方向是否与弯曲方向一致，并计算钻具装合差。

② 详细检查入井钻具并符合设计要求。

③ 根据动力钻具的转速、钻遇地层和井深选择合适的钻头，防止因钻头选型不合适引

起钻头事故。

④ 安装钻头时，应采用钻头装卸器，避免人为损坏钻头切削齿。

⑤ 动力钻具必须在井口接方钻杆试运转，运转正常后方可下入井内。

⑥ 定向井的井下转矩及摩阻大，要尽量简化下部钻具组合，采用加重钻杆代替钻铤加压，减少钻具粘卡的机率。

(5) 起、下钻操作注意事项

① 钻具要双钳紧扣并控制下放速度。

② 下动力钻具如遇阻，不得用动力钻具划眼，不能开泵硬压，可转动几个方向试下，否则起钻通井。

③ 定向前的直井段钻完后，必须充分循环并调整好钻井液性能后，方可起钻下入定向造斜钻具。

④ 定向造斜后，应以开泵冲及循环为主，尽量不用转盘划眼。

⑤ 在裸眼井段要控制起、下钻速度，防止在曲率较大井段拉出键槽而导致键槽卡钻。

⑥ 起钻遇阻时，上提下放活动钻具逐渐脱离遇卡井段，不可硬提。

(6) 钻进技术措施

① 启动螺杆钻具时，如果钻具处于井底，必须提起 0.3～0.6 m，开泵时记下压力表读数，并与计算的压力值进行比较，如果略超也属正常，这是钻头侧钻引起的。

② 钻进时严格按要求加压，使用螺杆钻具钻进时，钻进参数要和设计推荐值基本一致。螺杆钻具下入井底逐步加压，马达扭矩增加，泵压升高，这个升高的压力值应符合所使用型号螺杆钻具规定的马达压降值，此压力表增大的数值反映了马达的负载是否正常，也反映钻压加的是否合适，因此保持钻压基本稳定，把泵压限制在所用钻具推荐范围内。

③ 钻进过程中，如果循环压力明显低于计算值，可能是旁通阀处于开位或钻杆损坏、井漏等造成的。如果循环压力高于计算值，而且侧钻造成压力升高的因素已排除，循环压力仍高于计算值，则可能是钻头水眼堵或传动轴被卡死，此时循环压力要比计算压力高得多，如地表无法排除故障时，要立即起钻。

④ 接单根时不得用转盘卸扣，不得任意转动转盘，必须用双钳紧扣。

⑤ 定向井钻具组合和钻进参数要以设计为准。如需变动，必须由现场技术负责人员提出书面的技术措施申请，经批准后执行。

⑥ 定向钻进中，因各种原因停钻时，为防止卡钻，应以大幅度上下活动钻具为主，严禁用转盘循环，造成台阶，及时活动钻具，接单根要迅速。

(7) 定向操作与定向控制技术措施

① 造斜过程中钻具总长校正误差不超过 1‰。

② 定向转动钻具时，钻头应离开井底一定距离(3～10 m)，防止井底沉砂或缩径致使转动钻具时地面与井下不同步而造成人为误差。定向转动钻具角度大时，要分段转动，每转动一段都要上下大幅度活动钻具，使储存在下部钻柱上的弹性扭转变形能释放。

③ 启动井下螺杆钻具钻进时，要注意因钻杆多倒转角度并及时修正。随钻定向过程中应及时测量井斜角和方位角，并根据数据处理及时作出水平投影图和垂直剖面图，以掌握轨迹，制定下一步措施。

④ 钻水平段时，应严密监测井眼轨迹变化，保证不出靶区范围之类。

⑤ 定向造斜后，尽量缩短停留时间，做到连续施工，以免下钻遇阻划眼。

⑥ 定向井进行单点测斜时，注意活动钻具防卡，钻具静止时间间隔不超过 3 min。控制测斜仪的起下速度，同时要注意钢丝的记号。

⑦ 定向井在井斜与方位角变化大的井段易产生键槽，在施工过程中要严格控制井眼的全角变化率在要求范围内。在更换钻具下钻时，防出新眼是重中之重，在定向钻进后，必须对定向段进行认真扩划眼，扩眼时钻压不超过 20 kN；每次下钻至上一只钻头所钻进的井段，要减慢下放速度，有遇阻显示立即扩划眼。在扩划眼过程中，应注意活动钻具，防止粘卡事故发生。

⑧ 定向钻进井段每 30 m 左右要扩划眼一次，每 100～200 m 要短起下一次，特别在井斜 45～65°井段，必须多起下几次，及时活动钻具，防止岩屑沉积卡钻。采用短起下钻和分段循环钻井液的方法清除岩屑床。接单根前必须认真划眼，停泵无阻卡后方可接单根。并做到早开泵、晚停泵，减少岩屑下沉遇阻、遇卡不能硬压硬拔，应采取开泵循环，活动钻具冲通。

⑨ 定向井如增斜或稳斜井段井下情况复杂要划眼，必须使用钻该井段的原始钻具组合进行通井或划眼。每只定向钻头起钻后，要进行扩眼和对定向点进行修整。斜井段进行设备检修时，不要长时间将钻具停在一处循环，以免井眼出现台阶。

⑩ 在定向造斜钻进过程中，如出现泵压突然异常现象，包括泵压突然升高或降低，应立即停泵，在技术人员未到场查找问题以前，不得上提活动钻具。

4.5　井塌预防措施

(1) 第四系为耕植土和冲积层，岩层胶结差，疏松，井壁易坍塌。煤系地层，渗透率高，井壁不稳定，易坍塌掉块，造成井下垮塌，井眼不规则，井径扩大率较大。因此，搞好井塌的预防工作是保证本井顺利施工的关键之一。

(2) 坚持做好起钻灌浆工作，钻具起完井内尽可能的灌满钻井液。

(3) 钻进过程中，仔细观察岩屑返出情况。从返出岩屑粒样判断返出是否正常。

(4) 依据地层坍塌压力确定冲洗液密度，保持孔壁力学稳定，深孔段要保持冲洗液在高温、高压下良好的流变性能，既保证能够带出大块岩屑，又使环空冲洗液保持层流，减少对孔壁冲蚀。在可能情况下，应提高返速与冲洗液黏切；冲洗液中加足堵漏剂与降滤失剂，钻遇煤层必须控制钻速，勤划眼。

4.6　缩径和起下钻遇阻预防措施

(1) 提高排量，冲蚀掉疏松的假泥饼。

(2) 按要求做好短程起下钻，及时掌握井壁稳定情况。

(3) 遇阻井段划眼要仔细，修整好井壁。

(4) 起钻前要充分循环钻井液，起下钻遇阻应上提下放活动钻具，或倒划眼等有效措施修整井壁。

4.7 防钻具事故措施

(1) 钻具入孔前,技术员认真组织检查、丈量、编号、记录在钻具记录本上,做到工程、地质两对口。钻具记录本内容包括钻具钢级、壁厚、内外径、单根长、立柱长;

(2) 井场钻具必须上管架,水眼畅通,丝扣清洁。车扣的钻具丝扣必须磨扣后下井,钻具上下钻台必须戴护丝;

(3) 钻具丝扣连接使用专用丝扣油,下钻、接单根时要上紧扣,上卸扣时大钳不能咬钻杆本体;

(4) 钻杆保护接头要定期检查,200 h 更换一次,更换有记录。接卸单根必须使吊卡,井口工具与钻具规格相符;

(5) 钻具在使用期间起钻轮流错扣;

4.8 防钻头事故措施

(1) 加强地层的对比,根据地层的岩性选择合适的钻头;

(2) 钻头下井之前做好地面的检查工作,保证水眼畅通,台阶无损,丝扣完好;

(3) 在下钻过程中,控制下放速度,严防顿钻;

(4) 钻头接近井底时提前开泵,充分循环钻井液,待井底清洁后,校正指重表,修复井底磨合钻头后选择适当的钻井参数钻进;

(5) 送钻均匀,操作平稳,严禁溜钻事故的发生,密切注意钻头使用,如果使用后期钻时突然增大,综合分析判断后果断起钻;注意钻时、扭矩的变化,随时掌握井下钻头工作情况;

(6) 每次起钻后,认真分析起出的钻头的使用情况,丈量外径,填好记录卡片,为下个钻头的使用提供依据。

4.9 井眼净化措施

(1) 根据实际情况定期进行短程提下钻、钻具旋转洗井和分段洗井等作业。

(2) 造斜进入大斜度段后,视井眼净化情况,必要时提高泥浆黏稠度,有利于清除井底岩屑。

(3) 泥浆排量满足设计要求。

(4) 如发生沉砂卡钻,应尽量建立循环,先小排量循环,然后逐步增大排量,同时调整泥浆性能,活动钻具解卡。

4.10 钻孔串浆措施

(1) 因孔组分支较多,距离较近,甚至连通,因此要合理布置施工顺序。

(2) 施工中若有孔组注浆,其他施工孔组要认真观测,若出现冒浆及漏浆现象,要及时停钻和停注,采取封堵措施或调整施工顺序后再施工。

4.11　注浆作业措施

在地面注浆施工期间可能会发生与注浆施工有关的特殊现象，应及时采取相应对策处理，并作好详细记录。

(1) 孔管外周冒浆：系固井质量不合格，可待串浆通道的浆液初凝后(一般要 24 h)，再采取低压慢注进行复注。

(2) 井下巷道冒浆：先停注，待冒浆通道的浆液初凝后(一般要 24 h)，再低压慢注进行复注。

(3) 地层吸浆量过小：当地层吸浆能力过小，造成灌注困难，可减小浓度，增加注浆时间，减少注浆分期，必要时可一次注完。

(4) 地层吸浆量过大：当地层吸浆能力过大时，特别当浆液浓度达最大时地层吸浆量仍下不来，可考虑间歇注浆或下骨料的办法进行，间歇时间不得大于 12 小时。

(5) 管路堵塞：当出现注浆管路堵塞等异常情况，应立即停注，查明堵塞位置，更换管路，再进行注浆操作。

(6) 注意观测井下情况：注浆过程中要加强观测井下情况，有冒浆等异常情况，及时通知地面停止注浆，然后采取相应措施进行处理。

4.12　大位移井施工专项技术措施

大位移井在滑动钻进过程中出现最多的问题就是钻柱托压现象，直观体现就是在钻压逐渐增大的情况下，井下钻具钻头的位置不发生变化，钻井液泵的泵压不变、不憋泵，在继续增加钻压的时候可能会突然憋泵。钻具在钻孔内受各方面因素影响，钻压在某个位置消除或减少，钻压无法传递到钻头，钻头处于小钻压或空转，无法完成预期的钻井目的，造成钻柱托压的主要因素有：

① 井眼轨迹较差。为保证目的层钻遇率，三开钻进过程中，需要上、下一定幅度的调整轨迹，造成轨迹不平滑。由于钻具的刚性问题，在加压过程中，轨迹差的地方钻具会支撑在井壁上，出现托压现象。

② 井眼不干净，有岩屑床存在。水平井段钻进时，随着钻孔的延深，井眼内岩屑因钻井液性能、泥浆泵泵力、地面净化设备差等原因未携带干净，在下井壁会有岩屑床的存在，出现托压现象。

③ 泥饼虚厚、钻井液摩阻系数大。孔壁上泥饼虚厚时，产生滑动过程中的托压现象；钻井液摩阻系数越大，钻具下滑的阻力也就越大，也极易产生托压现象。

鉴于部分分支孔总深度(含直孔段与造斜段)不小于 2 000 m，为保证各分支孔的高效施工，实现优快钻进，特制定施工专项技术措施，具体如下：

(1) 选用顶驱

根据大位移井钻进效率及托压情况，决定是否选择使用顶驱设备。顶驱设备从二层平台直接旋转钻杆，由专用导轨向下送进，实现钻杆旋转钻进，循环钻井液，倒划眼、接立柱等多种钻井操作，显著提高钻井作业能力和效率。同时，使用顶部驱动钻井装置起下钻时，可在较短的时间内接好一根钻柱，立即划眼，及时破坏岩屑床的形成，保证井眼清洁，减少卡钻的风险，并有效解决托压现象(图 4-4-5)。

图 4-4-5　顶驱设备

(2) 选用水力振荡器

水力振荡器产生的高频压力波能降低钻具与井壁之间的摩阻，是解决大位移井托压严重的一种新的途径。水力振荡器与振荡短节连接配合使用，在钻柱中产生轴向运动。由振荡器产生的高频压力波中的每个压力脉冲都会使振荡短节延伸，降低并改善井壁摩阻向钻头传递钻压。

水力振荡器安放位置距钻头太远，工具无法正常起震，起不到缓解托压的作用；距钻头太近，会影响定向测斜仪器强度和测量精度，而且摩阻降低率有限，无法有效缓解托压(图 4-4-6)。根据以往施工经验，随着井斜角的增加，水力振荡器推荐安放位置距钻头距离增大。井斜角在 55～80°范围内，推荐安放位置在 220～400 m 之间。因此，需要根据每个分支孔的实际情况，综合考虑优化出最优安放位置。水力振荡器入井使用之前，利用专业设计软件(COMPASS)，结合钻井工程设计，计算出所需参数，确定最佳安放位置。

(3) 优化钻具组合，保证井眼轨迹圆滑

针对井眼轨迹差的情况产生的托压现象，优化钻具组合也是有效的解决措施，减少钻铤数量，降低钻具的刚性，增加加重钻杆的数量，减少钻具与泥饼的接触面积，防止托压和粘卡。在井斜达到 45°以后采用倒装钻具：钻头＋螺杆＋MWD＋无磁钻杆＋加重钻杆，整个钻具组合中不含钻铤，钻具中螺杆＋MWD 加起来 18 m 左右，这样的钻具组合钢性不强，能有效地控制井眼轨迹，平滑井眼，提高钻井时效，在满足地质需求的同时也满足工程要求。

狗腿度的大小对托压现象的影响也很大，重点通过以下方法控制狗腿度：

① 钻井过程中选用具有动态井斜的 MWD 无线随钻仪器，实时监测井斜、方位以及随钻测井曲线的变化趋势，及时调整井斜、方位，避免急增、急降井斜造成的局部狗腿度偏大的问题；

② 在造斜率较大的井段要进行多次划眼作业，既能保证井眼扩大率，又能预防键槽的出现，岩屑还能及时返出井筒，清洁井眼；

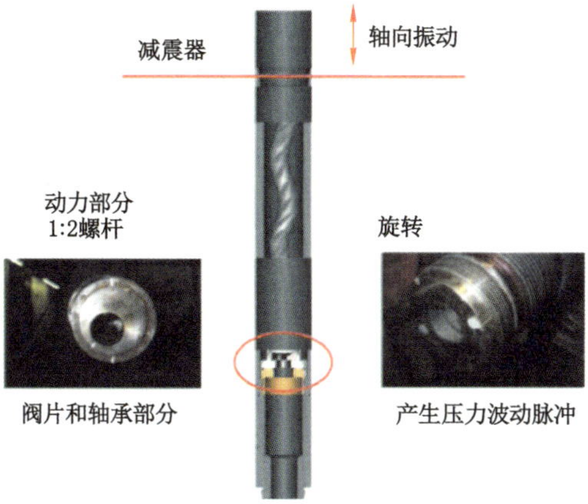

图 4-4-6　水力振荡器

③ 在轨迹控制过程中，测点要加密，采取“勤定、少定”的原则。在定向井段保证工具面的位置要合理，避免在水平段中调整方位，使井眼轨迹平滑；

④ 在使用 PDC 钻头增斜造成托压时应改用牙轮钻头，钻进过程中采用滑动钻进和复合钻进相结合的方法调整井斜、方位。

(4) 优化钻井液性能，保持井眼清洁

采用 PDC 钻头＋螺杆＋随钻仪器的快速钻井技术，进尺相对较快，岩屑研磨的较细，这给井眼净化带来一定的难度。在提高钻井液的携岩能力的同时，结合机械钻速的快慢，在进尺 100～200 m 井段便要进行一次短起下作业，在钻进一段时间之后要进行一次长起下作业，使得井下沉积的岩屑，从井底和井壁上分离出来，清洁井眼，减少托压现象产生的机率。在钻井设备允许的情况下，加大钻井液泵的排量，提高钻井液的上返速度，为岩屑返出创造有利条件。

实时观察井下钻井液返砂情况，及时调整钻井液的流变参数，以往施工经验证实，对于低固相聚合物钻井液来说，钻井液的动塑比要控制在 0.42～0.50 之间，对岩屑的携带效果较好；对于钻井液粘切方面，水平井段黏度控制在 30 s 以上，钻井液粘切高有利于阻止钻屑的垂直沉降。钻井液方面重点做好如下工作：

① 在钻井液中增加液体润滑剂和固体润滑剂的用量，使粘滞系数小于 0.06，实现低摩阻、低扭矩钻进；

② 为了在井壁上形成致密泥饼，减少钻具在井壁上的粘附性，在钻井液中加入超细钙 ZDS－1 和乳化沥青 SFT－1 等各种降失水剂；

③ 通过观察不粘筛布钻屑成型度、钻井液性能的稳定性等确保钻井液具有足够的抑制性；

④ 利用聚合醇的润滑性、清洁性、抑制性与无机盐复配，在钻具与井壁上形成牢固的复合膜增强润滑性；

⑤ 通过清除-加重-清除的措施来调整钻井液中固相比例。加大固控设备使用频率，特别是离心机的使用，减少钻井液中的亚微粒子浓度。

第 5 篇　地热井施工技术

1 概　　述

地热能是一种可再生的洁净能源，存储量巨大，在地表两千米以浅储藏的地热能超过2 500亿t标准煤，和燃煤、石油等能源相比，地热不仅清洁，而且能反复利用，属于可再生资源。国际能源专家普遍认为，预计到2100年，地热利用将在世界能源总值中占30%～80%。2020年底，我国地热供暖面积接近14亿平方米，继续保持世界第一，项目集中在京津冀鲁豫辽等地区，在供暖、养殖、医疗、发电等方面有着很好的经济、社会、环境效益，发挥着非常广泛的作用，因而我国不断重视地热资源的开发利用，应用领域也在不断拓展。

1.1 地热能类型及地热钻探发展历程

1.1.1 地热能类型

地热能资源是指能够经济地被人类所利用的地球内部的地热能、地热流体及其有用组分，是一种可再生的能源，具有清洁、环保、利用系数高等特点。目前可利用的地热能主要包括：通过热泵技术开采利用的浅层地温能、通过天然通道或人工钻井直接开采利用的水热型地热能以及干热岩体中的地热能。

(1) 浅层地温能

浅层地温能指蕴藏在地表以下一定深度(一般小于200 m)范围内岩土体、地下水和地表水中的热能，它受地球内部能量传导和太阳辐射共同作用而产生，一般温度低于25 ℃。主要通过热泵技术对浅层土壤、地下水和地表水中的地热能进行利用。

(2) 水热型地热能

水热型地热能是指蕴藏在地下水中、通过天然通道或人工钻井进行开采利用的地热能。温度一般在25 ℃以上，埋深介于200至4000 m之间。分为对流型地热能和传导型地热能两种。对流型地热能的成因为构造隆起，包括火山型、非火山型地热系统；传导型地热能的成因为构造坳陷，包括断陷盆地型、坳陷盆地型地热系统(图表5-1-1)。

按照地热水的温度，可分为高温地热能、中温地热能和低温地热能。

(3) 增强型地热系统

增强型地热系统(EGS)是指通过钻井建立地下人工热交换系统获取地热能的系统。埋深一般大于4 000 m，温度大于200 ℃。

表 5-1-1　地热资源类型

类型	深度	赋存介质	开采方式
浅层地热能＊	＜200 m	水和土体中	水/地源热泵技术
中深层地热能＊＊	200～4 000 m	水和岩石中	单井换热或多井采灌
深层地热能＊＊＊	＞4 000 m	以岩石中为主	人工造储＋流体循环

＊包括河、湖、海等地表水体所赋存的热量。

＊＊按照温度分类：＞150 ℃为高温地热能，25～150 ℃为中低温地热能。

＊＊＊温度高于 180 ℃，基本上不含水的为干热岩。

1.1.2　地热井钻探发展历程

近年来，我国地热开发利用规模不断扩大，地热井施工市场也较为成熟，具备施工能力的单位主要分为国有单位和民营钻探企业。其中，石油系统企业装备优势明显，因而占有较大市场份额，而地矿、煤田有着较强技术能力，也是市场中的重要力量。

(1) 20 世纪 70 年代

我国的地热勘探工作开展处于起步阶段，仅在北京、天津等具备一定资源和经济基础的地区能够开展作业，对地热资源的开采深度较浅，使用的设备比较落后，一般为 XB－1000 型号的岩心钻机，配备 ϕ108 mm 和 ϕ121 mm 的钻铤。在地热井钻探工程中，先用小径打先导孔，后用大径扩孔成井的工艺。因此，地热资源钻探成果有限，开采周期相对较长，实际经济效益较低。

(2) 20 世纪 80 年代

20 世纪 80 年代，我国地热勘查范围越来越广，勘探深度也在不断增加，THJ－1500 岩心钻机和 T－50B 石油钻机成为主流的勘查钻探设备。钻铤有 ϕ121 mm、ϕ146 mm、ϕ159 mm 等不同的规格。三级口径成井工艺的广泛应用，大幅提升了地热资源的钻进效率，有效缩短了成井周期。

(3) 20 世纪 90 年代至今

到了 20 世纪 90 年代，我国各地逐渐开展地热资源钻探工作，勘查钻探设备也在不断更新，TSJ－2000、GZ－2600、ZJ－30、ZZDB－40 等众多型号的设备逐渐投入使用，钻探深度进一步拓展。在多种钻探工艺的综合应用下，地热资源的钻进效率进一步提升，地热井钻探周期进一步缩短。一眼 2 000 m 的地热井 3～6 个月内就能完成钻探作业。

1.2　地热开发利用现状

地热井钻探与普通供水井有很大不同：一是比普通水井钻孔深度大，现有技术条件下，地热井深度一般超过 1 000 m，深层可超过 3 500 m；二是开孔和终孔口径都比普通水井大；三是地层比较复杂，普通水井一般钻遇地层为第三系、第四系，而地热井钻探过程一般要钻至深部地层，必须采用护壁措施；四是地热井水温一般超过 30 ℃，必须要封闭低温含水层；五是地热井所用的钻探设备更复杂，工程造价也明显更高。

(1) 直接利用

运用地热能最简单的方法，就是直接取用这些能源，并抽取其能量。历史上对地热资源的开发利用，大多限于对地热天然露头一温泉的直接利用，且主要用于医疗和洗浴方面。

我国已具规模开发地热供暖的天津、北京、西安、东北大庆林甸、山东、河北中部等地区，由于地热采暖项目耗水量大，普遍存在深层地热水位逐年下降的现象，局部地区下降很剧烈，并有可能引起严重的地质灾害及威胁地面建筑物的安全。对此，政府有关部门对此采取了关闭承压层水井、向承压层注水、限制地下热水的开采等措施，以防止地面沉降，并恢复沉降严重的地面。

(2) 间接利用

地源热泵技术是一种间接利用地热的技术。地源热泵系统指以岩土体、地下水或地表水为低温热源，由地热能交换系统、水源热泵机组、建筑物内的空调系统组成。根据地热能交换系统形式的不同，地源热泵系统分为地埋管地源热泵系统、地下水源热泵系统和地表水源热泵系统。地埋管地源热泵又分为竖直埋管、水平埋管、螺纹盘管等多种形式。采用地埋管的形式采热，循环水与土壤不直接接触，只交换热量，对地下水污染小。

但是，地源热泵地埋管深度一般只有几十米，仅能获取上部地壳中的热能。上部地壳的地热资源指的是地表以下 100 m 深以内，大多数情况下温度不超过 20 ℃的地热。地源热泵要将获得的低品位热能通过热泵提升到高品位热能才可以使用。

而地源热泵在提升过程中，压缩机大量消耗电能，另外浅层土壤更多的被当作储能体使用，冬季取热夏季取冷，两季能量的冷热平衡必须做好，如果平衡被打破，每年积累的温度差会加大电能消耗，浅层储温的可持续利用就不可延续，这也是目前热泵存在的最大问题和隐患。

(3) 深层地热利用的新形式

增强型地热开采系统(Enhanced Geothermal Systems：EGS)是采用人工形成地热储层的办法，从低渗透性岩体中经济地采出相当数量深层热能的人工系统。它模仿天然发生的热水型地热循环系统，通过注入井注入水在地下实现循环，进入事先用压裂产生的连通裂隙带，水与岩体接触被加热，然后通过生产井返回地面，形成一个闭式回路。

矿山巷道地热利用也是深层地热利用的一种形式。离地表越深，岩石温度越高，地下矿井的温度随深度增加而逐步升高。1 000 m 左右的深井，由于岩壁和空气间的热交换，地层散发的热量可占矿井总热源的 40～50%。地热成为矿山热害的主要热源，但在一定条件下，地热又可作为能源加以利用。中国东北的桓仁铅矿利用废旧井巷和采空区来预热地矿井的冬季进风，达到防冻，保证井筒安全提升的目的。

1.3　地热井类型及开采方式

1.3.1　地热井类型

(1) 按照施工目的分为：地质探井、探采结合井、开采井及回灌井。

① 地质探井：主要用于了解勘探区有关地层剖面结构、厚度，埋藏深度，以及断裂构造等情况。多用于基本地质情况不明，勘探风险很大的地区。通常采用井径较小的取心钻进，但最好也能进行简单的抽水试验。

② 探采结合井：通过地球物理勘探、资料收集和综合分析，认为勘探区具有地下热储的形成条件，但还有某些重要资料有待查明，多布置钻采结合井。是目前地热勘查中常采用的

一种钻井类型。探采结合井井径要求较大,表层套管部分,应满足下放潜水泵对泵室的要求。根据所存在的地质问题,可分段取少量岩心。

③ 开采井(生产井):当一个地区已发现了地热田,并且控制了其范围,在地热田范围内按照合理的井距,以开采地热资源为目的钻井。由于热储层位置等都比较明确,因此对录井工作的要求低,不需要取心。

④ 回灌井(注水井):随着地热田的开发,产水层的水位会逐渐下降。如果水位严重下降,则会对地热田的开发带来威胁,特别是热储层为封存水或开采量明显大于自然补给量的地热田。因此,需要打注水井回灌到储层中,以保持热储层能量和水位,使地热田能够长期稳产。

(2) 按照成井工艺分为:孔隙型热储填砾成井、孔隙型热储不填砾成井、孔隙型热储固井射孔成井、基岩裸眼成井、基岩滤水管成井。

(3) 按照井眼轨迹分为:直井、定向井、U 型对接井。

1.3.2 地热井钻井技术

(1) 常规地热井钻井技术

近年来,由于勘探和开发地热的需要,地热井钻井技术水平有了较大提高。地热井的钻井急需引进先进的工艺技术和机具,以达到口径大、井深、出水量大和出水温度高的要求。石油钻井技术的引进,有效解决了这些难题。目前地热钻井深度超过 4 000 m、开孔井径 ϕ445 mm、终孔井径 ϕ152~216 mm、井深不断增加和井身结构的不断优化进一步提升了地热井开采出水量和出水温度,目前出水量可达 200 m^3/h、出水温度超过 95 ℃,地热井钻井方式由最初的直井过渡到定向井,现在已逐步推广应用成熟的地热对井技术(一采一灌)。地热对井技术即采用定向井和直井组合,直井作为开采井,定向井作为注入井(回灌井),直井开采的热水在有效利用后,剩下的尾水(凉水)由定向井回灌入地层,这样就形成一套循环系统,既能充分利用地热资源,也能够保持地下水平衡。随着地热井钻井技术的不断发展,对接井技术也已经被逐步推广应用到地热井钻井施工中。

(2) U 型地热井钻井技术

我国 U 型井最早是应用于食盐及盐卤的生产开采实践中,其中已经在平顶山盐田施工了 50 余口盐卤井,从水平井注入水,在水平井段大量溶解盐类后,通过直井排出。目前,U 型井技术在油田、煤层气、增产、食盐开发等方面已经得到了广泛应用,取得了较好的经济效益和社会效益。2008 年开始,中石油、中煤科工集团西安院、河南豫中地质勘查工程有限公司等单位先后在山西保德、晋城、河南焦作等地区探索 U 型井技术在煤层气开发中的应用,系统研究了国内 U 型井的井身设计、钻进工艺参数、井眼轨迹控制、钻井液、套管下入等施工的关键技术,为煤层地面 U 型井在煤层气开发利用提供了技术借鉴。

陕西省煤田地质集团有限公司在西安草滩开展中深层换热对接井研究项目,探索利用 U 型井对接井实现水循环取热以开采蓝田河组地热能,就井身结构设计与优化、井眼轨迹设计与控制、钻具组合优化、连通对接技术、压力平衡控制技术、固井技术等方面对这一新型换热井钻井工艺进行系统研究,将对地热开发具有重要指导意义;宁夏区财政资助设立了专项课题,开展 U 型井深部取热不取水试验;2015 年,同德佳苑新区率先成为西咸新区干热岩清洁供热实验区域，并创新实现了全国首个中深层地热能无干扰清洁供热 PPP 项目，其供热面积 $5.6\times10^4\ m^3$。目前，小区已有 1 040 户居民都享受到了干热岩所带来的温暖。

因此，地下水源热泵系统的 U 型井下换热器研究已经较为深入，且在浅层地热能和中深层地热能开发中得到应用，另外 U 型井钻井关键技术也取得了阶段进展，这些都为该项目的实施奠定了良好技术基础。

然而，无论是单井开采还是定向井和直井结合开采，由于井筒和地层没有实现完全封隔，注水开采地热过程中，开采的热水难以实现 100%回灌，同时回灌尾水过程中易窜层污染，导致地层塌陷、地下水资源的污染以及大量尾水带来的环保隐患，尤其随着城市大量地热资源的开发，这一问题将显得尤为突出。

1.3.3　常用施工方法

现代水井工程技术以气举反循环、泵吸反循环、潜孔锤钻进等技术为代表，实现了“高效、低耗、优质”之目的，美国、西德、日本等国家的钻进方法主要以气举反循环、冲击回转潜孔锤等方式来实现破岩和成孔；我国以泵吸‘循环、正循环泥浆钻进、冲击钻进为主，特别是在 400 m 以上的井和 900 m 以上的地热井，几乎全是正循环回转泥浆钻进方法，在国内一般地层中的钻进，该方法仍占居主导地位(表 5-1-2)。

表 5-1-2　常用地热钻井施工方法

钻进方法	分类	使用条件
回转钻进	取心钻进	探采结合井
	扩孔钻进	探采结合井，设备功率偏小
	全面钻进	已知目标成井
冲击钻进	钢丝绳冲击钻进	大口径浅井，卵砾石及坚硬岩层
	反循环冲击钻进	大口径浅井，卵砾石及坚硬岩层
反循环钻进法	泵吸反循环钻进	大口径浅井
	气举反循环钻进	大口径浅井
	射流反循环钻进	大口径浅井
其他	欠平衡钻进	干热岩，缺水复杂地层
	潜孔锤钻进法	干热岩，坚硬地层
	复合工艺钻进	据成井成本优化的工艺

(1) 回转钻进

地热钻井中，应用广泛而有效的钻进方法仍是回转钻进方法。反循环钻进、空气钻进、潜孔锤钻进等方法，都是在回转钻进的基础上发展、演变而形成的。

回转钻进是采用回转钻机带动钻杆柱转动，钻杆柱的下面装有钻头，钻杆转动带动钻头一起转动。但要有效地破碎岩石，还必须给钻头施加一定的压力，从而使钻头能够在转动的同时切入破碎岩石。

钻进碎岩的同时，必须向孔内输送冲洗介质，冲排碎岩岩屑。冲洗介质循环的方式可分为以下三种：

① 全孔正循环。来自泵的冲洗介质通过钻杆柱中心进入孔底，由钻头水口处流出，经

钻杆与孔壁环状间隙上返至孔口,流入地面循环槽中。

② 全孔反循环。冲洗介质由钻杆与孔壁环状间隙进入孔底,由钻头水口进入钻具和钻杆中上返至地表主动钻杆水龙头,经胶管返回循环系统或水源箱中。

③ 孔底局部反循环。在整个钻孔的大部分孔段仍是正循环,仅在孔底部分实现反循环。

(2) 取心钻进

探采结合孔以及基岩中的供水井常采用取心钻进。取心钻进可通过岩心性状准确划定含水层的位置,这对提高勘探质量和减少施工盲目性都有意义。

取心主要应用硬质合金钻头、PDC 钻头和金刚石钻头。软地层主要为黏土类地层、砂类地层、泥岩和灰岩等地层。在这类地层钻进易造成缩径、糊钻、埋钻、坍塌或孔径扩大等。

(3) 扩孔钻进

为了获取分层的水文地质资料,或是探采结合钻孔或因设备能力不足以一次成井时,采用先用小直径取心钻进后再加大孔径——扩孔钻进。扩孔可以扩一次,也可以多次扩孔成井。扩孔钻头根据所钻进的地层,一船扩孔钻头前端需要配置领眼导向头。

(4) 全面钻进

全面钻进适用于地质情况清楚、不需要取心或某些层段不需取心的地热井钻孔。对某些大卵砾石层、漂石层用取心钻进确有困难时,也可以采用全面钻进。相对于取心钻进,全面钻进由于钻头在孔底切削破碎岩石的面积大,产生的岩屑较多,钻进时一般采用较大的钻压与泵量,但必须兼顾设备的能力与管材的强度。同样地,全面钻头分为金刚石钻头、PDC 钻头以及牙轮钻头等。

(5) 反循环工艺

凡是冲洗介质循环方式与传统的正循环方式相反的钻进方法,皆可称为反循环工艺。反循环工艺可以用来高效钻进,也可用于洗井。

2　钻前工程

2.1　井场布设

井场面积及布置应符合钻井施工作业等要求，井场布设详细步骤及要求可参考第二部分2.2章节。

2.2　钻井设备与安装

地热钻井设备的选择要考虑足够的附加系数，设备功率要尽可能大。一方面可减少因设备能力问题造成的井内事故，另一方面可提高钻井效率，减少施工作业时间，降低钻具在斜井段的磨损，并应符合钻井施工作业等规范要求，钻井设备与安装详细步骤及要求可参考第二部分2.3章节。

3 钻井施工

地热井钻探的特点包括以下几点：

（1）地层复杂。地热井钻探大多在第四系的卵砾层、砂层、黏土层或岩层裂隙中钻进，这些地层给钻探工作带来的问题是坍塌、漏失和不易取心等，故在岩心钻探中称为“复杂地层”，即事故多，效率低。目标水层不允许灌浆封孔或严格意义的堵漏，钻进和取心都比较困难。

（2）钻孔结构复杂。由于要获得分层的水文地质资料或针对不同目标储热层，要求隔断各含水层之间的水力联系。因此，下入套管的层次多，钻孔直径大，止水要求严格，井身结构复杂。

（3）钻进方法多。由于地层复杂.即使在一个钻孔中，往往会遇到迥然不同的地层。因此，钻井工艺多种多样，如反循环钻进法、空气钻进法、潜孔锤钻进法和冲击钻进法等。

（4）设备形式多。由于钻进工艺方法多.要求钻进设备与之相适应。因此，当前地热井钻探所用的设备类型繁多。

（5）劳动强度大。由于孔径较大，破碎岩屑多.取心工作量虽较地质勘探孔少，但换钻具、清渣洗井等工作都是劳动强度较大的作业。

3.1 地热井施工工艺流程及质量控制点

3.1.1 地热井施工工艺流程

地热井施工工艺过程比较复杂，从开工准备到项目完工，需要经过非常多的工序，并且还需要多种工种的配合，地热井施工工艺主要有 5 个流程：准备、钻井、洗井、抽水试验以及供水建设。施工质量的好坏，主要由不同工序的管理水平和不同工种的施工质量决定。地热井施工项目主要由阶段工程和分项工程组成，分项工程是施工工艺中的基本单元。因此，在地热井施工作业的过程中，施工单位必须对分项工程的质量进行严格把关，确保地热井施工质量达到有关要求，顺利通过验收（表 5-3-1）。

表 5-3-1 地热井施工主要流程

流程编号	阶段工程	分项工程
1	准备	地层的岩性、井身和套管的结构、施工工艺以及技术要求、规章制度
2	钻井	钻机安装、钻进，钻头、钻具，钻井液，测录井，下管，填砂，固井（止水），井管，滤料，焊接，水泥等，以及地质、测井等

表 5-3-1(续)

流程编号	阶段工程	分项工程
3	洗井	活塞洗井,压风机洗井,化学药剂洗井,酸化洗井,二氧化碳洗井,水泵抽水洗井,水位观测,水量观测,水温观测等
4	抽水试验	水泵抽水,水位观测,水量观测,水温观测,含砂量观测,水质检验、探孔等
5	供水建设	水泵,设备、材料,水泵下井,管线安装,电气设备安装,水处理设备安装,供水调试等

3.1.2　地热井施工工艺质量控制点

地热井施工工艺流程是由很多道工序组成的,而工序不是独立存在的,是由很多因素综合组成的,主要包含管理人员、施工人员、仪器设备、施工材料、施工工艺、施工环境等几个方面,施工工序的质量好坏与否直接关系到地热井的施工工艺质量。因此,必须明确地热井施工工艺流程中的质量控制点,对其进行控制,见表 5-3-2。

表 5-3-2　地热井施工工艺质量控制点

分项工程	质量控制点
钻机安装	基础,钻台调平,绷绳
钻探	钻井液,测斜,钻具长度校正
物探测井	测井方法选择,测斜,测温,地质解释
下管	排管,管长丈量,下管方法,丝扣、焊接质量,井管通径
填砾	滤料,填砾方法,填砾高度监控
固井(止水)	水泥,黏土球,固井压力,初凝卸压提钻
活塞洗井	提升速度,洗井时间
压风机洗井	风管深度,风量
化学药剂洗井	药液浓度,浸泡时间
酸化洗井	浸泡时间,盐酸浓度,添加剂
二氧化碳洗井	二氧化碳用量,总气阀压力
水泵抽水	水位、水量、水温观测,含砂量观测方法,计量器具
水质检验	取样方法,检验单位
探孔	钻具丈量,井深误差
工程测量	标高,轴线,基准点
地基、基础	尺寸,标高,土质,承载力
混凝土	水泥,砂石质量,配合比,钢筋品种规格,预埋件
井口处理	形状尺寸,防异物入井
水泵	泵型选择,泵管质量,螺栓
水处理设备安装	设备,材料选择,工艺流程

3.2 井身结构

地热井的终孔直径的决定因素有：

(1) 滤水管直径。滤水管的直径与涌水量有关，滤水管直径可参考有关书籍。

(2) 抽水泵泵体的外径尺寸。在下深井泵的水井中，终孔直径要考虑井内泵体的直径。地热井在井径上要求要大一些，其管外止水密封一般采用永久性的封固材料。

3.2.1 常规井井身结构

(1) 浅井井身结构。井深在小于 1 000 m 时称为浅井。井管常用钢管、塑料管或铸铁管。井管内径多在 200～300 mm。井身结构如图 5-3-1 所示。

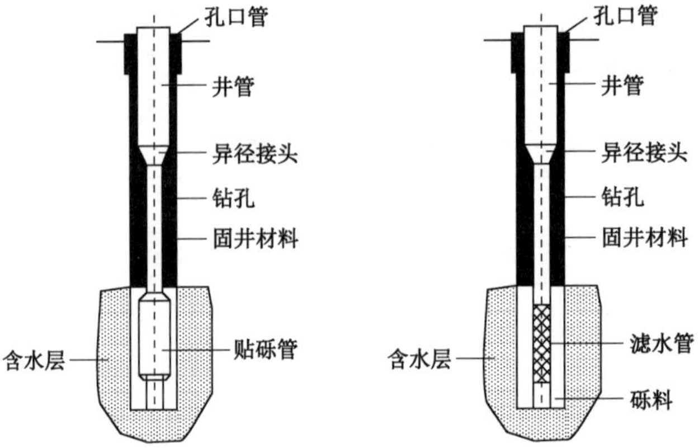

图 5-3-1　浅地热井井身结构示意图

(2) 深供水井井身结构。超过 1 000 m 的地热井称为深井。这种井要求管外严格牢固地密封，且中间采用多层技术套管，结构比较复杂，如图 5-3-2 所示。

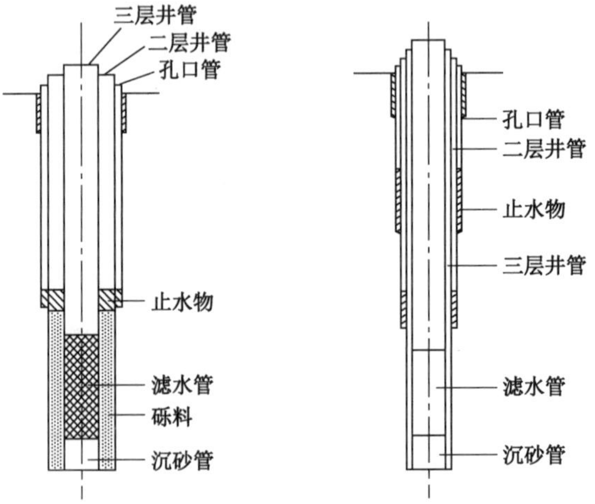

图 5-3-2　地热深井井身结构示意图

(3) 基岩井井身结构。当开发基岩中热水时必须将上部地表水或第四系的含水层加以封固，以保护基岩中水的质量，如图 5-3-3 所示。

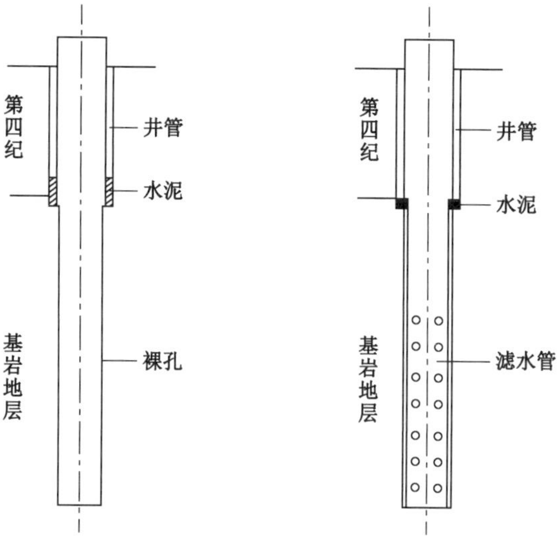

图 5-3-3　基岩地热井井身结构示意图

3.2.2　U 型对接井井身结构

该类井型一般用于中深层地热资源开采利用，1 组 U 型对接井包括 1 口出水井（直井）、1 口进水井（定向井）。在进行地热提取时，循环水从入口流入，通过吸收周围岩土热量导致温度升高，最终换热至出口处。对接井的换热长度由水平段和竖直段构成。对接井的进、出口截面由内到外分别为水、石油钢管、固井水泥和岩土。与传统单 U 型浅层地埋管换热器不同，中深层 U 型对接井的埋管深度达上千米，水平段长度达几百米（图 5-3-4）。

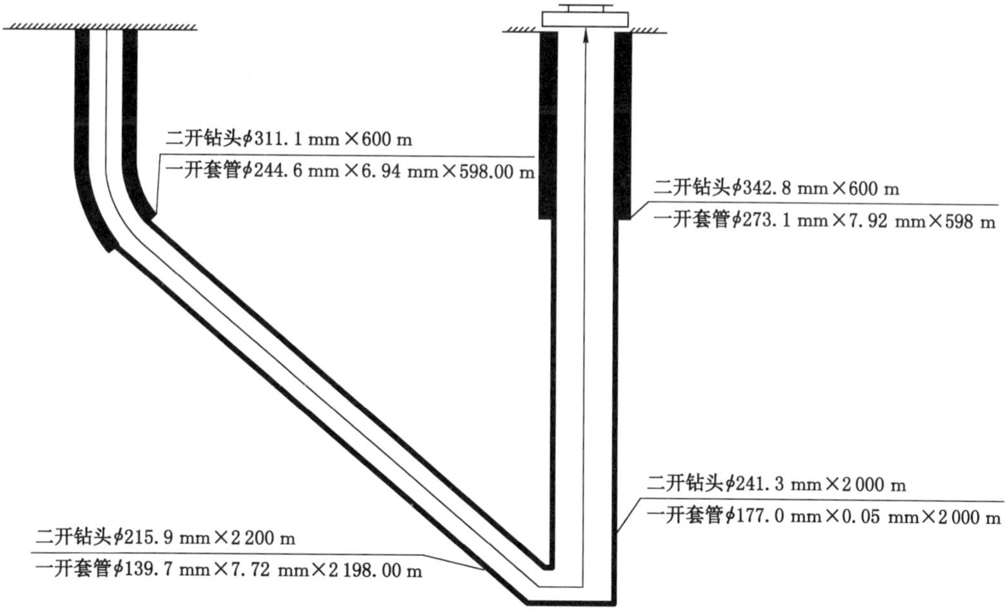

图 5-3-4　U 型井井身结构图

3.3 常规地热井钻井技术

3.3.1 钻井工艺

因目前我公司实施的地热井多为中深层地热井，因而本次以四开次井身结构对常规地热井钻探施工方法进行叙述(表 5-3-3)。

表 5-3-3 地热地质孔分段钻探施工方法表

井段	钻具组合	泥浆配方	管材、止水方法
一开	φ245 mm 钻头＋φ203 mm 钻铤＋φ165 mm 钻铤＋φ159 mm 钻铤＋φ127 mm 钻杆＋主动钻杆； φ311、450、480、520 mm 钻头＋φ203 mm 钻铤＋φ165 mm 钻铤＋φ159 mm 钻铤＋φ127 mm 钻杆＋主动钻杆(0～200m 扩孔)。	优质低固相泥浆： 清水＋2－3%膨润土＋0.1～0.2% Na_2CO_3＋0.3%HV－CMC	φ339.7 mm 石油套管 200 m、273.1 mm 石油套管 50 m 串联 φ177.8 mm 石油套管及滤水管一次性串连连接下至三开底部；四开裸眼成井。
二开	φ311、450、480 mm 钻头＋φ203 mm 钻铤＋φ165 mm 钻铤＋φ159 mm 钻铤＋φ127 mm 钻杆＋主动钻杆(200～250m 扩孔)。		
三开	φ245 mm 钻头＋φ203 mm 钻铤＋φ165 mm 钻铤＋φ159 mm 钻铤＋φ127 mm 钻杆＋主动钻杆； φ311、346 mm 钻头＋φ203 mm 钻铤＋φ165 mm 钻铤＋φ159 mm 钻铤＋φ127 mm 钻杆＋主动钻杆(扩孔钻具)； φ216 mm 取心钻头＋川 8-3 双管取心钻具＋φ165 mm 钻铤＋φ159 mm 钻铤＋φ127 mm 钻杆＋主动钻杆(取心钻具)。	低固相润滑防塌钻井泥浆： 清水＋1－2%膨润土＋0.2～0.5% Na_2CO_3＋0.3%HV－CMC＋1～2%铵盐＋1% 降滤失剂＋1% 润滑剂	
四开	φ152 mm 钻头＋φ121 mm 钻铤＋φ89 mm 钻杆＋主动钻杆； φ152 mm 取心钻头＋川 6-4 双管取心钻具＋φ121 mm 钻挺＋φ89 mm 钻杆＋主动钻杆。(取心钻进)。	清水钻进，每钻进 50 m 进行一次彻底循环，防止沉屑卡钻。严格控制钻井液中的固相含量	裸眼成井

(1) 地热井钻进方法：

① 开孔采用 φ245 mm 三牙轮钻头钻进，钻至三开底部，见稳定基岩后，先后使用 φ311 mm、φ346 mm 三牙轮钻头扩孔，然后换 φ480 mm 牙轮钻头扩孔至二开底部，再换 φ520 mm 牙轮钻头扩孔至一开底部。冲孔、换浆后下入石油套管：管径：一开下入 φ339.7 mm，壁厚 9.65 mm，钢级 J55，API 标准石油套管；二开下入 φ273.1 mm，壁厚 8.89 mm，钢级 J55，API 标准石油套管；三开下入 φ177.8 mm，壁厚 8.05 mm，钢级 J55，API 标准石油套管，1 000～1 200 m 取水段下入 φ177.8 mm 同规格石油套管打眼缠丝的滤水管。

稳定地层采用普通黏土及碎石混合物止水固井，地层情况复杂时采用多点、多层橡胶伞及膨胀材料止水；重点层位可采用多层橡胶伞及膨胀材料止水(如取水段岩层胶结性差，此段采用填砾成井）。

②注浆固井合格后，取心段下入 ϕ152 mm 取心钻头、川 6-4 双管取心钻具取心钻进；不取心段采用 ϕ152 mm 三牙轮钻头钻进，使用清水钻进。

③取心钻进工艺：钻遇取心层段，起钻下入取心钻具：取心钻头＋双管取心钻具＋钻挺＋钻杆＋主动钻杆，开始采用轻压力、小泵量、低转速进行钻进，做到送钻均匀，进尺 0.3～0.5 m 左右后方可正常钻进。钻进中密切注意泵压和钻速变化，及时分析井下情况是否正常，有无卡心、磨心现象。钻进过程根据地层情况合理控制回次进尺，及时提钻取心，严禁超管钻进。合理控制提钻速度，拆卸钻杆、钻具要使用液压钳轻卸，禁止使用大锤敲击，防止岩心中途脱落。

（2）钻具组合

表 5-3-4　钻具及工具配置表

名称	规格	型号	备注
钻铤	203.2 mm		一级
钻铤	ϕ165 mm		一级
钻铤	ϕ159 mm		一级
钻铤	ϕ121 mm		一级
钻杆	ϕ127 mm		一级
钻杆	ϕ89 mm		一级
立轴	130 * 130 mm	12 m	一级
双管取心钻具	ϕ215 mm	川 8-3	一级
双管取心钻具	ϕ121 mm	川 6-4	一级
高强度公锥	GZ－NC50ϕ90×ϕ138		
高强度公锥	GZ－NC50ϕ60×ϕ90		
母锥	MZ－NC50×ϕ110×ϕ135		

一开至三开钻进：ϕ245 mm 三牙轮钻头＋ϕ203 mm 钻铤＋ϕ165 mm 钻铤＋ϕ159 mm 钻铤＋ϕ127 mm 钻杆＋主动钻杆。

一开至三开扩孔：ϕ311 mm 组合式牙轮钻头＋ϕ203 mm 钻铤＋ϕ165 mm 钻铤＋ϕ159 mm 钻铤＋ϕ127 mm 钻杆＋主动钻杆。

一开至三开扩孔：ϕ346 mm 三牙轮钻头＋ϕ203 mm 钻铤＋ϕ165 mm 钻铤＋ϕ159 mm 钻铤＋ϕ127 mm 钻杆＋主动钻杆。

二开扩孔：ϕ480 mm 三牙轮钻头＋ϕ203 mm 钻铤＋ϕ165 mm 钻铤＋ϕ159 mm 钻铤＋ϕ127 mm 钻杆＋主动钻杆。

一开扩孔：ϕ520 mm 三牙轮钻头＋ϕ203 mm 钻铤＋ϕ165 mm 钻铤＋ϕ159 mm 钻铤＋ϕ127 mm 钻杆＋主动钻杆。

取心钻具：ϕ216 mm 取心钻头＋川 8-3 双管取心钻具＋ϕ165 mm 钻铤＋ϕ159 mm 钻铤＋ϕ127 mm 钻杆＋主动钻杆。

四开钻进：ϕ152 mm 三牙轮钻头＋ϕ121 mm 钻挺＋ϕ89 mm 钻杆＋主动钻杆。

注：以上为推荐钻具结合，现场技术人员可在确保钻进安全的基础上，可根据实际需要和井下情况适当调整，以提高机械钻速，保证工程质量。钻具及工具配置见表 5-3-4。

（3）钻进参数

表 5-3-5　钻进参数表

序号	孔段	钻进参数			
		钻压/kN	转速/rpm	排量/(L/s)	泵压/MPa
1	一开	30～60	60～120	20～30	3～5
2	二开	30～60	60～120	20～30	3～5
3	三开	60～120	80～180	35～40	4～8
4	四开	60～100	80～150	35～40	4～8

钻进中三个班钻进技术参数应力求合理一致，并根据孔内地层变化及可钻性做出合理调整，同时注意合理使用加重钻具。

扩孔参数：钻压为钻铤总重的 70％左右，中转速，大泵量。

（4）护壁方法

① 泥浆管理措施

设立泥浆管理员，负责全钻机泥浆的调整和配制。每班需要配备泥浆管理人员，负责本班泥浆的测试和配制。泥浆管理人员应进行钻井液理论和操作知识培训。泥浆管理人员的主要职责：

a. 每班应有专人负责泥浆的搅拌、测定、净化；

b. 应依据地层情况及时进行泥浆性能的调整；

c. 为保证钻井液性能，应防止雨水和地面水浸入，不得用清水直接稀释泥浆；

d. 现场泥浆配制、使用、管埋等应有详细记录；

② 泥浆类型，见表 5-3-6 泥浆性能体系表。

③ 保持冲洗液性能的技术措施

a. 钻进过程中细水长流地补充 0.3％的聚合物胶液，聚合物胶液主要以大分子为主，维护调整性能均匀稳定，并根据钻井液粘切和滤失量变化，用不同浓度的小分子或大分子胶液处理。

b. 正常维护处理钻井液的处理剂尽可能按设计配方配成胶液，按循环周加入钻井液中，不要将干粉处理剂直接加入循环钻井液中。

c. 充分利用固控设备，严格控制钻井液中的劣质固相含量和低密度固相。

d. 根据实钻情况，每钻 200～300 m 进行一次短起下钻作业，及时防止岩屑床的生成，避免引起井下复杂情况的发生。

e. 下套管前通井到底后，应认真调整钻井液性能达到设计要求，大排量循环一周以上，振动筛上无岩屑方可起钻，确保下套管顺利。

f. 四开孔段采用清水钻进，每钻进 50 m 进行一次彻底循环，防止沉屑卡钻。

泥浆性能测试：现场配备泥浆测试设备，要求每个班组测试一次泥浆性能参数，及时调整冲洗液性能。所使用仪器要及时校准，以保证所测数据的准确性。

表 5-3-6　泥浆性能体系表

孔段	泥浆体系	泥浆配方	泥浆参数				
			黏度/s	失水量/(ml/30 min)	比重	pH 值	胶体率/%
一开 二开	优质低固相泥浆	清水＋2～3%膨润土＋0.1～0.2% Na_2CO_3＋0.3%HV－CMC	22～25	＜20	1.12～1.20	8～9	＞95
三开	低固相润滑防塌	清水＋1～2%膨润土＋0.2～0.5% Na_2CO_3＋0.3%HV－CMC＋1～2%铵盐＋1% 降滤失剂＋1%润滑剂	19～22	＜15	1.10～1.15	8～9	＞95
四开	清水	清水	16～18	＜15	1.02～1.10	8～9	＞95

3.3.2　成井工艺

（1）成井施工方法

① 钻进至稳定基岩后，下入刷孔器破除孔壁泥皮，刷孔壁的方法采用钢丝刷刷孔。刷孔后再使用钻具冲孔到孔底循环换浆，使井管能顺利下到预定位置，换浆以孔口返出泥浆和送入孔内优质泥浆的性能接近时停止。泥浆性能：黏度 16～18 s，比重：1.05～1.10，失水量：＜20 ml/30 min，pH 值：8～9，胶体率：大于 95%。

② 下井管

井管为一开下入 ϕ339.7 mm，壁厚 9.65 mm，钢级 J55，API 标准石油套管；二开下入 ϕ273.1 mm，壁厚 8.89 mm，钢级 J55，API 标准石油套管；三开下入 ϕ177.8 mm，壁厚 8.05 mm，钢级 J55，API 标准石油套管，取水段下入 ϕ177.8 mm 同规格石油套管打眼缠丝的滤水管；四开采用裸孔成井，下入冲孔器进行冲孔，刷除孔壁上附着的岩粉，将孔内冲洗液全部替换成清水。

③ 固井

采用普通黏土及碎石混合物止水固井；采用多点、多层橡胶伞及膨胀材料止水；（如取水段岩层胶结性差，此段采用填砾成井）。

（3）洗井

洗井采用深井潜水泵抽水洗井、活塞洗井、空压机震荡洗井、盐酸洗井等方法，视洗井情况组合、交替使用。具体方法如下：

① 深井潜水泵洗井：选用合适型号的深井潜水泵分层间歇抽水洗井。

② 活塞洗井：使用法兰盘夹胶皮活塞，法兰盘外径比井壁直径小 50 mm，活塞胶皮外径比井壁直径稍大，洗井过程中定时检查，以磨损的胶皮外径小于井壁直径 4 mm 者，应及时更换。用钻杆连接活塞，开泵水冲拉洗提拉活塞洗井，提拉速度，以 0.5～1 m/s 为宜。活塞洗井结束后再次下泵进行试抽水，并观测水温、水量、水位等指标，若水清砂净且水温、水量满足设计要求则进行交井工作。

③ 震荡洗井：在空压机洗井过程中，需要合理控制风量，风量太大，容易将风管从孔内

吹出，风量太小，泥沙不上返。通过空压机反循环洗井直致达到水清砂净的效果，然后下入深井潜水泵进行试抽水试验。

3.3.3 施工难点及预防措施

(1) 钻井施工难点及预防措施

开钻前由技术负责人负责向全体职工进行地质、工程、钻井液和钻探技术措施等方面进行技术交底，并提出具体要求。钻探施工中严格按照《地热钻探技术规程》(DZ0260－2014)等规范要求进行钻进、取样、校正孔深、测斜、简易水文观测等：

① 钻进操作技术措施

操作技术：禁止加压启动转盘，避免损坏钻头和扭断钻具，合理控制上下钻速度。钻进过程中要始终保持泥浆性能达到设计要求，保持足够的泵压泵量，保持孔底干净。

② 捞心、取心技术措施

a. 按设计要求的层位及时取样：取心钻具选择石油系列川 8-3、川 6-4 型号，初始采用低转速、低钻压，钻进 0.3～0.5 m 待岩心进入岩心管后，再逐渐增大转速，加足钻压进行正常取心钻进。

b. 取心钻进时，做到送钻均匀，钻进中密切注意泵压和钻速变化，及时分析井下情况是否正常，有无卡心、磨心现象。

c. 取心钻进时，根据地层情况选用适当长度的岩心管，并合理控制回次进尺，及时提钻取心，严禁超管钻进。

③ 钻具使用技术措施

做好钻头、钻具入井前和起钻后的检查工作：钻头入井前应仔细检查各个部件，发现有问题不得下入井内。认真检查钻具，凡弯曲、偏磨、丝扣不好、水路堵塞、带有伤痕和焊有异物的钻杆不得入井。下钻时清洗丝扣，涂丝扣油。定期倒换钻具，防止钻具疲劳损坏。

④ 预防井斜的技术措施

采用塔式钻具组合与钻铤加压的措施控制井斜，钻杆弯曲度要小于 5 mm，弯曲钻具不得入井。

采用钻压仪监测孔底压力，根据地层情况合理掌握钻进参数，禁止盲目加压。开孔时要轻压慢钻，确保井眼开直，钻进合理加压，钻压不得超过钻铤重量的 70%。精心操作，注意观察钻压仪，避免钻压忽大忽小和人为的间断加压。钻至地层交界面时，合理减压防止井斜。随孔深每增加 100 m，采用测斜仪测斜一次，预防孔斜。

⑤ 预防孔深误差的技术措施

钻进过程中每钻进 100 m、变径处及下管前、成井后、抽水试验前后、终孔时均要进行井深丈量，井深误差不大于 1/1 000，若超差，必须重新丈量并修正孔深。

⑥ 确保地质记录真实、及时、有效技术措施

钻井过程中详细记录漏浆、涌水、掉钻、裂隙、溶洞情况。每班必须对井口泥浆温度至少进行二次观测，若遇异常、加密观测。钻遇热储层顶、底板及终孔时，应进行测温，测温前停钻时间不少于 24 小时，严重漏失井段测温的停钻时间应适当延长。

⑦ 其他技术措施

现场备好打捞工具，出现孔内钻具脱落等事故，保证能够随时下钻打捞。严格落实交接班制度，钻具组合、机上余尺、钻井参数、钻头入井运转时间、孔内情况、设备运转情况、进尺

快慢以及规定的所有情况都应交接清楚。

⑧ 特殊地层防垮塌、防缩径及防漏失技术措施

防垮塌：

a. 坚持做好起钻灌浆工作，防止抽吸，拔活塞等。

b. 采用抑制性能好、防塌能力强的钻井液，钻井液密度能够满足平衡地层垮塌应力的需要。

c. 发现井下垮塌，要严密注视井下情况，并要坚持不停地活动钻具和循环钻井液，适当提高密度和黏度，增强携砂能力，注意泵压变化防止憋漏地层。待井下正常后，再逐渐加大排量，循环出井内垮塌物。

d. 禁止在易塌井段高速起下钻，严重垮塌段禁止转盘卸扣。

e. 不能长时间在同一深度大排量循环钻井液，以防冲塌井壁。

f. 防止加重过猛，压漏地层而引起井下压力失去平衡，造成更严重的垮塌和井漏。

防缩径：

在钻进松散黏土层及下部成岩较差的泥岩段时容易产生缩径，所以要在钻进这些孔段时注意钻井液性能的调整，以增大钻井液的黏度降低失水，使钻井液性能处于良好的状态利于钻探工作。

a. 采取优化钻井液性能的方法预防缩径，提高钻井液的黏度，降低钻井液失水。

b. 钻进松散黏土层时，单根钻杆钻完后要多扫孔，重复多扫几遍，以充分破坏钻孔底部的孔内多余岩屑。

c. 可采用低速钻进多扫孔的方法以减少缩径的形成。

防漏失：

钻进过程中，应采取防井漏措施：

a. 要用预水化黏土钻井液钻进，钻井液黏度控制在 20～25 s。

b. 钻至漏失地层，可在钻井液中加入防漏材料等以控制井漏。

c. 下完钻开泵不要过猛，以免憋漏地层。先用小排量开泵，开泵时上提钻具，钻井液返出正常后再进入正常排量循环。下钻开泵循环时应避开漏失段，禁止在漏失段长时间循环钻井液。

d. 在钻井液触变性较大、静止时间较长的情况下，下钻后要充分循环钻井液。

（2）成井施工技术难点及预防措施：

① 刷孔

每次成井前下入刷孔器破除孔壁泥皮，刷孔壁的方法采用钢丝刷刷孔。刷孔后再使用钻具冲孔到孔底循环换浆。孔口返出泥浆和送入孔内优质泥浆的性能接近时停止。

② 检查管材

检查到场管材质量，根据到场管材数量编制《下管排管表》确定下管的先后次序排列、编号，以确保符合要求。检查钻机、钢丝绳、安全卡、电焊机等辅助下管设备，确保下管工作的顺利进行。

③ 下管

下管时设扶正器，保证井管位于井口中心。下管采用钢丝绳提吊法进行下管，下管操作严格执行相关操作规范及技术要求。下管过程应稳拉、慢放，严防紧急刹车；下管遇阻，不得

猛墩，并保持井滤管内外泥浆压力平衡，防止挤扁井管。

④ 固井

稳定地层采用普通黏土及碎石混合物止水固井，固井时在孔口均匀、慢速投入，防止架桥。地层情况复杂时井段做完抽水回灌试验后，采用注浆的方式封固重点层位，注浆时采用固井车全自动操作，增加固井的可靠性。

⑤ 止水

地层情况复杂时采用多点、多层橡胶伞及膨胀材料止水，增加止水的可靠性，增强止水效果，重点层位采用多层橡胶伞及膨胀材料止水。

3.4 U型对接地热井钻井技术

3.4.1 钻井工艺(以某井为例)

表 5-3-7 出水井井身结构设计表

开钻次序	井深/m	钻头尺寸/mm	套管尺寸/mm	套管下入深度/m	水泥返高
一开	300.00	342.9	273.1	298.00	地面
二开	1 500.00	241.3	177.8	1 498.00	地面

表 5-3-8 进口端井身结构设计表

开钻次序	井深/m	钻头尺寸/mm	套管尺寸/mm	套管下入深度/m	水泥返高
一开	300.00	311.1	244.5	300	地面
二开	1 647.14	215.9	139.7	1 647.14	地面

(1) 出水井

一开采用 ϕ342.9 mm 钻头，下 ϕ273.1 mm 套管封固，满足防表层漏、防垮塌及井控安全要求。表层套管采用常规固井工艺，要求水泥浆返至地面，保证固井质量。

二开采用 ϕ241.3 mm 钻头钻至设计井深，ϕ177.8 mm 生产套管至井底(含玻璃钢套管)，采用油井水泥 G 级全井封固固井工艺。

(2) 进水井

一开采用 ϕ311.1 mm 钻头，下 ϕ244.5 mm 套管封固，满足防表层漏、防垮塌及井控安全要求。表层套管采用常规固井工艺，要求水泥浆返至地面，保证固井质量。

二开采用 ϕ215.9 mm 钻头进行定向钻进至轨迹设计对接点斜深，下 ϕ139.7 mm 生产套管至井底，采用油井水泥 G 级全井封固固井工艺。

① 钻具组合

一开钻具组合：ϕ342.9 mm 钻头＋ϕ203.2 mm 无磁钻铤×1 根＋ϕ203.2 mm 钻铤×8 根＋ϕ177.8 mm 钻铤×9 根＋ϕ127 mm＋方钻杆。

开孔钻具必须做到垂直，符合设计要求，孔底压力不超过钻铤总重量的三分之二，尽可能采用一速钻进，做到轻压慢转，保证钻孔的垂直度。一开完钻后，及时下入 ϕ273.1 mm 表层套管进行护孔，然后按规范要求进行固井作业。

二开钻具组合：ϕ241.3 mm 钻头＋ϕ165 mm1°螺杆＋MWD 定向接头 ϕ＋165 mm 无磁钻铤×1 根＋ϕ165 mm 钻铤 10 根＋ϕ127.0 mm 钻杆＋方钻杆。

钻进参数：孔底压力 80～110 kN；转数：60～80 r/min

钻进到设计指定层位后，下入 ϕ177.8 mm 生产套管，并按规范要求对套管进行固井作业。

② 钻头选择

据地层岩性合理选用钻头类型，一般在上部松软地层(可钻性级值小于 5 级)，宜选用铣齿钻头；在深井段地层(可钻性级值大于 5)，宜选用镶齿钻头；在易井斜地层，选用牙轮偏移量小、无保径齿及齿多而短的牙轮钻头。

③ 钻进参数

钻压：以达到所钻岩石的破碎强度值为宜，并结合设备能力和钻具强度等安全因素合理选择。按钻头直径单位长度所需压力计算，在中硬以上较硬岩层中钻进宜采用 3 kN/cm～4 kN/cm，在中硬以下较软地层中钻进可采用 1 kN/cm～3 kN/cm。

转速：钻头外缘回转线速度以 0.8 m/s～1.5 m/s 为宜，遇卵砾石层或严重破碎地层可降低到 0.6 m/s；地层完整、硬度较低、钻孔较浅、钻进转速为 80 r/min～145 r/min，破碎地层为 30 r/min～60 r/min。

3.4.2　成井工艺

(1) 划眼

采用与原井径相同的筒状具进行划眼，具体做法是通过钻机的提升和旋转在井内由浅而深上下串动及回转钻具，尤其是在容易井斜的区段必须反复多次进行划眼，以保证井眼的圆整。

(2) 套管作业

① 下套管前要认真通井，充分循环钻井液，调整好钻井液性能，保证井内无沉砂，井下无异常，要求在起钻前，用润滑性好、防粘卡性能好的钻井液封闭复杂井段，以保证下套管的安全顺利。

② 起钻期间若遇异常，继续下钻通井，直至井下无异常，方能进行下步程序。

③ 起钻后，认真组织设备整改或检查，保证台台设备运转正常及整个下套管作业的连续。

④ 对送井套管进行严格检查，确保其质量。

⑤ 送井下套管工具，由井队技术员逐项检查。

⑥ 密封脂在地面涂抹均匀后，穿鞋戴帽上钻台，防止套管内有落物。

⑦ 下套管作业紧扣应保证扭矩达到要求。

⑧ 每下 15 根套管向套管内灌一次钻井液，要保证次次灌满。进入裸眼段后的灌钻井液，应上下活动套管。后 300 m 套管，考虑井架载荷或井下情况，可不灌钻井液下至井底。

3.4.3　施工要求及注意事项

(1) 施工要求

① 钻头接触井底后，先在低钻压、低转速下(钻压 10 kN～30 kN，转速 50 r/min)磨合 0.5 h 以上，造好井底形状后，逐步提高钻压和转速到正常参数。

② 钻头的型号和尺寸应与所钻地层、孔径相适应。牙轮转动灵活，三个牙轮在转动时

不得发生相互咬死现象。水眼畅通、牙齿完好、焊缝无裂缝及缺陷。

③ 下钻应平稳，遇阻不得硬压，而是采用划眼方式，缓慢下行，并分析判断遇阻原因，以便采取正确的处理方案。

④ 为防止孔斜，钻进时应使用钻铤加压，钻铤总质量应超正常钻压值的30%，并在最下一根钻铤上面的适当位置加设1～2个扶正器。在钻遇软硬交界面时，采用较小的钻压钻进，穿过交界面后再加到设计的钻压钻进。

(2) 预防措施

① 在进入二开井段后，地层硬度大，耐磨性好、可钻性差。施工中钻具易跳钻脱扣，存在井内事故风险。钻进时需增加钻井液的润滑性，减小钻柱刚度，简化钻具组合。井眼曲率应平滑过渡，避免出现井眼曲率的突变。

② 使用好固控设备，振动筛、除砂器使用率达到100%，合理使用离心机以控制钻井液固相，及时调整钻井液密度，定期短起下的同时，应加长短起下井段，避开在易塌、易漏井段打通循环，确保井眼顺畅。

在钻井液漏失中，有部分钻井液流入地层，也有全漏失中断循环伴随钻井液漏失发生的事故，有井内岩粉停滞而埋钻的危险和钻进效率下降，由于钻孔液面下降就会发生地层坍塌、钻井液沸腾和井喷，所以应注意的问题有：钻井液漏失的量和位置、原因的判断、产生的后果及解决的办法等。

③ 针对不同地层选用合适的钻头有助于加快钻进效率。使用PDC钻头不但可以大大提高钻进速度，还可以减少起下钻次数，同时PDC钻头小钻压钻进对控制井斜非常有利。

第 6 篇　地质调查井施工技术

区域性地质调查井主要是了解地质构造、地层演化、发育情况，获取目的层的含气性，评价目的层的成藏条件，进而验证热演化程度对页岩气含气性的影响，为油气勘探开发提供技术支撑。

地质调查井根据施工设计及测试化验的要求，通常采用两种口径钻井工艺，即大口径钻井和小口径钻井工艺。一般地质勘探钻孔直径小于 75 mm 的称小口径钻孔，直径大于 172 mm 的称大口径钻孔或钻井。

近年来，豫中公司积极参与资源勘探业务，先后承揽了 2019 年河南省财政项目《河南省鹿邑页岩气鹿页 1 井》、中国地质调查局南方地区页岩气项目《安徽北部地区页岩气地质调查井皖亳地 1 井》及南方地区页岩气地质调查井《桂鹿地 1 井》施工任务，在地质调查方面取得了丰富的钻井施工经验。

为总结实施该类地质调查井钻井工艺，分别以目前河南省最深页岩气直井鹿页 1 井及广西桂鹿地 1 井为例，分别对大口径地质调查井及小口径地质调查井实施工艺进行介绍。

1　大口径地质调查井

1.1　钻前工程

1.1.1　井场选址要求

(1) 井场选址应综合考虑以下因素:钻井、试井、地层含气性测试等投产设备的摆放;地表条件、水源、供水能力;返排液的排放和处理条件。

(2) 综合考虑周边人口和永久性设施、水源性质、地理地质特点、季风方向等,确保安全距离满足应急需要。井场应避开滑坡、泥石流等不良地质条件。应避开地下线缆、管线等埋设物。

(3) 井口距离高压线及其他永久性设施不小于 75 m,距民宅不小于 100 m,距离铁路、高速公路不小于 200 m,距学校、医院和大型油库等人口密集性、高危性场所不小于 500 m,距水库、堤坝的距离应符合当地相关管理部门的相应要求。

(4) 有下列情况之一,经专业勘查和评估存在严重地质灾害风险,且现有技术条件、能力无法治理的区域,不应选为井场和营地:泥石流的形成、冲击、沉积区域;50 年一遇行洪的河床、河滩、河谷;山沟、溪流、河流交汇口下游 100 m 以内高危险区域;存在明显滑坡风险的地段。

(5) 井场施工前应进行地勘调查,确保井场承载区域避开溶洞、暗河。

(6) 基础施工及布置要求除应符合小眼井的规定外,还应满足以下要求:设备基础地基承载能力不小于 0.15 MPa,遇不良地基应进行技术处理;冻土地区现浇混凝土基础的基底应埋入冻结线以下 250 mm。设备基础顶面应高于场地面 100 mm。

(7) 钻井液储备罐如果未配供给、输出设施,储备罐底座应高于钻井液循环罐顶面 500 mm 以上;钻井液储备罐如果配备有相应的供给、输出设施,则储备罐可不配高支架,底座可与钻井液循环罐底座处于同一平面上。水罐应满足钻台正常用水;储油高架罐底座高于柴油机供油箱顶部 200 mm 以上。

(8) 为防止基础积水,基础之间的地表应采用适当水泥抹成厚 50 mm 的水泥面,并挖出排水沟。基础养护按规定执行。

(9) 井场确定后,应根据当地环保部门的要求,请有资质的单位进行环境评价,并提交井有关专家评审通过后的复垦方案。

钻前工程就是开钻前的准备工程。它包括以下内容:测定井位、落实水源、修筑道路、施工场地平整、钻机搬迁与安装、全套水、电、讯路的铺设和安装防冻保温设施以及备齐开钻钻具和用料，做好开钻前孔口准备等。

1.1.2 井场选择和测定井位工作

实际施工时依据招标文件提供的四角拐点坐标、钻井位置依照设计井位坐标，采用仪器法进行布设。同时结合地形地物对照检查，以确保工区范围及井位坐标无误。工区范围及钻井定测可采用导线法、交会法等方法按照勘控点测量要求实施测量。

图 6-1-1 现场定位图

1.1.3 电法溶洞检测

施工前，为查明工区岩溶裂隙发育情况，确保施工区地层稳定，满足施工需要，规避风险，应采用瞬变电磁方法进行探测工作。

为查明工区岩溶裂隙发育情况，布设钻孔时尽量避开岩溶发育区，充分考虑本区井钻深 1 500 m 以浅均属于碳酸盐岩地层，500 m 以浅部位有溶洞、裂缝较为发育，拟采用瞬变电磁方法进行探测工作。

(1) 工作设备及参数

采集系统包括 V8 电法工作站(V8－6R)、辅助站(RXU－3ER)和传感器。图 6-1-2(a)为 V8 多功能电法工作站图 6-1-2(b)为辅助盒子 RXU－3ER。传感器包括磁探头(MT－50H)以及不极化电极，如图 6-1-3 所示。

(a) V8-6R　　(b) RXU—3ER

图 6-1-2 数据采集系统

(2) 工作布设及工作量

为充分了解工区溶洞、裂隙发育情况，应根据地面实际情况，选用合理的布线方式。

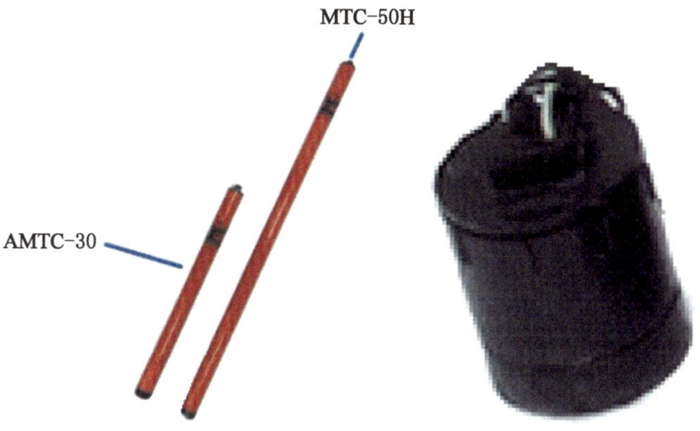

（a）磁传感器　　（b）不极化电极

图 6-1-3　传感器

（3）主要生产技术措施

为了保证瞬变电磁勘探的野外数据采集质量，按照《煤炭电法勘探规范》(MT/T 898—2000)在生产中采取了以下一系列的技术保证措施。

① 在生产中严格按设计和试验中选取的频率、积分时间和增益等参数进行数据采集，确保记录到较晚延时范围内的有用信号，在保证质量前提下提高生产效率。

② 遵循瞬变电磁勘探接收站应避免布置在强干扰源、强磁场及金属干扰物分布的地域的原则。

③ 铺设线框时，长度误差不大于5%，方向误差不得大于1度，余线成S形铺于地面。地面有金属物或电线杆时，线框要避开这些物体3米以上。

④ 供电导线绝缘电阻不小于2 MΩ，内阻不大于6 Ω/km。

1.2　设备安装

（1）设备安装按要求做到平、稳、正、全、牢、灵、通。校正天车、转盘、井口在同一铅垂线上，偏差小于10 mm。

（2）电路安装按照《石油与天然气钻井井控规定》要求：钻台灯、井架灯、机房灯、泵房灯、探照灯、值班房灯、宿舍灯、动力线路、警报电铃必须九路分输，集中控制于值班房内。

（3）所有电器设备及附件必须安全防爆、性能良好、不漏电、不跳火花、发电房必须有避雷装置。

（4）井场、储备罐、池的探照灯数量足够，确保井场施工的照明要求。

（5）供水设备按要求保证施工连续进行。

（6）钻台、机房、泵房下部地表高于周围地面，并有明沟排水，井场周围有渗沟排水，井场排水沟必须汇入污水池。

（7）井场平整，所有钻具要摆放在管排架上，严禁乱摆乱放。

（8）开钻前所有动力、机械设备，必须满负荷试运转正常，油水气管线必须保证密封良好，闸门开关灵活，无跑、冒、滴、漏现象，验收合格后方可开钻。

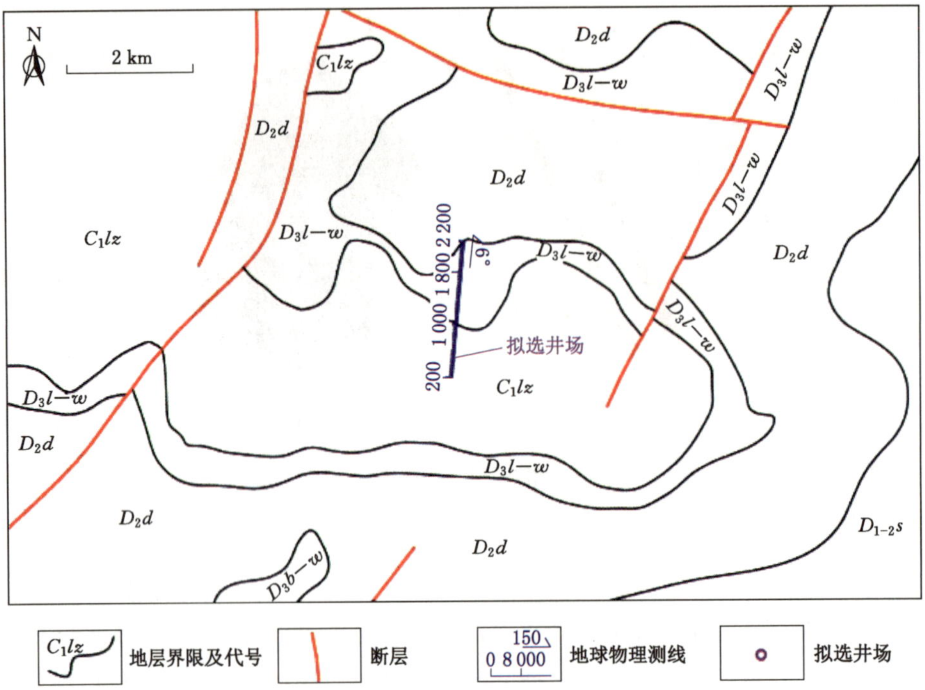

图 6-1-4　桂鹿地 1 井物探布置图

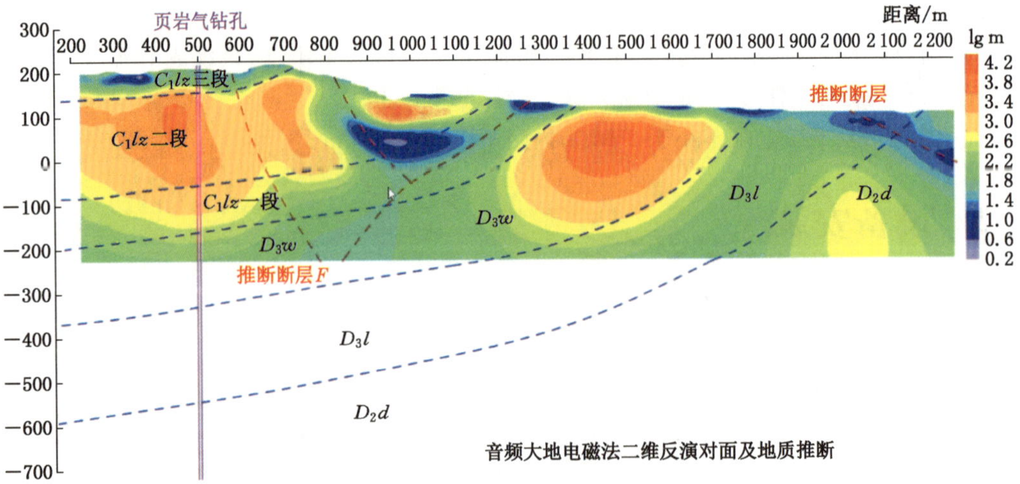

图 6-1-5　桂鹿地 1 井地质推断图

(9) 地质调查井开钻前必须经过设计或实施方案评审,通过后方可进行下步工作。项目负责人要对全体员工进行地质、工程、钻井液技术交底,贯彻重点技术措施和施工要求,拿出切实可行实施意见。

1.3　井身结构设计

设计原则(以鹿页 1 井为例):一开钻穿第四系 50 米完钻(若非稳定岩层,钻至稳定岩层完钻,据实钻地层确定),封固上部易松散易垮塌地层,若发现流砂层,则打过流砂层完钻;二开穿过孙家沟组 20 米完钻,防止孙家沟底部砂岩漏失风险。

采用三开井身结构,一开:以 ϕ444.5 mm 钻头钻穿上部松软、易塌、易漏地层,钻至稳定岩层后一开结束(井深 0.00～400.00 m,钻厚 400.00 m),下入 ϕ339.7 mm 套管,水泥固井上返至地面。二开:以 ϕ311.15 mm 井径钻头钻至三叠系岩性强固结地层(井深 400.00～2 350.00 m,钻厚 1 950.00 m),下入 ϕ244.5 mm 套管,水泥固井上返至地面。三开:以 ϕ215.9 mm 井径钻头钻进钻至奥陶系 100 m 完钻,目的层段采用川 7-4 取心工具进行取心,裸眼完井。

表 6-1-1　鹿页 1 井井身结构设计数据表

开钻次序	钻头尺寸/mm	井深/m	套管尺寸/mm	套管下入深度/m	环空水泥浆返深/m
一开	ϕ444.5	400.00	ϕ339.7	399	返至地面
二开	ϕ311.15	2 350.00	ϕ244.5	2 349	返至地面
三开	ϕ215.9	3 360.00	裸眼		

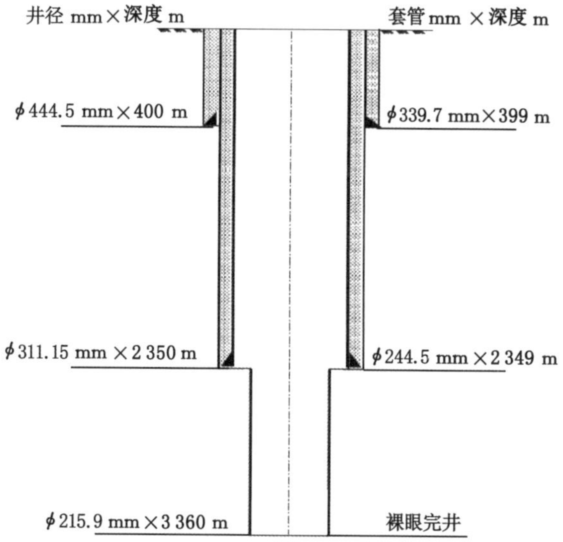

图 6-1-6　井身结构设计图

1.4　主要钻井设备

本井设计井深 3 360 m,终孔直径不小于 215.9 mm,采用直井钻进,ZJ40 钻机能够满足本井施工需求，建议使用电动力，采用电网供电。按正常孔隙压力梯度推算，地层孔隙压力可能达到 32.55 MPa，故必须使用 35 MPa 级别防喷装置。

要求设备工况良好，设备防护与安全设施齐全，动力与传动系统效率高，循环与钻井液净化、维护处理系统能够满足不同井段对排量、钻井液性能维护与钻井液储备的要求。

设备安装要点：

(1) 井架四周水平差不大于 3 mm，对角线偏差不大于 5 mm，三点一线误差不大于 10 mm。

(2) 设备安装要求平、正、稳、牢、全，旋转部分护罩齐全。

(3) 做到油、水、气、电不漏，动力机械、传动系统、轴承、离合器、变速箱无异常声响，不发烧。

表 6-1-2　钻机设备参数表

系统	名称	规格及型号	数量	功率
提升系统	钻机	ZJ－40	1	
	井架	JJ225/43－K	1	225 t
	天车	TC－225	1	225 t
	游动滑车	YG－225	1	225 t
	大钩	YG－225	1	225 t
钻井液循环系统	钻井泵	RL3NB－1300A	2	955 kW
	电动混合漏斗	YB2－250M－4	1	
动力传动系统	转盘	ZP-275	1	275 t
	柴油机	G12V190PZL－3	1	1 000 kW
	电机		2	800 kW
	柴油发电机	12V135	1	400 kW
	节能发电机	TZHW－L8TH	1	500 kW
钻机控制系统	配电房	40MCC	1	
	自动压风机	VFQL7/12	1	
	电动压风机	VF7/12	1	
	刹车系统	带式刹车	1	
	辅助刹车	FDWS40	1	
固控系统	除泥器	ZC100 * 10	1	
	除砂器	ZCS250 * 2	1	
	离心机	LW450－1042	1	
	振动筛	2ZZS－D	1	
井控系统	防喷器	2FZ35－35	1	
	四通	FZ35－35	1	
	控制装置	FKQ320－4	1	

表 6-1-2(续)

系统	名称	规格及型号	数量	功率
钻井管材	钻杆	127 mm	350 根	
	钻铤	177.8 mm	20 根	
	钻铤	159 mm	10 根	
	钻铤	203 mm	10 根	
	无磁钻铤	165 mm	1 根	
	加重钻杆	5"S135	30 根	
	螺杆	7LZ172×7.0L-5.5	6 根	
测斜仪器	测斜仪(套)	SQY 一体化单点测斜仪	1	
	无线随钻	MWD	1	
取心工具	取心钻具	川 7-4	2	
气体检测	四合一气体检测仪		2	

1.5　钻井工程

1.5.1　钻头选择及主要参数

根据本井钻遇地层及其岩性特征进行分析，钻井各开次配备不同型号及数量的钻头，以满足钻探施工要求。钻头选型和钻井机械参数见表 6-1-3。

表 6-1-3　钻头类型及钻井机械参数表

序号	钻头/mm	推荐钻头	数量/只	井段/m	进尺/m	机械参数	
						钻压/kN	转速/(r/min)
1	444.5	三牙轮	1	0～400	400	30～100	60～120
2	311.15	PDC、三牙轮	3	400～2 350	1 950	80～150	60～80 30+螺杆
3	215.9	PDC、三牙轮	2	2 350～3 360	1 010	100～150	60～70

(1) 根据地层情况，可选择不同的钻井方式以提高机械钻速，上表中设计机械参数为转盘钻进参数，如采用复合钻进方式，应根据动力钻具、钻头性能调整机械参数。

(2) 可能进行堵漏作业时，钻具中不能带有井下动力装置，钻头水眼应尽量加大。

(3) 尽量采用高效 PDC 钻头，配合高效等壁厚螺杆＋MWD，有效提高钻井速度，实现“一趟钻”。至孙家沟组等研磨性强砂岩地层，可采用三牙轮钻头钻进，必要时可优选国外进口钻头提高钻进效率。

1.5.2　钻具组合

根据地质设计，在进行深部钻进时井斜易增大，综合考虑各方面因素，钻具组合设计如下。一开：塔式钻具组合、水力喷射钻进；二开、三开：井底动力钻机＋无线随钻测斜钻具组合。

表 6-1-4 钻具组合表

开钻次序	钻头尺寸/mm	钻进井段/m	地层	钻具组合
一开	ϕ444.5	0.00～400.00	第四系	ϕ444.5 mm 钻头＋ϕ203 mm 钻铤＋ϕ178 mm 钻铤＋ϕ127 钻杆＋方钻杆
二开	ϕ311.15	400.00～2 350.00	新近系一二叠系	ϕ311.15 mm 钻头＋ϕ193.7 mm 螺杆＋ϕ165 mm 无磁＋MWD＋ϕ203 mm 钻铤＋ϕ165 mm 钻铤＋ϕ127 钻杆＋方钻杆
三开	ϕ215.9	2 350.00～3 360.00	二叠系-奥陶系	ϕ215.9 mm 钻头＋ϕ165 mm 螺杆＋ϕ165 mm 无磁＋MWD＋ϕ165 mm 钻铤＋ϕ127 mm 钻杆＋方钻杆
取心段	ϕ215.9	目的段取心 200 m＋机动取心 20 m	下石盒子组、山西组、太原组	ϕ215.9 mmPDC 取心钻头＋川 8-4 取心筒＋ϕ165 mm 钻铤＋ϕ127 mm 钻杆＋方钻杆

注:(1) 施工单位在实钻中可根据实际情况依据地层特性在确保井下安全、确保下套管顺利和井身质量、提高钻井速度的原则调整钻具组合。

(2) 现场要考虑出现遇阻、卡钻时倒划眼的情况,准备好倒划眼工具。

(3) 施工中要及时倒换钻具,防止钻具疲劳。

1.5.3 钻进参数

根据地质设计和钻进规程《地质岩心钻探规程》(DZ/T0227－2010)、《钻井参数优选基本方法》(SY/T 5234－2016)、《石油天然气钻井、开发、储运防火防爆安全生产技术规程》(SY/T 5525－2019)及页岩气勘探的其他技术要求,钻进参数设计如下:

一开钻进井段(0.00 m～400.00 m):采用 ϕ444.5 mm 钻头水力喷射钻进,钻压控制在 30～100 kN,使用 50～55 L/s 的大排量,转速控制在 60～120 rpm,有效快速清洁经验,保证开孔打直。

二开钻进井段(400.00 m～2 350.00 m):采用 ϕ311.15 mm 钻头＋螺杆复合钻进,钻压控制在 80～150 kN,排量 40～45 L/s,转速 10～40 rpm,泵压 8～15 MPa。

三开钻进井段(2 350.00 m—3 360.00 m):采用 ϕ215.9 mm 钻头＋螺杆复合钻进,钻压控制在 100—150 kN,排量 28～32 L/s,转速 10～40 rpm,泵压 10～20 MPa。

目的层取心段采用 ϕ215.9 mm 取心钻头钻进,岩层取心段钻压控制在 30～50 kN,排量 10～24 L/s,转速 50～80 rpm,泵压 3～6 MPa。

1.5.4 钻井液体系和配方设计

(1) 一开钻井液:一开井段采用钠土浆钻井液体系。钻井过程中做好井斜控制、防漏工作,同时隔离上部地层地下水。

基本配方:水＋5～6％钠土＋0.1％Na_2CO_3＋0.1％CMC。

处理添加剂:NH4HPAN、单向封闭剂。

(2) 二开钻井液:二开井段采用强抑制钾铵基聚合物钻井液体系。该钻井液体系具有较好的流变性、抗高温能力和适宜的滤失量。本开次钻井过程中,重点做好防漏、防斜工作,应在满足钻井施工、保证工程安全的前提下,尽可能降低钻井液黏度、密度、固相含量和失水量。

基本配方：水＋2％钠土＋0.2～0.5％烧碱＋0.2～0.3％纯碱＋0.2～0.5％聚丙烯酰胺钾盐＋0.2～1％两性离子聚合物包被剂＋0.5～2％页岩抑制剂酰胺聚合物＋0.5～1％降滤失剂＋0.2～0.5％增粘剂＋0.1～0.3％降粘剂。

处理添加剂：NH4HPAN、OSAMK、LF－TEX－1。

(3) 三开钻井液：三开井段采用强抑制双钾铵基聚合物钻井液体系。该钻井液体系具有较好的流变性、抗高温能力和适宜的滤失量。本开次钻井过程中，应着重做好防漏、防涌、防塌工作，同时为有效保护储层，应在满足钻井施工、保证工程安全的前提下，尽可能降低钻井液黏度、密度、固相含量和失水量。

基本配方：水＋2％钠土＋0.2～0.5％烧碱＋0.2～0.3％纯碱＋0.2～0.5％聚丙烯酰胺钾盐＋5～10％氯化钾＋0.2～1％两性离子聚合物包被剂＋0.5～2％页岩抑制剂酰胺聚合物＋0.5～1％降滤失剂＋0.2～0.5％增粘剂＋0.1～0.3％降粘剂。

处理添加剂：OSAMK、LF－TEX－1。

其他添加剂：工业用氢氧化钠、加重剂、堵漏剂、除硫剂等。

1.5.5　钻井液性能

钻井液性能要做到含气层保护、环境保护、钻井安全的统一。气层钻井液相对密度附加值不超过气层压力系数的0.07～0.15。取心段不允许使用影响页岩气评价样品分析化验结果的处理剂和添加剂。

全井应依据固相控制措施做好固相控制，环空钻屑含量二开上部以上井段控制在7％以下，二开下部井段控制在5％以下。

1.5.6　取心设计和井段

取心工具：取心钻头＋川7-4型取心工具＋钻铤＋钻杆＋方钻杆，钻头、钻铤、钻杆尺寸根据取心井段决定。

表 6-1-5　取心设计

<table>
<tr><td>井径/mm</td><td colspan="3">层位</td><td colspan="2">推荐取心工具型号</td><td>取心钻头/mm</td></tr>
<tr><td>215.9</td><td colspan="3">按地质设计要求</td><td colspan="2">川7-4(岩心直径101 mm)</td><td>215.9 mm</td></tr>
<tr><td rowspan="3">取心钻进参数</td><td colspan="3">软地层取心钻进参数</td><td colspan="3">硬地层取心钻进参数</td></tr>
<tr><td>钻压/kN</td><td>转速/rpm</td><td>排量/(l/s)</td><td>钻压/kN</td><td>转速/rpm</td><td>排量/(l/s)</td></tr>
<tr><td>20～90</td><td>50～100</td><td>11～20</td><td>40～11</td><td>50～80</td><td>16～22</td></tr>
</table>

本井对上古生界主要目的层山西组、太原组以及次要目的层下石盒子组进行取心，全井预测取心总进尺220 m左右(具体见表6-1-6)。

表 6-1-6　鹿页1井设计取心情况表

取心层位	取心井段/m	取心厚度/m	取心回次	取心段岩性	备注
下石盒子组	不确定	20	2～3	砂岩或泥岩	选择取心
山西组	3 050～3 130	80	6～8	泥岩、砂岩、煤	连续取心
太原组	3 140～3 250	110	10～11	泥岩、砂岩、煤、灰岩	连续取心
奥陶系	3 260～3 270	10	1	灰岩	不整合面下取心

1.5.7 取心要求

(1) 钻遇下石盒子组地层，气测全烃净增值≥3%必须取心，钻遇下石盒子组底部砂体取心一次。

(2) 进入山西组 25 m 后连续取心至太原组上部灰岩，设计取心 80 m。

(3) 太原组上部灰岩气测全烃净增值≥3%取心；其他层段连续取心，预计取心 110 m。

(4) 奥陶系风化壳顶部取一筒心，心长不少于 8 m，如果气测全烃净增值≥1%，继续取心。

(5) 具体操作时，要根据主要含气层的实钻页岩厚度对取心进尺作相应调整，以达到设计取心目的为原则。合理增减的取心工作量需经甲方签字认可，并作为完井验收和工程费用结算的依据。

(6) 取心完毕后，重新下钻至井底应冲孔，时间至少应为一个泥浆循环周期以上，以便观察后效反应。

1.5.8 取心工具

川 4 型系列取心工具是石油、地质勘探钻井中取心作业最理想的取心工具，该工具配套完善，规格齐全，技术先进，适用于软、中、坚硬及破碎岩层使用。常用规格及型号见下表。

表 6-1-7 川 4 系列取心工具规格及型号

工具型号	川 9-4	川 8-4	川 7-4	川 6-4
外筒尺寸（外径×内径×壁厚）	203×169×17	180×144×18	172×136×18	133×101×16
岩心直径/mm	133	105	101	70
钻头外径/英寸	$9^5/8-12^1/4$	$8^1/2-9^5/8$	$7^7/8-9^5/8$	$5^7/8-6^1/2$

根据设计取心任务，本次取心选用川 7-4 取心工具进行取心，也可选用绳索取心或能满足本次取心要求、实现取心目的取心工具。

川 4 型系列取心工具的性能如下：

(1) 该工具只需要更换不同结构的岩心爪来适应软、中、硬及破碎地层。

(2) 辅助工具齐全，取心操作简便，省时省力。

(3) 该工具可分别与天然金刚石、人造金刚石、PDC 等取心钻头配合使用。

1.5.9 取心技术措施

工具准备：

(1) 送井取心工具须经过探伤检验，工具尺寸必须精心选配，准确丈量，做好记录。

(2) 工具检查的主要内容：钻头水眼畅通，切屑齿刃完好无损，内腔清洁光滑，岩心进口完好无损；调整好钻头与内筒间隙；内筒悬挂转动灵活工作可靠；内外筒及岩心爪无变形，无裂纹；岩心爪自由状态的直径恰当，确保抓心牢靠；所有丝扣均需完好，配合紧密。

(3) 地面出心工具齐全好用。

(4) 井底清洗干净后，卸方钻杆投球，等待球就位后开始取心。

(5) 钻压 10 kN～30 kN，做到起动轻，加压慢，送钻均匀，取心进尺 0.3 m。

(6) 正常取心钻压根据取心工具的技术参数和岩心情况确定。

（7）司钻送钻均匀，判断情况准确。变换参数及时，钻进中不停泵、不停钻、不溜钻、不上提。

（8）时刻注意钻压、泵压、钻时和扭矩变化，准确判断钻头工作情况。

1.5.10　井控工程

（1）井控设备安装

① 全套井控设备必须在井控车间进行试验及清水试压。具体高度根据实际情况确定。安装质量必须符合相关标准要求。

② 具有手动锁紧机构的闸板防喷器应装齐手动操作杆，靠手轮端应支撑牢固，其中心与锁紧轴之间的夹角不大于30°。挂牌表明开、关方向和到底的圈数。

③ 四通两侧各装两个 ϕ100 mm 高压闸门。放喷管线不能焊接、不能交叉、不能用油壬连接。内控管线与法兰间必须用螺纹连接。

④ 节流压井管汇、控制闸门、放喷管线压力等级应与防喷器相匹配。

⑤ 控制闸门使用金属浮动密封的专用闸门；放喷管线控制闸门接出井架底座以外。

⑥ 井场两侧放喷管线各装一条，管线转弯处的弯头夹角不小于120°或使用90°铸钢专用两通，并接出井场75 m以远，并配套自动点火装置。放喷管线布局要考虑当地风向的影响、居民区、道路及各种设施的情况。

⑦ 所有压力表必须抗震，天然气井节流压井管汇中高、低压力量程表为40 MPa和10 MPa。压力表下必须有高压控制闸门，并用螺纹或双面法兰钻孔固定，压力表支管不能焊接在防喷管线上。压力级别提高时，按测量压力最大值再附加1/3的原则选择压力表。

（2）井控演习

① 钻井队在钻开气层前必须进行防喷演习，演习不合格不得打开气层。

② 作业班每月至少进行一次不同工况的防喷演习，夜间也应该安排防喷演习，此外，在各次开钻前、特殊作业（取心、测试、完井作业等）前，都要进行防喷演习，达到合格，并做好记录。

（3）井控岗位

① 钻井队正副队长、指导员、钻井工程师（技术员）、钻井技师、大班司钻、钻井液技术员及大班人员、正副司钻、井架工、井控坐岗工、HSE监督（员）等，都要经过考核并取得井控操作合格证。

② 进入气层前100 m由井控坐岗工、录井工开始坐岗。钻进中每15分钟监测一次钻井液（罐）池液面和气测值，发现异常情况现场要及时处置，同时加强监测。起钻或下钻过程中核对钻井液罐入或返出量。在测井、空井及钻井作业中还应坐岗观察钻井液出口管及时发现溢流显示。坐岗情况应认真填入坐岗观察记录。

③ 井控坐岗记录包括时间、工况、井深、起下立柱数、钻井液罐入量、钻井液增减量、原因分析、记录人、值班干部验收签字等内容。录井工坐岗记录包括时间工况、井深、地层和气测数值等内容。

④ 坚持“发现溢流立即关井，疑似溢流关井检查”的关井原则。井控坐岗工在发现溢流、井漏及油气显示异常情况应立即报告司钻。录井工在坐岗时发现气测值异常等情况，应立即下发异常情况通知单，告知钻井队值班干部。

⑤ 进入气层前100 m开始，钻井队干部必须在生产现场24小时值班。值班干部应挂

牌或有明显标志,并认真填写值班干部交接班记录。

⑥ 值班干部、HSE 监督员应检查监督各岗位执行井控岗位责任、落实井控管理制度情况,发现问题立即督促整改。井控装置试压、防喷演习、处理溢流、井下复杂等情况,值班干部必须在现场指挥。

(4) 加重钻井液和加重材料储备

① 现场按井控储备足够的压井液和加重材料。

② 储备泥浆在入井前及时循环搅拌,按设计调整好性能,保证密度均匀,并根据实际情况进行调整。

(5) 井控主要措施

① 钻开气层后,钻井队应每天白班对闸板防喷器进行开、关活动。在井内有钻具的条件下应适当对环形防喷器试关井。

② 各种井控设备、专用工具、消防设备、电路系统配备齐全,运转正常。

③ 严格执行钻开气层的检查验收制度。钻井队应在钻开气层前,按照钻进、起下钻杆、起下钻铤、空井发生溢流的四种工况分班组、定期进行防喷演习,演习不合格者不得打开气层。

④ 每只新入井的钻头开始钻进前以及每日白班开始钻进前,都要以 1/3～1/2 正常排量循环一周时间,待钻井液循环正常后测一次低泵速循环压力,并做好泵冲数、流量、循环压力记录。当钻井液性能或钻具组合发生较大变化时应补充。

⑤ 钻头在气层中和气层顶部以上 300 m 长左右的井段内起钻速度不得超过 0.5 m/s;起钻中每起出三柱钻杆或一柱钻铤应及时连续小排量向井内灌满钻井液,并分别做好进出口钻井液记录、校核地面钻井液总量,发现异常情况及时报告司钻。

⑥ 下钻要控制速度,防止压力激动造成井漏。

⑦ 电测作业时,根据油气上窜速度计算井筒钻井液稳定周期,若电测时间过长,应及时下钻循环排出气侵钻井液。

⑧ 下套管时,必须控制下放速度,每 10～15 根要灌一次钻井液。下完套管必须先灌满钻井液,开始用小排量通,在逐步提高排量循环,防止诱喷或憋漏地层。

⑨ 发现溢流关井时,其最大允许关井套压不得超过井口装置额定工作压力,套管抗内压强度的 80%和薄弱地层破裂压力所允许关井压力三者中最小值。

(6) 井控装置

各次开钻井控装置组合(表 6-1-8,图 6-1-7)。

表 6-1-8　井控装置组合表

开次	井控装置名称	型号	井控设备组合
二开、三开	双闸板	2FZ35-35	套管头+钻井四通+单闸板 B0P(21 MPa)+防溢管

(7) 防喷器组安装

① 防喷器安装完毕后,应校正井口、转盘、天车中心,其偏差不大于 10 mm,钻井过程中确保防喷器不晃动。用 4 根 ϕ16 mm 的钢丝绳与正反扣螺栓在井架底座的对角线上将防喷器组绷紧固定,与垂直方向不小于 45°。

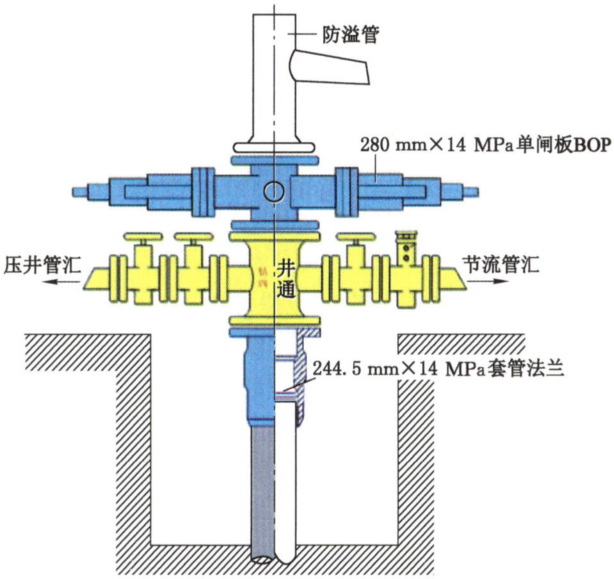

图 6-1-7　井口装置示意图

② 手动操作杆与防喷器锁紧轴中心线的偏斜度小于 30°，手动锁紧杆必须接出井架底座外并支撑牢固，应标明开关方向、圈数、闸板尺寸。

③ 防喷器上应安装防淋罩，面积大于防喷器，固定牢固且有钻井液回收管线。

④ 防喷管线平直，长度大于 7 m 必须支撑固定。

(8) 井控管汇安装

① 节流压井管汇闸门手轮齐全、灵活好用，开关状态与挂牌一致、正确。压力表齐全、灵敏、有控制闸门和检验合格证。

② 节流管汇回水管线接至钻井液罐。转弯处、上罐出口处使用角度大于 120°铸(锻)钢弯头，节流管汇出口、转弯处、上罐处固定牢靠。

③ 钻井液回收管线、防喷管线和放喷管线应使用经探伤合格的管材。防喷管线采用螺纹与标准法兰连接，不允许现场焊接。

④ 放喷管线至少应有两条，平直接出，两条管线夹角不得小于 120°，通径应不小于 78 mm。

放喷管线布局应考虑当地季风方向，出口距井口的距离应不小于 75 m，距民宅不小于 100 m，距铁路、高速公路不小于 200 m，距学校、医院和大型油库等人口密集性、高危性场所应不少于 500 m，出口上方不得有电力线、不得正对油罐区、宿舍等障碍物。

⑤ 放喷管线不允许用由壬连接和在现场进行焊接连接。每隔 10～15 m 及转弯处(距锻钢弯头处不能大于 0.3 m，两端采用双卡固定)应采用水泥基墩或地锚固定。放喷管线悬空大于 7 m 要支撑牢固。放喷管线出口处应用双基墩固定，第一个基墩距出口距离不大于 0.5 m。

⑥ 放喷管线应有防冻、防堵措施，确保放喷时畅通。车辆通过处有过桥装置。

⑦ 固定放喷管线用的压板，螺栓符合标准，压板下垫胶皮，水泥基墩的长×宽×深的尺寸为 0.8 m×0.8 m×1.0 m，遇地表松软时，基础坑体积应大于 1.2 m^3。如用地锚，地锚长度不小于 1.2 m。

1.6 完井

1.6.1 含气层段封固

含气层封固段为 2 250.00 m～3 360.00 m，即自二开套管底向上 100 m 封固至井底。

按 0.5∶1 的水灰重量比造浆，搅拌均匀后，通过高压泵分 4 次进行注浆。每次注浆 200 米。

为保证封孔质量及注浆过程中的安全和效果，严格控制封孔注浆的压力、水泥浆密度及水泥量，最终注浆压力达到 7 MPa，稳压 30 分钟以上方可结束注浆。

结束注浆后候凝 24 h 回探水泥面，达到设计标准后方可进行下步作业。若不合格，则重新进行注浆至合格。

井口封固采用永久性封井作业，在距井口 50 m 深度，下入桥塞，采用钻杆注浆方式自桥塞深度至井口进行封固。

按 0.5∶1 的水灰重量比造浆，搅拌均匀后，通过高压泵分 1 次进行注浆。

1.6.2 完井要求

完井后，在最后一层套管上端加装井口帽（或盲板）等井口保护装置，并在套管接箍上焊上明显的井号标志。

拆除井场围栏等装置、去掉井口装置、割掉一定深度以上的套管（地下 1.5 m）、回填泥浆池，使废弃井与土地使用的矛盾最小化，满足井场复耕需求。

1.7 施工成果

（1）完井基本数据（如表 6-1-9）

表 6-1-9 完井数据

开始搬迁日期	2020 年 7 月 12 日	开始安装日期	2020 年 7 月 21 日
第一次开钻日期	2020 年 8 月 2 日	一开钻达井深/m	453.00
第二次开钻日期	2020 年 8 月 19 日	二开钻达井深/m	2429.15
第三次开钻日期	2020 年 10 月 10 日	三开钻达井深/m	3 506.50
完钻日期	2021 年 6 月 24 日	完井日期	2021 年 7 月 19 日
钻井周期	321 天 16 小时 50 分	完井周期	346 天 4 小时 30 分
建井周期	364 天 2 小时		
设计井深/m	3 360.00	实际井深/m	3 506.50
完钻层位	本溪组（未穿）	完井方法	裸眼完井
钻机月速/(m/台月)	328.94	机械钻速/(m/h)	1.61
井身质量	合格	固井质量	合格
取心进尺/m	377.44	岩心长度/m	343.25
岩心收获率/%	90.94	平均单筒进尺/m	8.21

表 6-1-9(续)

开始搬迁日期	2020 年 7 月 12 日	开始安装日期	2020 年 7 月 21 日
取心井段/m	3 124.58～3 367.42	3 371.42～3 441.03	3 341.51～3 506.50
取心进尺/m	242.84	69.61	64.99
取心长度/m	217.92	60.61	63.72
取心收获率/%	89.74	87.07	98.05

(2) 有利油气层段发现

山西二$_1$煤层单层厚度较大，最大厚度 3.9 m，鹿 1 井、周参 7 井二$_1$煤单层厚度分别为 5 m、4 m，区域发育比较稳定(图 6-1-8)；岩心解析总含气量为 21.22～39.18 m^3/t，在煤层气开采行列属于中等-好的级别；井深较大，埋深 3 311～3 315 m，深度较大；煤阶属于焦煤-贫煤阶段。

(3) 钻井过程存在的问题

① 三开裸眼段较长，鹿页 1 井位于鹿邑凹陷北部邱集断鼻构造附近，地层相对破碎，掉块严重，地质条件复杂，对钻探施工造成极大困难，泥浆参数设计不能达到钻探安全施工的条件，给钻探施工带来了巨大的安全隐患。

② 由于中部下石盒子组岩层相对破碎，坍塌掉块现象严重，导致泥浆密度、黏度、失水不能放松，在取心井段仍然采用高密度、高黏度泥浆，钻遇深黑色泥岩钻效过低。

③ 该井在施工中，由于地层垮塌原因，致使施工周期延误。但刷新了河南省油气勘探最深记录，对下部鹿邑凹陷页岩气勘探开发具有重要意义。

(4) 建议

针对不同地层选用合适的钻头有助于加快钻进效率。在第四系、新近系、二叠系上统孙家沟组和上石盒子组使用 PDC 钻头不但可以大大提高钻进速度，减少起下钻次数，同时 PDC 钻头小钻压钻进对控制井斜非常有利；二叠系中统下石盒子组、山西组、二叠系下统太原组、石炭系上统本溪组、奥陶系上统马家沟组地层多为深黑色泥岩，地层耐研磨性高，宜选用牙轮钻头。

在进入三开井段后，选用低密度泥浆虽然能最大限度地发现并保护油气层，但对控制井下安全造成极大的困难，因此在进入三开后兼顾地质目的和钻探安全变得尤为重要，在钻进过程中应合理选用钻井液体系及钻井液参数，在保证井下安全的前提下，更好的达成地质目的。

1.8　井场恢复

(1) 复耕种植土采用在施工前期地面清表所存储在弃碴场里的清表种植土，如果所存储的清表种植土不够需要回填种植土时，采用在当地购买种植土回填。

(2) 复耕时先清除场地上的所有设施，采用混凝土破碎机将地表的所有混凝土全部破碎，将所有的破除混凝土用自卸汽车运输至指定弃碴场存放。

(3) 在拆除施工道路时，在施工道路与既有道路连接处竖立明显的标志和施工告示牌，禁止非施工用车进入，防止发生安全事故。

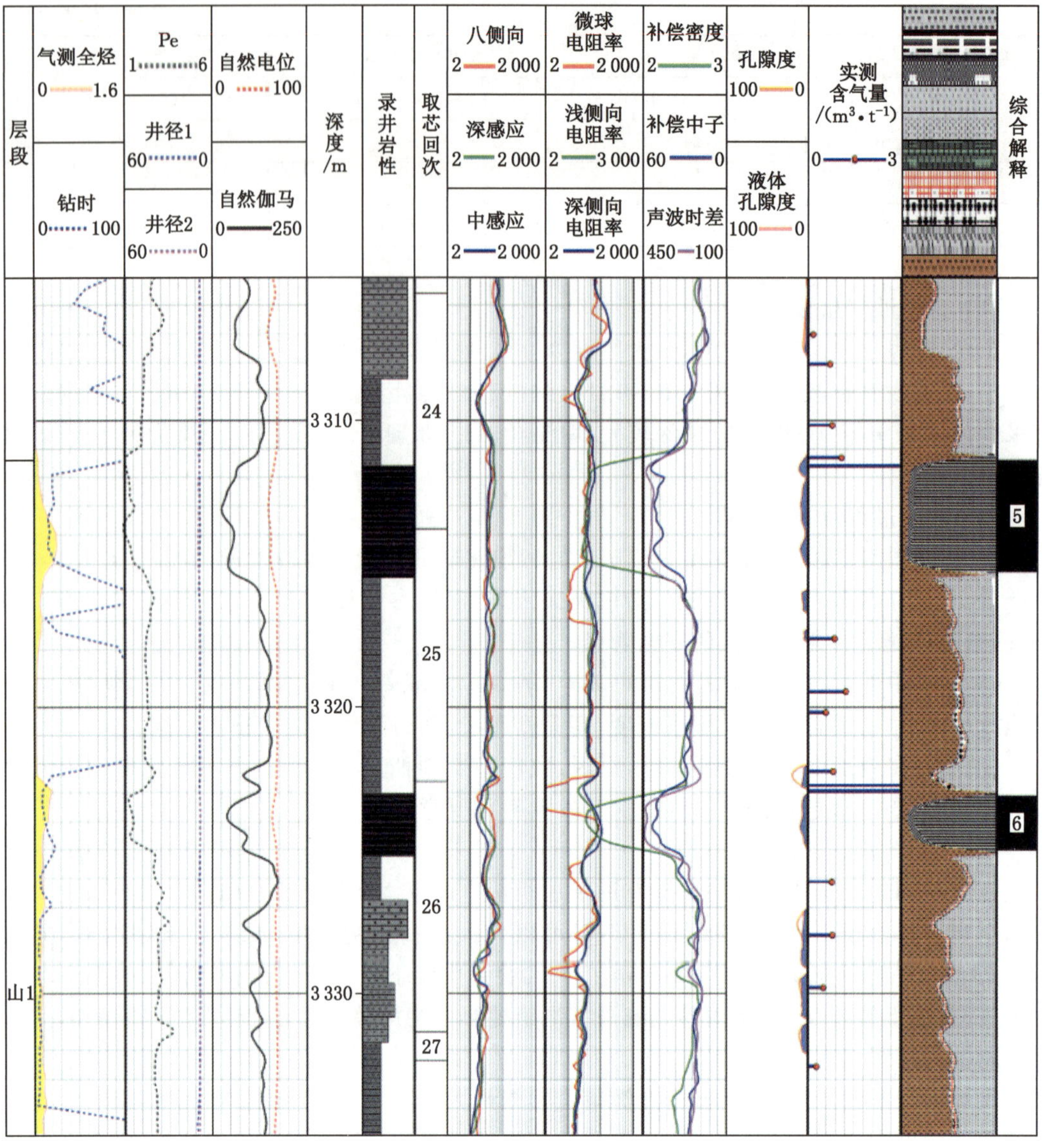

图 6-1-8 山西二$_1$煤层区域测试图

(4) 土地复耕完成后，先通知监理进行初验收，初验收结束通过后，由业主单位组织，当地政府相关部门、监理单位、施工单位参加最后验收，验收通过，交予当地政府使用。

(5) 清除井场内所有废料、废油和垃圾。

(6) 拆除井场内所有地上和地下的障碍物。

(7) 回收转运剩余材料、油料、钻井液、重新利用。

捞尽污水池和隔油池内的浮油。钻井液池和污水池无害化处理并回填。

图 6-1-9　鹿页 1 井钻井施工前后

2 小口径地质调查井

小口径地质调查井与大口径地质调查井主要区别于钻井设备选择与工艺方面，钻前、钻后工程大致相同。

2.1 井身结构设计

设计原则(以桂鹿地1井为例)：桂鹿地1井钻穿目的层上泥盆统榴江组进入下伏地层中泥盆统东岗岭组，完成全取心钻井进尺1 000 m后完钻。

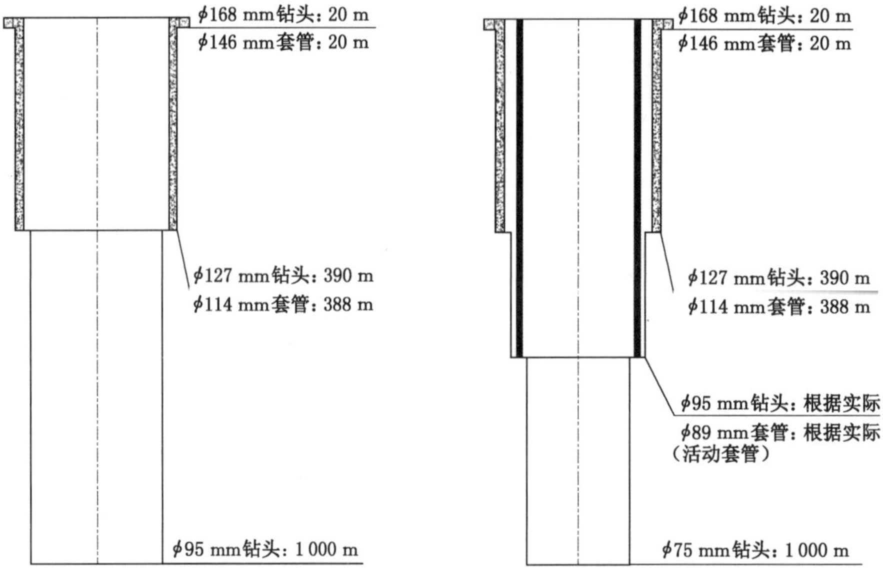

图 6-2-1 桂鹿地1井井身结构设计图

表 6-2-1 井身结构表

开钻次序	井深/m	钻头尺寸/mm	套管尺寸/mm	套管下入地层层位	套管下入深度/m	环空水泥浆返至
表层	20	168	146 * 5		进入稳定基岩 10 m	地面
一开	390	127	114 * 5	钻穿鹿寨组	388	地面

表 6-2-1(续)

开钻次序	井深/m	钻头尺寸/mm	套管尺寸/mm	套管下入地层层位	套管下入深度/m	环空水泥浆返至
二开(完钻)	1 000	95				
二开(复杂情况)		95	89 * 4.5	复杂地层底部 10 m	复杂地层底部 10 m	
三开	1 000	75				
其他说明:各开次井身结构数据、套管下深均可根据实钻情况调整。						

(1) 表层:使用 ϕ168 mm 钻头钻进,钻穿第四系进入稳定基岩 10 m,设计井深 20 m,下入 ϕ146 mm 导管护壁,并使用水泥封固。

(2) 一开:使用 ϕ127 mm 钻头绳索取心钻进至 390 m,封隔鹿寨组灰岩漏失层和鹿寨组一段泥岩松散层进入五指山组灰岩段,下入 ϕ114 mm 套管并固井,安装防喷器,试压试关井。

(3) 二开:ϕ95 mm 钻头绳索取心钻至设计井深 1 000 m,测井后按规范标准实施封井。

(4) 三开(备用):在 ϕ95 mm 井眼出现复杂情况时,下入 ϕ89 mm 活动套管,再用 ϕ75 mm 钻头绳索取心继续钻进至设计井深。

2.2　主要钻井设备

设计钻深 1 000 m,依据钻机工作能力及井控配套的要求,结合施工现场条件,本井配备 XY－6B 钻机成套设备。

图 6-2-2　施工现场布置图

表 6-2-2　钻机与主要设备配置表

序号	设备名称	型号	数量	技术性能	产地	使用年限
1	钻机	XY－6B	1 台	75 kW,转速 1 480 r/min	长沙	5 年
2	柴油机	YC6B135Z－D20	1 台	90 kW	长沙	3 年
3	泥浆泵	BW－390	1 台	30 kW	衡阳	3 年
4	绞车	SJ－2000	1 台	7.5 kW	上海	3 年
5	除砂器	JSN－2B	1 台		北京	3 年

表 6-2-2(续)

序号	设备名称	型号	数量	技术性能	产地	使用年限
6	除泥器	WL－260	1 台	7.5 kW	北京	3 年
7	钻塔	SG－23	1 台		张家口	3 年
8	钻井平台	XD－2	1 台	高度 2.2 m	连云港	2 年
9	地面防井喷装置	2SFZ15－21	1 套		盐城	3 年
10	四通	S15－21	1 套		盐城	3 年
11	泥浆测试仪器		1 套		青岛	1 年
12	取心工具	S127、S95、S75	1 套			1 年

2.3 钻井工程

2.3.1 钻头选择及主要参数

基岩钻进根据岩石的硬度、研磨性选择钻头。5 级以下岩石选择复合片取心钻头，根据岩石的完整性选型，破碎地层选小片、负斜锒钻头。6～10 级岩石选金刚石取心钻头。根据岩石可钻性选钻头壁厚的大小，薄壁钻头利于提高钻进效率。

表 6-2-3 金刚石钻头选型表

性能参数					
唇面设计	胎体硬度 HRC	水口个数	金刚石		
			品级 JR	粒度(目)	浓度/%
阶梯式	15～42	12～16	6	80～100	75～100

2.3.2 钻具组合

表 6-2-4 钻具组合表

开次	井段/m	井眼尺寸/mm	钻具组合
表层	0～20	ϕ168	ϕ168 mm 硬质合金钻头＋ϕ121 钻铤＋ϕ89 mm 钻杆
一开	20～390	ϕ127	ϕ127 mm 金刚石取心钻头＋ϕ127.5 mm 下扩孔器＋S127 mm 绳索取心钻具＋ϕ127.5 mm 上扩孔器＋ϕ114 mm 绳索取心钻杆＋主动钻杆。
二开	390～1 000	ϕ95	ϕ95 mm 金刚石取心钻头＋ϕ95.5 mm 下扩孔器＋S95 mm 绳索取心钻具＋ϕ95.5 mm 上扩孔器＋ϕ89 mm 绳索取心钻杆＋主动钻杆。
备用三开		ϕ75	ϕ75 mm 金刚石取心钻头＋ϕ75.5 mm 下扩孔器＋S75 绳索取心钻具＋ϕ75.5 mm 上扩孔器＋ϕ73 mm 绳索取心钻杆＋主动钻杆。

注：实钻过程中，可以根据实际情况进行调整。

2.3.3 钻进参数

根据该井地层岩性、地层压力及井温特点，合理选择钻进参数。

(1) 硬质合金钻进参数的选择

硬质合金钻进宜采用低转速、大泵量、小压力，操作中应特别注意取心质量和取心率钻进参数选择范围(如表 6-2-5)。

表 6-2-5　硬质合金钻头钻进参数

钻压/kN	转速/(r/min)	泵量/(L/min)
8～11	50～300	80～180

(2) 绳索取心金刚石钻进参数的选择

在较软岩石大段泥岩中宜采用低转速、中等泵量和适当的压力、在砂岩中钻进采用采中等转速、较大泵量和适当的压力；在泥岩、砂砾岩、灰岩中钻进，完整岩石孔段应采用较高速、大泵量和适当的压力；在裂隙发育的破碎地层中钻进，采用小钻压、低转速和适当的泵量；遇地层倾角突然变化井段，应适当降低钻压和转速。钻压的选择：据岩石可钻性、研磨性、完整程度、钻头底唇面积、金刚石粒度、品级和数量选择钻压，根据施工单位对绳索取心金刚石的使用研究的经验，本项目选择的孕镶金刚石钻头单位压力为 0.4 kN/cm^2～0.8 kN/cm^2；在软岩层中钻进应用较小的钻压，在完整、中硬到坚硬或强研磨性的岩层中钻进应适当加大钻压；在破碎、裂隙和非均质的岩层中钻进应适当减小钻压，一般降低 25%～50%。钻压的调整需根据岩层情况选择，操作时根据进尺快慢加以调整，钻进时效不得超过 10 m/小时，否则必须减压控制钻速。

(3) 转速的选择

根据岩石性质、钻孔结构及设备能力等因素选择转速；孕镶钻头底唇面的线速度范围为 1.5 m/s～3.0 m/s；中硬完整岩层宜采用高转速；岩层破碎、裂隙发育、软硬不均，钻进时振动大，则应适当降低转速。在软岩层中钻进效率很高时，应适当限制钻速；正常钻进时，在机械能力、管材强度、钻具稳定性及其减震、润滑等条件允许的前提下，视地层情况适当提高转速在使用低固相泥浆钻进时，为防止钻杆内壁结垢，应限制转速和回次纯钻进时间，转速不能超过 500 转/分。

(4) 泵量与泵压的选择

泵量以钻井液上返速度计算，金刚石钻进上返速度应大于 0.3 m/s～0.7 m/s；泵量应视岩石性质、环状间隙、钻头类型、金刚石粒度、胎体性能等因素，适当调整：① 钻进坚硬、颗粒细的岩层，泵量可小些；钻进软、中硬、颗粒粗的岩层，泵量应大些；钻进裂隙，有轻微漏失的岩层，泵量要稍大于正常情况；② 孕镶钻头应采用较大泵量；③ 在转速较高，钻进速度较快，岩层研磨性较强，岩屑颗粒较粗时，应选用较大泵量，反之泵量应减小；④ 钻头水口的大小，直接影响钻头内外的钻井液压差，保持适当的压差，有利于钻头底部岩粉的排出和冷却。随着钻头胎体消耗，钻头水口要进行修磨，修磨后其高度不得小于 3 mm。金刚石钻进中要随时观察泵压，根据泵压的变化判断孔内情况。泵压发生小幅度的上升或下降，一般是孔底换层的征兆；泵压猛然大幅度增高，伴随钻速下降或不进尺，可能发生岩心堵塞；如果泵压突然大幅度下降，多是钻具折断或脱扣。

综上所述：依据多年钻探经验结合近几年调查井施工情况及钻探技术，综合考虑本项目绳索取心金刚石钻进参数选择(如表 6-2-6)。

表 6-2-6 绳索取心金刚石钻进参数选择表

钻头直径/mm	钻压/kN	转速/(r/min)	泵量/(L/min)	备注
95	10～15	350～520	50～90	
75	10～12	400～750	50～70	

随着井深加大，为保证井内安全，要限制转速不超过 800 转/分，选择适当的钻压，较大的泵量；最大泵压一般不超过 7 MPa；若泵压过高会造成孔内压力大于地层压力而出现漏失，并且会因压力激动造成孔壁坍塌、掉块等现象，造成孔内事故。因此当泵压高时需立即查明原因，采取调整钻井液性能、提钻、划眼等措施消除泵压过高现象，之后再继续钻进。

2.3.4 钻井液体系和配方设计

(1) 表层钻遇地层为地表风化带，成岩性差，岩钻头开孔直径相对较大，主要问题是井壁稳定、控斜、防漏，因一开裂隙发育，要注意地下水保护。因此，表层采用膨润土钻井液开钻，以利于下入表层套管施工的顺利进行，且能很好的起到控斜、防漏的作用，减少对周边地下水等方面的环境污染。

表 6-2-7 分段钻井液类型

开钻序号	井眼尺寸/mm	井段/m	钻井液体系
1	168	0～20	膨润土钻井液
2	127	20～390	低固相聚合物钻井液＋堵漏剂
3	95	390～1 000	低固相聚合物钻井液
4	75	溶洞底部—1 000	低固相聚合物钻井液

表层施工钻井液配方：

表 6-2-8 一开钻井液建议配方表

井段/m	基本配方及处理添加剂	
表层	基本配方	膨润土＋水

(2) 一开、二开及三开钻遇地层岩性以灰岩为主，可能有砂泥岩互层，裂缝发育，破碎，性硬，钻进过程中可能钻遇气层，泥岩吸水膨胀，井壁易剥落垮塌。因此钻井过程中，应着重做好防漏、防斜、防喷、防卡钻工作，同时为有效保护储层，应在满足钻井施工、保证工程安全的前提下，尽可能降低钻井液黏度、密度、固相含量和失水量。因此，本井段使用低固相聚合物钻井液体系，具备较强抑制性能、良好防塌能力、封堵造壁性能及润滑防卡作用，达到防塌、防漏、防喷、防卡目的。有利于保持井壁稳定；钻速快、对油层的损害小，特别是对水敏性的页岩地层抑制能力强，能够更有效地保护油气层。

一开、二开、备用三开钻井液配方：

表 6-2-9　二开、三开钻井液建议配方表

井段/m	基本配方及处理添加剂	
二开、三开井段含目的层	基本配方	膨润土：20～40 kg/m^3、NaOH：2～5 kg/m^3、Na_2CO_3：2～4 kg/m^3 KPAM：5～6 kg/m^3、NPAN：5～10 kg/m^3、CMC：10～25 kg/m^3、 KHM：5～10 kg/m^3、除硫剂：10～15 kg/m^3、$BaSO_4$：按需
	处理添加剂	CMC、堵漏剂、防塌剂等

表 6-2-10　分井段钻井液参数表

井深/m	密度/(g/cm^3)	黏度/s	滤失量/ml	泥饼/mm	PH 值	含砂/%	固相含量/%	备注
表层	1.08～1.15	20～40	<10	<2	8～9	<1		
一开/二开/三开	1.03～1.10	18～30	<10	<1	8～9	≤0.2	<15	

注：① 泥浆材料要准确添加，高分子材料提前浸泡，充分水解。② 性能参数每班必须测定，根据测定的性能参数针对本班钻遇岩层及时调整材料种类和加量，最大限度保护孔壁，并保障携砂能力、钻进效率等。③ 孔内情况发生变化，必须及时准确地调整钻井液性能。④ 采用 ZLN－1A 型苏式漏斗黏度计，在水温 20 ℃条件下流出 500ml 纯水时间为 15±0.5S。

2.3.5　取心设计和技术措施

取心技术措施：

(1) 取心器应具有单动、定位、悬挂、内管保护、调节、扶正、岩心堵塞报警、打捞安全脱卡和内管到位报信装置。

(2) 下钻前必须对取心器进行全面检查。

(3) 取心器应单动灵活、水路畅通，内管与钻头间隙适宜。

(4) 取心工具入井时，应认真丈量记录好钻具长度，量准确方能下井。

(5) 根据岩层性质选用钻头，钻头与卡簧配合尺寸要合理。

(6) 钻头内径与卡簧的自由内径必须合理配合。一般卡簧的自由内径比钻头内径小 0.3 mm 左右为宜。现场应配备大、中、小三种尺寸的卡簧以供选配。

(7) 严禁将弯曲钻杆和弯曲超限的内外管总成下入孔内。

(8) 回次进尺不得超过内管容纳长度，以减少震动破碎堵塞和磨损岩心。

(9) 依据岩石物理力学性质及孔深等因素选用适宜的钻头品种和结构型式。

(10) 合理选用钻进技术参数。钻进松散、破碎岩层时，应采用较低转速，小泵量，并限制回次进尺时间和进尺长度。

(11) 为了便于卡心，在回次终了前开一段慢速，使岩心变粗。适当控制打捞速度，以防产生抽吸作用，影响井壁稳定。

(12) 选取适用的底喷钻头，根据岩层硬度调节内外钻头间隙。

(13) 除每 100 m 丈量钻具外，见标志层，应及时排除井深误差。

表 6-2-11　取心工具表及井段

层位	取心井段/m	取心进尺/m	取心工具型号	取心钻头类型外径×内径
一开	0～400	380(预计)	S127 绳索取心钻具	金刚石取心钻头 127 mm×83 mm
二开	400～1 000	620(预计)	S95 绳索取心钻具	金刚石取心钻头 95 mm×64 mm
备用三开段	三开		S75 绳索取心钻具	金刚石取心钻头 75 mm×49 mm

2.4　井控工程

2.4.1　井控装置

(1) 井控装置的选择

表 6-2-12　主要井控装置选择

名称	型号	公称通径	额定工作压力
双闸板防喷器	2SFZ15－21	150 mm	21 MPa
节流管汇	JC－21	/	21 MPa
压井管汇	YG－21	/	21 MPa

(2) 井控装置示意图

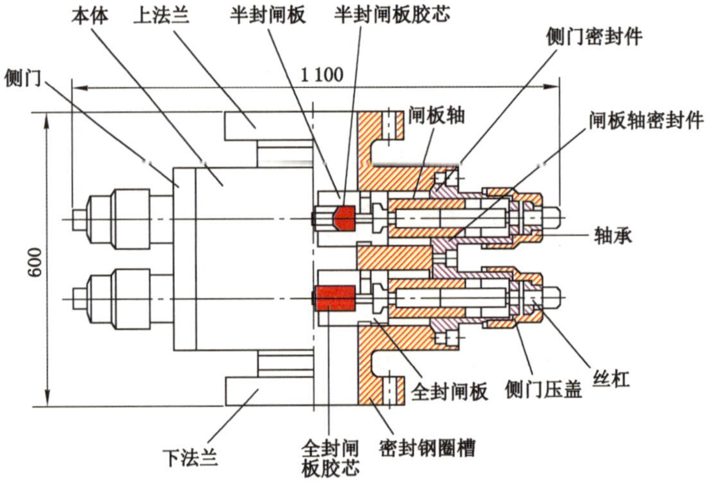

图 6-2-3　防喷器结构图

(3) 设备要求

① 防喷器控制系统控制能力应与防喷器组合相匹配,开钻前安装调试良好,方可开钻。

② 节流、压井管汇所装压力表量程应大于井控装置压力级别,压力表下应有阀门控制。

③ 钻井队按标准配备便携式气体监测仪、正压式空气呼吸器、充气机、报警装置、备用气瓶等,录井队安装固定式检测报警系统。

2.4.2　井控装置试压、检验措施

(1) 井口试压要求

按照工程设计要求，井架在布放前加高工作平台，方便一开后井口按装防喷器。防喷器按照完后，需要对防喷器及节流压井管汇就行试压。试压要求如表 6-2-13。

表 6-2-13　一开钻井口装置及试压要求表

名称	型号	试压要求		
		井口试压/MPa	稳压时间/min	允许压降/MPa
双闸板防喷器	2SFZ15－21	21	≥10	≤0.7
节流管汇	JC－21	21	≥10	≤0.7
压井管汇	YG－21	21	≥10	≤0.7

备注：必须安装一个全封闸板；试压一律采用自动记录装置；试压介质均为清水，密封部位无渗漏为合格；井口装置应做 1.4～2.1 MPa 低压试验，稳压 3 min，压降 0 为合格；节流、压井管汇按零部件额定工作压力分别试压，要求与防喷器相同；放喷管线试压 10 MPa，稳压 10 min 不降。

(2) 二开套管试压要求(三开结构)

二开地质套管设计下入溶洞以下 10～20 m，在固井结束 24 h 后试压，试压要求见表 6-2-14。

表 6-2-14　套管试压表

开钻次序	套管直径/mm	试压介质	试压值/MPa	稳压时间/min	30 min 允许压降/MPa
二开	114	清水	10	30	≤0.5
备注	试压压力均应小于或等于套管最小抗内压强度的 80%。				

① 全套井控装置用清水进行试压。防喷器、四通和管汇应做(1.4～2.1) MPa 低压试验和额定工作压力试压；节流管汇按各控制元件的额定工作压力分别试压，并做(1.4～2.1) MPa 低压试验。试压合格才能送往井场。

② 全套井控设备在井上安装好后，进行清水试压。

③ 井口设施、井控装置在现场安装完毕或更换部件后均应进行密封试压。

④ 钻开油气层前及更换井控设备部件，要采用堵塞器或试压塞重新试压。

⑤ 节流、压井管汇试压压力，节流阀前各阀应与闸板防喷器一致，节流阀后各阀应比闸板防喷器低一个压力级别。并从外往内逐个试压。

⑥ 各种内放喷工具试压到额定工作压力。

⑦ 打开油气层后，闸板防喷器每起下钻一次开关活动一次，各阀门每天开关一次，确保灵活好用。

⑧ 冬季施工时，节流、压井管汇、放喷管线必须采取防冻措施，保证管线内畅通。

⑨ 钻井防喷器除日常保养外，应定期进行检查，检查方式和检查部位应执行 SY/T 6160-2019《防喷器检验、修理和再制造》。

2.4.3 井控装置安装

(1) 安装防喷器前要认真检查闸板芯子尺寸是否与使用的钻杆相符，要求液控系统功能齐全，液控管线不得有刺漏现象。

(2) 井队技术员负责对所有防喷装置及附件进行现场全面检查，不合格者不得安装。

(3) 防喷器主体安装时应使安装液控管线一面向后，用 4 个直径 16 mm 以上钢丝绳或丝杠与井架底座固定。双公短节材质强度(钢级、壁厚)不低于所下套管的强度，按标准力矩上紧。各次开钻井口设备要按标准规定安装，要尽可能保证四通出口高度不变。

(4) 节流管汇、压井管汇及其所有管线、闸阀、法兰等配件的额定工作压力必须与防喷器的额定工作压力相匹配。长度要保证闸阀接在钻台底座之外，用细螺纹扣与法兰盘连接，中间不允许有焊缝。

(5) 井场设备安装要以井控为中心，放喷压井管汇方向不得有任何影响压井作业的设备和障碍物。一般情况下放喷管线平直安装，特殊情况下采用井控专用弯接头。放喷管线选用通径不小于 78 mm 的钻杆或专用放喷管线，每隔 10 m 处、转弯处及放喷口必须用水泥基墩固定牢固。压井管汇放喷出口相连的铸钢

(6) 弯管要接好并按要求固定，前方不应有障碍物，以备需要时加长放喷管线。采用钻杆作为放喷管线时，最外端应为钻杆公扣。

(7) 钻井液回收管线流程合理、固定牢固，通径尺寸不小于 78 mm，管材符合井控要求。

(8) 压井阀门端应以 ϕ51 mm 母扣由壬接出，以备与水泥车管线相连接。

(9) 按闸板防喷器数量配齐手动锁紧杆，锁紧杆手轮接出钻台底座外，手轮上要标明开关方向、开关圈数及锁紧和解锁状态。各阀门手轮完好、开关灵活，挂牌编号(或将编号印于阀门本体上)，并标明开关状态。

(10) 液控管线使用高压耐火隔热软管并架离地面，排列整齐并采取保护 措施。控制系统压力保持在工作压力范围，自开钻之日起控制台主令开关应始终处于“自动”状态。一般情况下，在确定防喷器已处于全开的位置后，各防喷器的控制手柄置于中间位置。在确认液动放喷阀关闭后，操作手柄置于中间位置。

2.4.4 井控重点要求

按《石油天然气钻井井控技术规范》(GBT 31033—2014)和《钻井井控装置组合配套、安装调试与使用规范》(SY/T 5964—2019)的要求执行。

(1) 一级井控重点要求

① 一开保证井眼规则稳定，按设计深度下套管，采用插入法固井，水泥浆返到地面，否则要补打水泥帽。

② 钻井施工过程中严格执行设计，遇有特殊情况可调整钻井液密度，保证安全施工。

③ 在距离最浅油气层 200 m 前必须作准备工作，并按钻井液设计要求储备重钻井液。

④ “钻开油气层”的有关规定：

a. 钻井液密度及其他性能参数没有达到设计要求，不能钻开油气层。

b. 钻井液和加重剂未储备或储备不足、加重设备有问题，不准钻开油气层。

c. 井控系统未按标准配套、安装、试压或试压不合格，不准钻开油气层。

d. 防喷措施不落实，不准钻开油气层。

e. 未进行防喷动员和防喷演习，不准钻开油气层。

f. 现场没有值班干部，不准钻开油气层。

g. 未经验收、无钻开油气层申请书、未经主管技术人员签字批准，不准钻开油气层。

⑤ 钻进中应有专人观察记录钻井液出口管，发现钻井液面升高，油气侵严重，钻井液密度降低，黏度升高等情况应停止钻进，及时汇报，采取相应措施。

⑥ 下钻要控制速度，防止压力激动造成井漏。必须分段循环，防止后效诱喷；下钻到底先顶通水眼，形成循环再提高排量，以防憋漏地层中断循环，失去平衡造成井喷。下钻要注意悬重变化和钻井液返出量是否正常，若连续 3 柱悬重增加不明显和钻井液返出量过大，可能钻头水眼被堵，应停止下钻灌满钻井液，接方钻杆小排量顶通，如开泵不通，必须灌好钻井液，再低速档起出钻具。

⑦ 钻至油气层，按地质要求循环观察，不得一次钻穿。钻开油气层后起钻，应循环两周以上，达到进出口钻井液密度平衡，并进行短程起下钻测试油气上窜速度。起钻要连续灌满钻井液并核对灌入量，发现拔活塞时要立即下入正常井段，开泵循环，正常后方可继续起钻。要控制起钻速度，防止抽吸诱喷。起钻完要及时下钻，待下入井内一定数量钻具后再检修设备，尽量缩短空井时间。

⑧ 完井电测时要专人观察井口，每测一次灌满一次钻井液。测井过程中发生溢流，应首先考虑切断电缆按空井溢流处理。若电测时间过长，应及时下钻通井。认真做好防火工作，井场按消防规定备齐消防器材，电器设备、照明器具、输电线路及其开关符合安全规定和防火防爆要求，钻台与机泵房下面应无积油。

⑨ 闸板防喷器芯子必须与钻杆尺寸相符。

⑩ 固井中发生井漏要往环空灌钻井液，强行固井。固井完两小时内装好井口，防止水泥失重造成井喷。若存在易漏层或浅气层，应先备有环空灌钻井液装置后，再固井。

（2）二级井控重点要求

① 防喷器的安装及使用要点：

a. 试用手动锁紧装置关闭及锁紧闸板，检查是否灵活好用。

b. 发生溢流关井时用闸板防喷器的全封闸板封闭空井，用半封闸板封闭与闸板尺寸相同的钻具。需较长时间关闭时，应手动（或液动）锁紧闸板并挂牌标明开关和锁紧情况，以免误操作。锁紧或解锁后，手轮均不得强行扳紧，扳到位后回转（0.25－0.5）圈。

c. 当井内有钻具时，严禁关闭全封闸板。

d. 进入目的层，每天应开关半封闸板一次，检查开关是否灵活；每次起钻完，还须检查全封闸板开关及手动锁紧装置开关是否灵活。

e. 手动放喷阀、闸板处于浮动状态才能密封，因此，开关到底后必须再回转（0.25～0.5）圈，严禁开关扳死。

f. 液动放喷阀，只用在井喷开始时作打开放喷，因此在（1～3）s 内即可开关。严禁井内高压关闭的情况下用来泄压和节流，泄压可用针形阀进行。进入目的层，每起下钻一次，应开关活动液动防喷阀（1～2）次。

② 控制系统的安装及使用要点：

a. 远程控制台摆放在钻台侧前方，距井口有足够的安全距离。

b. 司钻控制台安装在钻台上司钻工作位置附近，便于司钻操作。

c. 专线供电，线路安置在专用电缆盒或高架空中 3.5 m 以上，保持连续供电。

d. 不允许在储能器旁堆放氧气瓶，储能器只允许充氮气。

e. 正常钻进时，每周应全面检查一次控制系统，接近油气层时，每天检查一次。

③ 熟练"四・七"动作操作程序，钻开油气层前进行一次"四・七"动作演习。熟练掌握司钻法、工程师法的压井方法。

④ 井控装置始终保持灵活好用，应按规定检查、维护、保养，定人定岗。

2.4.5 井控安全措施

(1) 防火、防爆重点措施

① 井场严禁使用明火、不准吸烟。必须动火或使用电气焊时，实行动火申请制度，应远离井口、泥浆循环罐等危险区域，在有可靠的防火措施下实施动火。

② 井场必须按照消防规定配备消防灭火器具，岗位人员要会操作、维护保养。消防工具房不能上锁。

③ 井场区电路防爆，井场区室内外照明一律装防爆灯，电线一律不得使用裸线，使用防爆开关，夜间必须有足够专线控制的探照灯。

④ 柴油机排气管不破不漏，并有冷却灭火装置，其出口与井口相距 15 m 以上，出口方向背离井口和循环系统。

⑤ 经常清除钻台上下、机泵房的油泥和杂物，保持清洁。

⑥ 液气分离器、放喷管线出口尽量离井口远些，燃烧筒出口处设置有点火装置，并有防火墙或隔离带。

⑦ 施工单位须联系与井场最近且有相应救火消防能力的地方消防队查看井场路线，发生险情时能及时到位。

⑧ 井队制定详细的防火、防爆措施并落实，确保危险区域内不出现任何火花。成立火灾应急领导小组，当班值班干部是应急领导小组成员，一旦发生险情，执行应急程序。

⑨ 确定明确的火警信号。

(2) 井控安全预案

① 必须严格执行《石油与天然气钻井井控技术规定》。并制订相应的预案和技术措施，确保一次井控成功。

② 钻井队应准备一定数量的重晶石粉加重剂和重泥浆。防止地层中的游离气聚集造成液柱压力失去平衡而出现井涌。

③ 进入含油气地层前，要求所有上岗人员熟悉井涌、防喷防火知识，掌握相关制度和操作规程，并定期组织防喷防火演习。

④ 进入目的层时要严格执行坐岗观察制度，以及时发现溢流现象和井涌，并立即采取措施控制井喷。

⑤ 钻进中如发现蹩钻、跳钻、钻速突然加快、放空、井漏、泵压下降、油气侵、钻井液黏度增高、密度降低等情况，立即停钻，上提钻具观察，做好井控准备。

⑥ 进入目的层后，起钻时每三柱灌满泥浆，保持井眼内的液柱压力；同时严格控制起下钻速度，在正常情况下起下钻速度不得超过 20 m/min，特别要注意防止拔活塞和压力激动。

⑦ 落实岗位制度和干部 24 h 跟班制度，填好坐岗观察记录，及时发现气侵和井涌情况。

⑧ 井场不准抽烟，动用明火时，必须采取相应的消防措施。

⑨ 井场一律使用防爆电路。

（3） H_2S 及 CO 等有毒有害气体的防护措施

① 含硫气井严格执行 SY/T 5087—2017《硫化氢环境钻井场所作业安全规范》，防止 H_2S 或 CO 等有毒有害气体进入井筒、溢出地面，最大限度地减少井内管材、工具和地面设备的损坏，避免环境污染和人身伤亡。

② 当检测到空气中 H_2S 浓度达到 15 mg/m³(10 ppm)或 CO 浓度达到 31.25 mg/m³(25 ppm)阈限值时启动应急程序，安排专人佩戴正压式空气呼吸器到危险区检查泄漏点；按应急预案及时处理。

③ 井喷失控后，由专人负责测定井口周围及附近天然气和 H_2S 等有毒有害气体含量，划分安全区域，用醒目标志提示。在非安全区域的工作人员必须佩戴正压式呼吸器。

④ 钻井队技术人员负责防 H_2S 或 CO 安全教育，队长负责监督检查。钻开油气层前，钻井队应向全队职工进行井控及防 H_2S 或 CO 安全技术交底，并充分做好 H_2S、CO 的监测和防护准备工作，对可能存在 H_2S 或 CO 的层位和井段，及时做出地质预报，建立预警预报制度。

⑤ 按钻机选型及钻井主要设备表的要求配备固定式多功能气体检测仪、便携式复合气体监测仪、正压式空气呼吸器。

⑥ 在井架、钻台上、井场盛行风入口处等地应设置风向标，一旦发生紧急情况，作业人员可向上风方向疏散。

⑦ 在气体易聚集的场所，应安装防爆排风扇以驱散工作场所弥漫的有毒有害、可燃气体。防爆电风扇吹向应科学合理，不得吹向明火或可能散发明火及人员工作、生活区。

⑧ 含硫地区要加强对钻井液中 H_2S 浓度的监测，防止 H_2S 的溢出。井场要储备一定量的除硫剂，钻井液密度取上限值、PH 值控制在 9.5 以上直至完井。

⑨ 含硫油气井作业相关人员上岗前应按 SY/T 6277—2017《硫化氢环境人身防护规范》接受培训，熟知 H_2S 或 CO 防护技术等，经考核合格后上岗。

⑩ 当在空气中 H_2S 或 CO 含量超过安全临界浓度的污染区进行必要的作业时，应按 SY/T 5087—2017《硫化氢环境钻井场所作业安全规范》中的相应要求做好人员安全防护工作。

（4） 井控检查措施

① 对全套钻井设备，重点对井控设备、井控管理制度的落实及执行情况、防火、安全生产意识及设施、钻井液材料及钻井液加重材料的储备情况进行全面的检查，对查出问题及时进行整改。

② 技术交底。交底的主要内容包括：所钻油气层的基本岩性，油气层压力情况，钻井队主要工艺技术措施，设计钻井液密度，钻井液储备要求，井控物资储备情况；“关井程序”的实施要求和坐岗制度的落实等。

③ 明确和落实干部 24 小时值班制度。

④ 钻井队从进入油层前 50 m 开始，每只钻头到井底应做钻井液泵的低泵冲试验，试验排量为正常循环排量的 1/2—1/3，井队技术员要在报表中填写清楚，以便压井参考。

（5） 井控技术措施

参照《GB/T 31033—2014 石油天然气钻井井控技术规范》要求进行。

① 井控设备安装要求

a. 钻井井口装置包括防喷器、四通及法兰短节等。

b. 防溢管宜采用两半组合式，其与防喷器用螺栓连接，密封可用金属密封垫环或专用橡胶圈，对未使用的顶盖螺纹采取保护措施。四通、套管头的安装应符合 SY/T 5964—2019 中的相应规定。

c. 防喷器各部位连接螺栓齐全并对称旋紧，螺栓两端余扣 2～3 扣，法兰间隙均匀；密封垫环槽、密封垫环清洁干净，并涂润滑脂安装。防喷器旁侧孔应面对大门坡方向，液压管线接口端应面向绞车方向。

d. 防喷器上部安装挡泥伞。挡泥伞宜设计成倒伞型，在平底部设置一到两个钻井液排放口；对井架底座较低的，可安装平面型挡泥伞，并在伞外沿安装挡板。

e. 天车、转盘、防喷器组三者中心线偏移量不大于 10 mm。

f. 防喷器组用 16 mm 钢丝绳和花篮螺丝四角绷紧固定，不得妨碍其他操作。

g. 手动操作杆操作手轮宜在井架底座外，靠手轮端支撑牢固，其中心线与锁紧轴之间的夹角不大于 30°，并配备计数装置。如钻机底座过高则应加装操作台，且保证手轮之间不相互干扰。天然气井可考虑增加手动锁紧杆长度及加装手轮防护板。

② 井控演习要求

a. 二开及以后各次开钻前、特殊作业（取心、测试、非常规完井等）前应进行防喷演习，并保证在一个月内进行四种不同工况至少各一次防喷演习，特殊情况可加密演习频次。

b. 防喷演习后，机长、值班干部、技术员应进行讲评，同时认真检查井控装备工作状况。

c. 钻井队要留有参加演习人签字的演戏记录。

③ 井控岗位要求

a. 井控工作是钻井安全工作的重要组成部分，单位负责人是井控工作的第一责任人。

b. 各级负责人按谁主管谁负责的原则，应有职、有权、有责。

c. 凡直接指挥钻井队现场生产的领导干部、技术人员、钻井监督、钻井队干部、正、副机长、安全员和班长都应经过培训考核取得井控操作证。没有取得井控操作证的领导干部和技术人员无权指挥生产，工人不得上岗操作。凡未取得井控操作证而在井控操作中造成事故者要加重处罚。

d. 按井控要求坐岗。凡坐岗人员上岗前必须经过技术培训。

e. 坐岗记录包括时间、工况、井深、起下立柱数、钻井液灌入量、钻井液增减量、原因分析、记录人、值班干部验收签字等。发现异常情况应立即报告机长。

f. 二开后钻井队干部必须坚持 24 h 值班，值班干部应挂牌或有明显标志。值班干部应检查监督井控岗位执行、落实制度情况，发现问题立即整改。试压、演习、溢流、井喷、井下复杂等特殊情况，必须在场组织、指挥机长尽快处理。

④ 加重材料储备

现场储备适量的重晶石和 CMC 用于配置密度 1.15 g/cm^3 以上的钻井液。

2.4.6 钻开油气层前的准备和检查验收

（1）各次开钻前，应进行井控检查验收，验收合格后方可开钻。

（2）开钻前，在值班房内张贴钻井施工设计大表、“四.七”动作图解、井控工作大表、安全生产和技术管理制度，探井要有“四条曲线”。应根据地质、工程情况制定防火及防井喷事故的应急预案。

(3) 钻开油气层前钻井队应做工作:

① 进行地质、工程和应急预案等措施交底,明确职责和分工。

② 钻井液性能符合设计要求,并按设计要求备足重钻井液、加重材料和处理剂。对于距离远、交通条件差和地面环境复杂的井,应适当提高应急物资储备标准。

③ 井控装置及专用工具、消防器材配备齐全,防爆电路及电气设施性能良好、运转正常。

④ 钻开油气层前,各班组按正常钻进、起下管柱、起下钻铤和空井 4 种工况分别进行防喷演习,达到规定的关井要求。

⑤ 进出井场的道路要保持畅通。

(4) 落实井控演习制度,开钻前和钻开油气层前,钻井队应进行井控演习。井控演习应以每班每月每种工况不少于 1 次为宜。演习情况要按规定做好记录。现场服务的其他 专业人员同时参加演习。

(5) 实行 24 h 干部值班制度。钻井现场应有井队干部跟班作业,组织钻井班组认真执行钻井设计和各项井控措施。

(6) 严格执行钻开油气层前申报验收制度。钻开油气层前 200 m,井队应及时向项目组汇报,由项目组进行现场检查验收。验收合格并经批准后,方可钻开油气层。

(7) 安装防喷器到完井,安排专人 24 h 坐岗并填写坐岗记录,每 15 m 填写 1 次,内容包括施工情况、井深、钻井液变化量及原因、钻井液性能等数据。钻进时由井架工负责坐岗,起下钻时由钻井液工负责坐岗。坐岗人员发现异常情况必须立即报告司钻。

(8) 钻开油气层前 100 m 开始,每天做低泵速试验,记录排量和相应循环压力。

(9) 钻井液储备和加重材料要求:按钻井液设计部分要求执行。

2.4.7　进入油气层的井控要求

(1) 做好地层压力监测工作,加强地层对比,及时预告下一步的地质状况;进入油气层前(50～100)m,按照设计下部井段最高钻井液密度值,对裸眼地层进行承压能力检验,确保井筒条件满足井控要求。

(2) 发现设计地层压力与实钻不符时及时报告;变更钻井液设计须经批准;紧急情况下可先处理、后补报。

(3) 钻进中遇到钻速突然加快、放空、蹩钻、跳钻、气测异常及油气水显示等情况,应立即停钻停泵观察。发现溢流应立即报告司钻及时报警,报警溢流量不超过 1 m^3,应关井导流并及时采取循环压井措施。

(4) 钻开油气层起钻前,循环钻井液 2 周以上,达到进出口密度平衡。应计算油气上窜速度或进行短程起下钻测试,控制其不超过 15 m/h。

(5) 控制起钻速度,防止抽吸诱喷。连续灌满钻井液,并校核灌入量。起完钻要及时下钻,严禁空井检修设备。

(6) 下钻应分段循环,防止因后效引发井控复杂,确保满足安全需要。

(7) 进行钻杆测试、测井、完井等作业时,要严格执行安全操作规程和井控措施,避免发生井下复杂情况和井喷事故。

(8) 发生卡钻需泡油、混油或因其他原因需降低井筒液柱压力时,应确保不小于裸眼段地层最高压力。

2.4.8 溢流和井漏处置及关井要求

（1）发现溢流、井漏及油气显示异常应立即报告司钻，确保快速控制井口。

（2）发现钻井液气侵应及时排除，未经除气不得重新入井。对气侵钻井液加重应停止钻进，严禁边钻边加重。

（3）起下钻发生溢流时，应尽快关井，关井后应及时求压和求取溢流量。

（4）发现溢流关井时，关井最高压力不得超过井控设备额定工作压力、套管抗内压强度的 80％和地层破裂压力三者中的最小值。在允许关井套压值内严禁放喷。

（5）空井关井后，应根据溢流严重程度，分别采取强行下钻分段压井法、置换法和平推法等方法进行处理。

（6）压井施工作业应有详细设计，施工前应进行技术交底、设备检查，落实岗位人员。压井结束后应认真整理压井作业单。

（7）钻进中如发生井漏，应提钻观察，处理时应遵守“先保持压力，后处理井漏”的原则。

2.4.9 下套管固井井控要求

（1）下套管前应更换与套管外径一致的防喷器闸板心子并试压合格。

（2）下套管应确保油气上窜速度小于 10 m/h，固井前应确定井眼承压能力。

（3）固井及候凝过程中应确保井筒液柱平衡地层压力，候凝时间未到，不应进行下一步工序作业。

（4）固井和候凝期间，应安排专人坐岗观察。

2.4.10 取心井控要求

（1）井口配备取心绳索剪切设备，一旦井口失控可以快速剪断取心绳索，做到立即封井。

（2）在取心施工过程中注意井内钻井液情况，一旦发现井口钻井液出现溢流，立即通知井队长。

（3）一旦发生井口失控，立即停止作业，控制一切火源，在现场的统一指挥下用井口设备剪断取心绳索，立即关闭井口。

2.4.11 录井井控要求

（1）结合钻井队应急预案，录井队应编制防井喷应急预案，参加联合应急演练。

（2）综合录井仪应能为现场监督和司钻提供终端显示。

（3）现场录井人员应加强地质分析，在钻开油气层前向井队提出预告。钻开油气层后，每次起下钻均应测量油气上窜速度、进行后效录井等。

（4）录井过程中发现油气显示或硫化氢显示，应先向司钻报告，同时向现场监督、值班干部报告。

（5）钻井队在起下钻、检修设备、电测等非钻进过程中，录井人员应坚持坐岗观察溢流，发现溢流应及时通知当班司钻，提供井控相关资料。

（6）录井作业应按标准安装固定式气体检测报警系统 及声光报警系统。现场录井人员每人应配备一套正压式空气呼吸器和必要的便携式硫化氢检测仪。井口、振动筛、钻井液罐等部位应安装固定式硫化氢检测仪探头。

（7）若发生井喷或硫化氢浓度超标，按井队应急预案统一行动。

2.4.12　测井井控要求

（1）测井对井口设备的要求

井口有剪切电缆设备，一旦井口失控可以快速剪断测井电缆，做到立即封井。

（2）测井井控预防措施

测井施工小队必须严格按测井操作规程精心组织施工，如果测井作业时间超过规定时间，井队必须通井循环钻井液。如果井内复杂，测井仪器在井内遇阻卡严重时，必须要求井队通井循环钻井液。

在测井过程中，钻井队和测井队都应派专人井口值班，负责检查和观察测井设备的运行情况，注意井内钻井液情况，一旦发现井口钻井液出现溢流，立即通知井队和测井小队长。

井口一旦发现轻微的钻井液溢流时，测井队在小队长的组织下，安全、快速将仪器取出井口（同时立即向井队通报），以便井队立即采取措施压井。

（3）井口失控应急要求

在测井过程中，一旦发生井口失控，立即将测井绞车停车熄火，控制一切火源，在现场的统一指挥下用井口设备剪断测井电缆或射孔电缆，立即关闭井口。

2.4.13　井喷失控处理要求

（1）事故单位应立即启动应急预案，专人收集资料并在 1 h 内报应急指挥办公室。

（2）迅速成立现场抢险指挥组，制定抢险方案，统一组织领导，专人负责。

（3）现场施工指挥。

（4）测定井口周围及附近天然气和硫化氢气体含量，划分安全范围，撤离危险区人员。

（5）要防止着火和爆炸，尽快由四通向井内连续注水，用消防水枪向油气柱及井口周围大量喷水。并迅速做好储水、供水工作，同时将氧气瓶、油罐等易燃易爆物品脱离危险区。

（6）关井后，若井口压力超过允许压力需放喷时，应在放喷口先点火后放喷。

（7）井口着火后，根据火势情况可分别采用密集水流法、大排量高速气流喷射法、引火筒法、快速灭火剂综合灭火法、空中爆炸法以及打救援井等方案灭火。

（8）井喷失控时，立即停车、停炉、断电，在警戒线以内严禁一切火源，并有专人警戒。

（9）在人员的生命受到巨大威胁、人员撤退无望、失控井无希望得到控制的情况下，作为最后手段应按抢险作业程序对油气井井口实施点火。

（10）抢险时，要清除井口周围及抢险道路上的障碍物，充分暴露井口。未着火清障时应用水力切割，严防着火，已着火井可带火清障。同时准备好新的井口装置、专用设备及器材。

（11）应采用整体换装法更换新的井口装置，换装中采取扶正导向等安全有效措施。换装新井口装置前，必须进行技术交底和演习，换装过程中应不断向井内注水和向井口油气柱喷水。

（12）处理井喷抢险过程时，必须做好人身安全防护工作，避免烧伤、中毒、噪音等伤害。

2.5　完井设计

（1）封孔设计

钻孔终孔后，地质组按有关规定下达封孔设计书。设计书应详细注明封孔孔段、封孔材料、封孔方法及注意事项。

(2) 封孔各阶段工作方法及技术要求(以采用水泥作为封孔材料为例)

① 洗孔:采用泥浆钻进的钻孔,应根据实际情况自下而上清洗封闭孔段上的孔壁泥皮。根据实践经验,一般采用稀泥浆洗孔为好,以防止用清水洗孔导致孔壁坍塌,从而影响钻孔的封闭质量。

② 架桥:一般常用1.0~1.5 m杉木制成木塞,木塞外径比钻孔口径小一些、外边钉上2~3排钢丝倒刺、下头削成圆锥形、上部锯平并钉上较钻孔口径大一到二级的胶皮(防止水泥浆漏失),用钻杆送到预定位置。

③ 材料:必须使用425标号以上存放期不超过三个月的水泥作为封孔材料,过期或者结块的水泥禁止使用。

④ 水灰比:水灰比直接决定封孔成败。实践证明,水灰比不能大于0.5(水灰比即水与水泥的重量比)。因此,在封孔操作中要严格控制用水量,用水一定要过称或用称过的水桶来量。

⑤ 灌注方法:灌注方法选择是否恰当也是封孔成败的关键之一。实践证明:除没有水位的干孔可采用孔口倒入法外,其余钻孔在封闭时均应采用泵灌法,否则难以保证封孔质量。

⑥ 灌注:灌注钻具一般不带粗径钻具(特别是采用金刚石钻进时),以防止灌注时钻具被卡;灌注钻具出口一般离桥面0.5 m为宜;灌注时一般不要随意提动钻具,如灌注段长且泵压过高时可适当提动钻具,但不能提离水泥浆液面。

水泥用量的计算:常用计算公式为$W = KVQ$,式中W-水泥用量;K-附加系数,一般取1.2-1.4;V-灌注段理论容积,$V = 0.785D2h$,D为钻孔直径,h为灌注段长度;Q-配制1公斤水泥浆的水泥用量,$Q = \gamma$水泥$/(1 + m\gamma$水泥$)$,γ水泥为水泥比重,常用$3.05 \sim 3.20$,m为水灰比。但在实际使用中,要根据被封孔段的岩性与钻孔口径来决定。经验数据是:ϕ75金刚石钻进钻孔每50 kg水泥可封6~10 m;ϕ95金刚石钻进钻孔每50 kg水泥可封3~5 m;ϕ110金刚石钻进钻孔每50 kg水泥可封2 m左右。

⑦ 替水:灌注完后,用一定数量的清水把钻具和管路中的水泥浆压出即替水。但替水量的控制是非常重要的,常用的计算公式如下:

$$V = K(L - l)Q + V\text{地} \qquad (式6\text{-}2\text{-}1)$$

式中 V——替水量,L;

L——钻杆长度/m;

l——静水位距孔口距离/m;

$V_{地}$——地面管路容积(约40~50 L);

Q——每米钻杆容积(ϕ50钻杆1.20 L/m,ϕ42钻杆0.80 L/m);

K——压水系数,常取0.8。

当把这些清水压完即可提钻,将钻杆提离水泥浆面一定高度后即可清洗钻杆和管路。

⑧ 候凝:候凝的目的是探孔。因此,为缩短候凝时间,常在水泥浆中加入氯化钠或三乙醇胺等速凝剂,其加量为水泥用量的0.5%。

⑨ 探孔:探孔是确定封孔位置准确与否的一个重要工序,经探孔证实封孔位路准确后方可按设计继续往上封上一层或孔口。一般在候凝8小时后,用带木塞的岩心管下钻去探

孔，钻具快达到预定位置时应放慢下钻速度，以避免影响水泥浆的终凝强度。

⑩ 两段一并封闭：当需要封闭的二段相隔较近且钻孔口径较小时，为节省封孔的架桥和候凝探孔时间，常采用两段一并封闭的办法。

孔口的封闭：当地质要求用水泥封孔口的 2～5 m 时，一般也应用架桥的办法。无水位时，可以采用孔口倒入法封闭，封完后再插入孔口标志，井口标志要求为 500 mm * 500 mm * 500 mm 的土墩。

封孔后，机长应将钻孔封孔设计和封孔记录送交设计部门和施工管理部门存档。

第 7 篇　大口径工程井施工技术

1　概述

1.1　大口径工程井发展历程

用机械方法施工大口径工程井最早的是荷兰，于1927年采用多级扩孔回转钻进法钻进直径2.7 m、深达130 m的竖井。此后许多国家相继用钻井法进行矿山竖井施工。

中国1959年建造水库土坝时，在防渗墙施工中曾用冲击钻打直径1 m、最深53 m的成排钻井。80年代以来，在许多与各种基础桩、挡土墙、集水井和地下连续墙相关的施工中采用了大口径工程井，如直径达3 m、深度50～60 m的重庆长江大桥基桩孔，宽1 m、深30 m、长200 m的上海宝山钢铁总厂地下连续墙的槽孔。

1.2　大口径工程井研究现状

近年来，随着国家经济的发展和人民生活水平的不断提高，国家对矿山安全的监管越来越严、要求越来越高，2018年1月1日，我国首个绿色矿山建设标准《固体矿产绿色矿山建设指南(试行)》(T/CMAS)正式实施，其明确规定矿山企业应最大限度地减少废料的产出、排放，提高资源综合利用率。在此背景下，作为绿色矿山建设的一项重要内容，以安全、减能、高效为目的所实施的矿井瓦斯抽采、输冰降温、强排水、通风、送料、下电缆以及矿山救援逃生等用途为一体的大口径多功能井越来越受到各矿山企业的青睐。

针对大口径工程井这一新兴、潜力巨大的钻井领域，国内地勘单位先后进入该施工领域，目前尚未形成一套系统完整的钻井技术以及与之相配套的施工设备和器具。现主要采用水井、浅层石油钻井设备和器具，因受选定设备性能局限，及大口径工程井自身特点，目前大口径工程井施工采用传统正循环回转钻进、分级扩孔工艺方法，据不完全统计，该类工程因机具、钻井、完井等多方面因素影响，工程成功率只有50%左右。

1.3　大口径工程井井型特征

大口径工程井钻遇的地层多是沉积岩地层，但钻遇的地层情况比较复杂，不同地区变化比较大。如在河南豫东地区和安徽淮南地区新近系地层较厚，一般300～500 m，厚的达800 m左右，主要由黏土类、砂类地层组成，其中有的高膨胀性黏土层几十米厚，井眼缩径严重，钻进时要经常划眼，下管时要防止“抱管”；基岩风化带几十米，钻井时漏失，下管时遇阻；基岩层中砂岩、泥岩互层，地层软硬变化大，易造成井斜。在河北邢台地区，第四系冲积层含有多层卵砾石层，厚度几米到几十米不等，卵石粒度直径 100～600 mm，以火成岩、硅质砂岩为主，硬度在 6 级以上，卵砾石间由流沙充填，回转钻进难度极大，且漏失严重。在山西柳林地区，新近系地层虽不厚，但上部的覆盖层有回填矸石，开孔时漏失严重；中部的二叠系石盒子组砂岩和长石石英砂岩岩石坚硬，可钻性级别达 7 级，扩孔钻进难度极大；下部的二叠系山西组含有多层煤，煤层较厚，煤层与顶底板岩石硬度差别大，易造成钻孔弯曲。

综上所述，大口径工程井钻遇地层岩性多样，条件复杂。上部胶结程度差，易塌易漏，下部软硬互层多，难钻易斜。因而在施工过程中，必须根据地层特点和孔内情况，及时采取相应的技术措施，调整相应的钻进参数，才能保证孔内安全和较快的钻进速度。大口径工程井特点可以概括为“五大一严”即井眼直径大、套管直径大、套管重量大、下管风险大、固井难度大、井斜要求严。

2　钻前工程

2.1　井场布设

井场面积及布置应符合钻井施工作业、吊装施工作业等要求，目前公司实施大口径工程井常用水源 TSJ2000、RPS-3000 型工程钻机和 GYD-20L 全液压多功能钻机等小型钻井设备。

井场要求：施工场地要平整，场地标高和运输进场道路高度尽量一致，场地内首先安装起吊设施、布置钻机基础、导孔钻进排渣循环池、摆放主机、泵站、钻杆、循环泵等。井场布设详细步骤及要求可参考第二部分 2.2 章节。

2.2　设备选择

大口径工程井设备的选择要考虑足够的附加系数，设备功率要尽可能大。一方面可减少因设备能力问题造成的井内事故，另一方面可提高钻井效率，减少施工作业时间，降低钻具的磨损，并应符合钻井施工作业等规范要求，钻井设备与安装详细步骤及要求可参考有关章节。

2.2.1　正循环气动潜孔锤施工工艺设备机具

目前采用正循环气动潜孔锤钻井技术的大口径工程井普遍使用水源 TSJ2000 钻井设备，其设备机具配套见表 7-2-1，TSJ2000 钻机性能参数见表 7-2-2。

表 7-2-1　正循环气动潜孔锤施工工艺设备机具配套

序号	名称	型号	功率	备注
1	钻机	TSJ—2000	110 kW	
2	底座	9 m*6 m*2 m		
3	井架	24.5 m A 型/50T		
4	天车	750 kN		
5	游动滑车	750 kN		
6	大钩	750 kN		
7	水龙头	750 kN		
8	钻井泵	TW850/50	5 MPa	
9	动力机	12 V135	309 kW	
10	空压机	阿特拉斯 1070P	2.4 MPa	排量 30.3 m^3/min

表 7-2-2　TSJ-2000 水源钻机性能参数

钻进深度(ϕ114 mm、ϕ89 mm 钻杆)/m		1 500～2 000
转盘通径/mm		ϕ660
转盘转数(正、反)/(r/min)		37 52 84 145
转盘输出最大扭矩/(kN·m)		21
卷扬机单绳最大提升能力/kN		90
卷扬机提升速度(按第二层计算(m/s)		0.84、1.90、3.3
离合器输入转速/(r/min)		730
游动系统		4×5
使用动力	柴油机型号	6135AD—3 150HP
	电动机型号	Y315S—4 110 kW
外形尺寸(长*宽*高)/mm		4320×2300×1290
主机重量(不含动力/kg)		7820

空气潜孔锤钻进施工中，需要考虑 3 个方面问题：第一无水地层钻进灰尘大影响周边环境和作业人员健康；第二当钻具内空气量大、压力大时，加杆排余气时间长、辅助时间增加；第三采空区裂隙漏风影响排渣效果、碎屑岩地层随井深增大供风量加大井壁冲刷而影响稳定及超径段影响排渣效果。针对上述三点问题，为保证钻井正常进行，需配置特殊机具：

(1) 井口密封除尘装置：钻进无水碳酸岩地层、碎屑岩层，钻进中灰尘大，影响周边环境和人员健康，钻井设备底座(操作平台)高度多在 3 m 以内，在井管上连接简易井口密封除尘装置(图 7-2-1)，除尘时连接抽水泵注水除尘，注水量根据钻进速度将钻进产生的灰尘完全除去，一般 8～10 m^3/h。

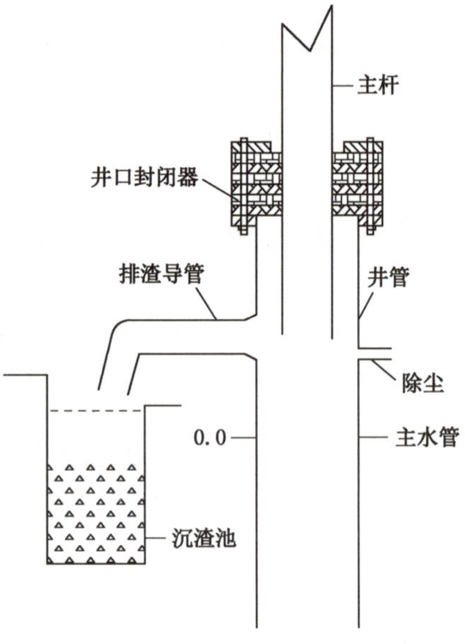

图 7-2-1　井口除尘装置

(2) 单向阀：防止钻具内空气逆向流动，加在钻具上可有效防井底余屑上返堵塞潜孔锤及减少加杆排气降压、起压时间，缩减辅助工作时间和潜孔锤堵塞故障发生。

(3) 旁通阀：空气潜孔锤钻井随着井深增加及钻遇复杂情况(井内涌水、裂隙漏风、井壁轻微掉块)需增加供风量，供风量的增加使潜孔锤风量过盈致潜孔锤非正常磨损、减少其使用寿命及增大井壁冲刷加剧欠稳定井段失稳；同时复杂井况使局部井段排屑困难，在钻具一定位置设旁通阀，满足潜孔锤正常工作外的余气从旁边通眼返出，从而实现防风量过盈磨损潜孔锤、减弱井壁冲洗和接力排屑。

2.2.2　反循环气动潜孔锤施工工艺设备机具

采用反循环气动潜孔锤钻井技术的大口径工程井所用设备与采用正循环气动潜孔锤钻井技术的大口径工程井设备基本相同，但使用的方钻杆和钻杆均为双壁钻杆。

双壁钻杆：又称双层钻杆，由内、外两层钻杆（称内管和外管）所组成，内、外管之间构成环隙，是水力输岩钻进、中心取样钻进时，向孔底泵送冲洗介质的通道。内管中心孔是排出冲洗介质固定成一个整体，每根双壁钻杆之间以外管的丝扣进行连接，保证传递扭矩和压力，而内管之间多采用插接方式，一般只起流通冲洗介质的作用，因此，插接处要设密封装置。

2.2.3　正循环常规钻井施工工艺设备机具

目前采用正循环常规钻井技术的大口径工程井普遍使用 RPS-3000 型工程钻机钻井设备，其设备机具配套见表 7-2-3，RPS-3000 型工程钻机性能参数见表 7-2-4。

表 7-2-3　正循环常规钻井施工设备机具配套

序号	名称	型号规格	备注
1	钻机	RPS-3000 型钻机	钻井施工
2	钻塔	31 m 石油人字型钻塔	
3	柴油机	WD12.375	
4	钻井泵	3NB-1000 型	引导孔施工
5	动力电机	200 kW（2 台）	供电
6	测斜仪	XQY 一体化单点测斜仪	测斜
7	螺杆	LY165-7A 型	定向
8	除砂器	JNs-1	
9	随钻定向仪	YST\25 型	定向

表 7-2-4　RPS-3000 型工程钻机性能参数表

钻进深度（ϕ127 mm、ϕ89 mm 钻杆）/m		2 000～3 000
转盘型号		ZP175
额定静复合/t		272
最高转速/（r/min）		350
额定最大扭矩/kN·m		40
转速		正反 33，58，75，131
传动比		31 75
卷扬机单绳最大提升能力/kN		100
使用动力	柴油机型号	6135AD—3 150HP
	电动机型号	Y315S—4 110 kW
外形尺寸（长 * 宽 * 高）/mm		8 410×2 880×2 230
主机重量（不含动力）		21 t

2.2.4　反拉钻井施工工艺设备机具

目前采用反拉钻井技术的大口径工程井普遍使用 GYD—20L 全液压多功能钻机钻井设备，其设备机具配套见表 7-2-5，GYD—20L 全液压多功能钻机性能参数见表 7-2-6。

表 7-2-5　反拉钻井施工设备机具配套

序号	名称	型号规格	功率	备注
1	钻机	GYD－20L	360 kW	钻井施工
2	柴油机	WD12.375	276 kW	
3	钻井泵	N3NB－500	390 kW	引导孔施工
4	发电机	WD－20	20 kW	
5	无线随钻测斜仪	SQMWD－Y		定向
6	螺杆	165/1.5°		定向
7	固定式套管起重机	QZY－500T		下套管
8	重型套管吊卡	DK825		下套管

表 7-2-6　GYD－20L 全液压多功能钻机性能参数表

动力头最大扭矩	40 000 N·m
最大钻孔直径	2 m
最大钻孔深度	2 000 m(127 钻杆)
转速	0～120 r/min
动力头行程	单行程 7 m,双行程 14 m
动力头提升力	单行程 100 T,双行程 50 T
夹持器最大开口直径	270 mm
辅助吊车最大起重力	30 kN
柴油机型号	WD12.375
柴油机功率	276 kW
柴油机转速	2 100 rpm
钻机外型尺寸	工作状态:7 000×2 985×11 150 mm
	运输状态:10 150×2 500×3 090 mm
钻机重量	36 T

3　钻井工艺

3.1　钻前准备

3.1.1　钻场地基修筑要求

(1) 钻场地基应平坦、稳固、安全、适用,挖到硬土或岩层,要有足够的承载能力和稳定性。

(2) 钻场地基土层松软时,应采用以下方法进行加固。

① 挖槽:在铺设基台枕的部位挖浅槽,填入碎石或三合土后夯实;

② 增加基台:在设备(塔脚、钻机)主要着力点增铺槽钢基台;

③ 打竖桩加固;

④ 打混凝土地基座加固。

3.1.2　钻场地基尺寸规格设计

根据大口径工程井直径大、钻井深、套管重的特点,为保证施工安全,必须加强对钻前工程的设计。具体包括设备的选择,钻机单绳提升能力,滑轮系统,钻机最大提升力,钻机最大扭矩,井架最大钩载等都要做充分考虑。如图7-3-1所示。

图7-3-1　钻机、井架及平台

钻探设备本身质量18 t,钻具质量在24～36 t,套管质量136～180 t(实际工程中此载荷需要减去浮力),如果再考虑到提升时的动负荷、风载、立根侧载及处理事故时的额外载荷,实际上钻塔基础承受的载荷在200 t左右,如果钻塔地基强度不足,会影响钻塔的稳定性。为此,对钻塔塔脚下的基坑所承受的压力要进行详细计算。

3.1.3 设备安装与井场布置

(1) 钻塔安装

由于人字型钻塔是地面整体安装,自行起放,安装速度快,安全可靠,因此得到广泛应用。地基加固钻场有回填土,基台槽须挖掘至深部硬土层。钻机底盘下设4根地梁,其中两侧主腿开挖长×宽×深=6 500 mm×1 000 mm×1 200 mm地槽,另外2根挖6 500 mm×600 mm×800 mm地槽,填入20#混凝土,地梁铺于砼上、下卧2/3井口设埋ϕ1 200 mm×1 200 mm护筒。

人字型石油钻塔在钻孔前30 m场地内进行地面组装,起塔时应做到统一指挥,确保安全,并要求:

① 钻塔底盘整体固正,坚固,与地基地梁形成整体;

② 钻塔螺栓齐全紧固;

③ 绷绳被迫移位,若影响安全,要采取加固措施,绷绳设紧绳器,地锚直径或地锚桩,埋深大于2 m。

(2) 钻机安装

① 钻机安装在底盘,要求螺栓垫片齐全紧固;

② 周正水平,转盘中心、天车中心、井孔中心三点成一垂线,固紧螺母;

③ 各种防护设施、安全装置齐全完好,外露的传动部位应设置可靠的防护栏杆。

(3) 水泵、电器设备安装

水泵安装要求底盘下设地梁,做到水平、固正、稳固。电器应安装在干燥、清洁、通风良好的环境。

(4) 场地布置

典型的场地大小为长×宽70 m×50 m,布置如图7-3-2所示。

3.2 井身结构设计

大口径工程井常见的井身结构可归为以下几种:两层管井身结构(井口管、工作管),三层管井身结构(井口管、护壁管、工作管)和四层管井身结构(井口管、护壁管、技术管、工作管)。前两种井身结构使用较多,第三种非特殊情况不建议使用。常用的井身结构如图7-3-3所示。

大口径工程井井身结构设计,首先按照甲方施工目的要求来确定成井直径,然后根据施工区域地质条件以及井身质量要求进行井眼设计。

3.2.1 井身结构设计原则

在大口径工程井设计时,根据地质条件和地层稳定情况,通常选择设计二开或者三开结构,下入2~3层套管,即井口管、工作套管或者井口管、表层护壁管、工作套管;地质条件复杂的地层或在不稳定的区域施工需要设计成四开结构,增加一层技术套管。

(1) 一开井口管的作用主要是预防井口松散砂、黏土在冲洗液冲刷浸泡下失稳坍塌,影响整个井身结构的安全,一般要求穿过填土层下入到原状土地层中。

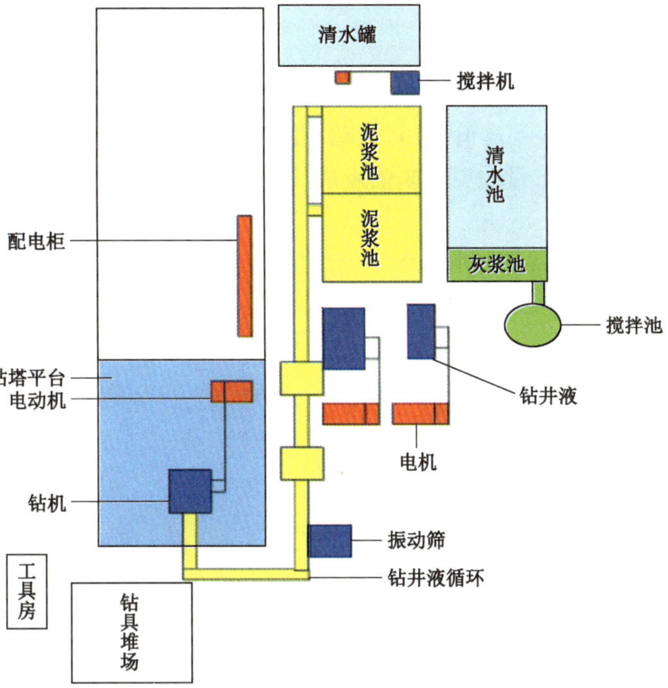

图 7-3-2　井场布置图

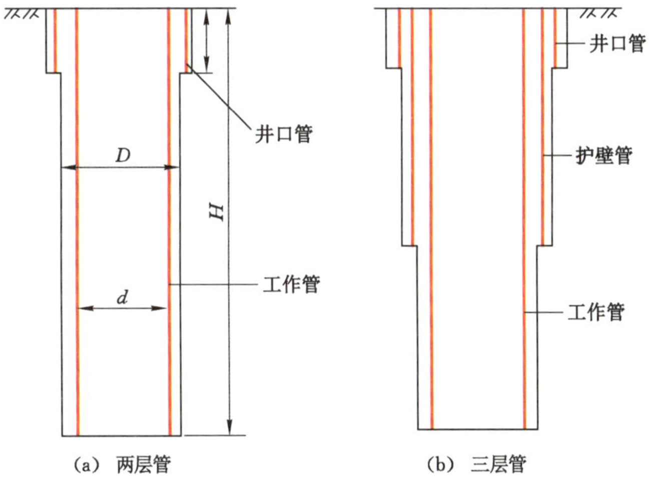

图 7-3-3　井身结构示意图

(2) 二开表层护壁套管下入深度一般要求进入完整基岩 10 m，其主要作用是预防钻进基岩段时，第三、四系松散层发生坍塌、掉块，造成卡、埋钻事故。

(3) 三开技术套管是根据地层情况，在极有可能钻遇到涌、漏、断层破碎带及其他异常地层，采取常规方法无法解决而设计的一层套管，大口径工程井一般情况下较少使用。

(4) 四开工作套管是大口径工程井成井后最后下入井内的套管，工作套管的内径就是连接地面至井下的通道，工作套管与环空间的水泥环形成钢管水泥环井壁，隔离地层中的水进入通道，保护井壁。

3.2.2 常用井身结构

大口径工程井常见的井身结构可归为以下两种：二开井身结构（表层套管、生产套管）见图 7-3-4，三开井身结构（表层套管、技术套管、生产套管）见图 7-3-5。大口径工程井井身结构设计，首先按照甲方施工目的要求来确定成井直径，然后根据施工区域地质条件以及井身质量要求进行井眼设计。

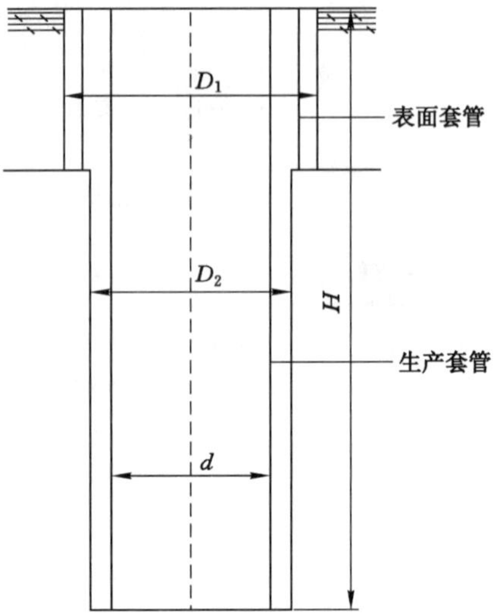

图 7-3-4　二开井身结构图

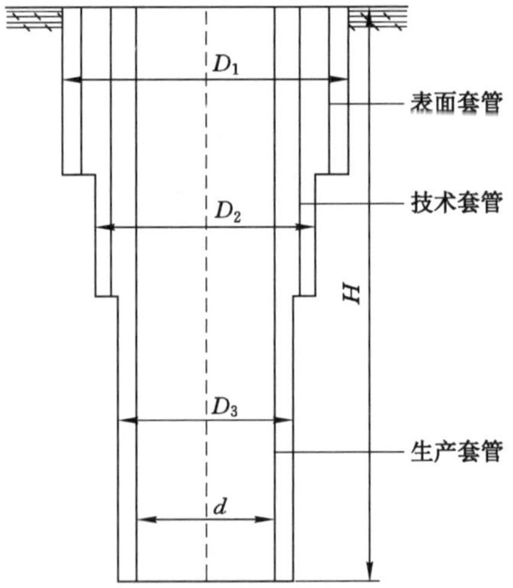

图 7-3-5　三开井身结构图

3.3　施工工艺

3.3.1　正循环气动潜孔锤施工工艺

（1）一次成孔施工工艺（以三开井身结构为例）

一开采用空气钻进，使用直径为 D_1 的潜孔锤钻进，钻进至原状土地层。顺孔后，下入表层套管至井底，使用G级油井水泥固井，水泥浆密度1.85 g/cm^3，固井水泥浆返至地面。目的是预防井口松散的砂、黏土在冲洗液的冲刷浸泡下失稳坍塌。

二开采用空气钻进，使用直径为 D_2 的潜孔锤钻进至完整基岩10 m。顺孔后，下入技术套管至井底，使用G级油井水泥固井，水泥浆密度1.85 g/cm^3，固井水泥浆返至地面。目的是预防钻进基岩段时，第三、四系松散层发生坍塌、掉块，造成卡、埋钻事故。

三开采用空气钻进，使用直径为 D_3 的潜孔锤施工，采用电子单点测斜仪监测井斜。钻至设计井底完钻，顺孔后，下入生产套管至井底，套管与地面平，根据甲方要求确定是否固井。一次成孔施工顺序见图7-3-6。

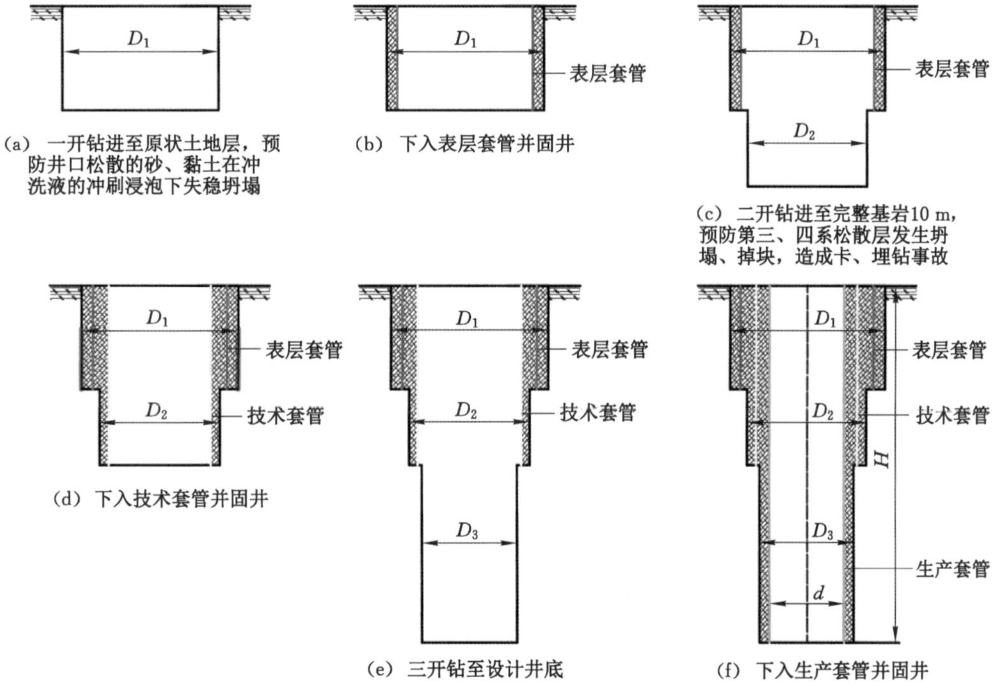

图7-3-6　一次成孔钻井法施工顺序

（2）逐级扩孔施工工艺（以二开井身结构为例）

逐级扩孔施工工艺就是采用常规泥浆钻进方法，超前钻一个小井眼的钻孔（钻井眼尺寸一般选用 ϕ215.9 mm或 ϕ311.1 mm），然后根据设计最大井眼尺寸，进行合理分级，按从小到大的顺序依次进行扩孔，形成一个满足设计要求的井眼。一般井眼直径在1 100～1 500 mm时，扩孔分级设计三级为宜；井眼直径在910～1 100 mm时，扩孔分级设计二级为宜；井眼直径在790 mm以下时，设计一级较合理。

逐级扩孔施工顺序：钻前准备就序，井口管凝固满足开钻条件，按照施工设计要求进行施工（图 7-3-7）。

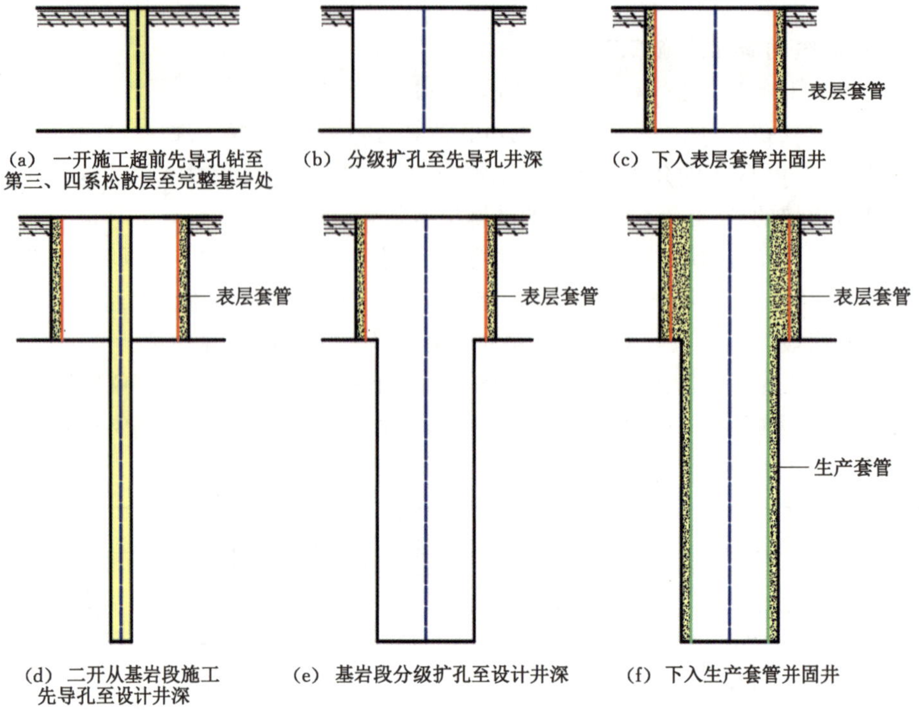

图 7-3-7　逐级扩孔钻井法施工顺序

3.3.2　反拉钻井施工工艺

反井钻机优先用于煤矿或隧道与地面贯通钻孔施工，反拉钻井技术的原理是将小孔径钻孔作为导孔，在等小孔径钻孔与目标巷道透巷中靶后，在目标巷道内将小孔径钻头更换为加工的阶梯扩孔钻头，向上提升回转进行反向钻井施工，由井下进行除渣见下图 7-3-8。

图 7-3-8　反井钻机

反向上提升无需配重即可达到所需钻压，由于是下除渣没有重复碰碎，因此提高了钻进效率。反井钻机大多是液压顶驱钻机可以随意控制所需压力及扭矩，大大减少了事故的发生概率。发井钻孔应特别注意地层含水量，地层碰碎程度是否适合进行发井施工，施工流程见下图 7-3-9。

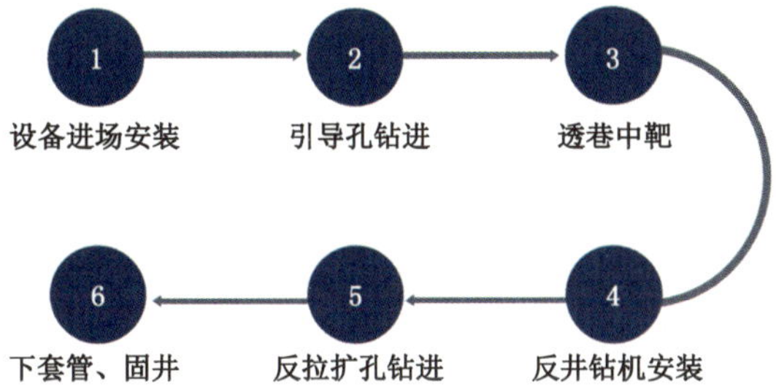

图 7-3-9　施工流程见图

(1) 一开采用机械在地面井口位置开挖一个边长 2 m、深度 3～5 m 的矩形基础坑，然后在井口中心位置下入表层套管，表层套管与基础坑之间用 350 号的 C33 混凝土浇筑，候凝 48 小时。

(2) 二开先导孔采用 ϕ215.9 mm 钻头和 SQMWD－Y 型无线随钻测斜仪搭配 GYD－20L 全液压多功能顶驱钻机定向钻进至靶点，钻具组合：ϕ215.9 mm 钻头＋ϕ159 mm 单弯螺杆＋ϕ212 mm 扶正器 1 个＋ϕ159 mm 定向接头＋ϕ159 无磁钻铤 mm＋ϕ159 钻铤 mm×9 根 ϕ127 mm 钻杆。

(3) 反拉扩孔施工。先导孔施工至靶点后，在井下巷道内将 ϕ215.9 mm 钻头更换为直径为 D_3 的扩孔钻头，从中靶巷道往地面方向反拉扩孔钻进。扩孔过程中，需要安排人员在孔底进行出渣，防止碎渣堆积堵塞钻孔。反拉扩孔完毕后，下入生产套管，套管与地面平，根据甲方要求确定是否固井。

(4) 钻头组合

① 引导孔钻进：

钻头是破碎岩石的主要工具，合理选择钻头类型对钻进效率有着密切关系。根据大口径工程井各工序的特点，先导孔钻进选用的钻头主要有 PDC 复合片钻头、三牙轮钻头(钢齿、镶齿)(图 7-3-10)，扩孔钻进选用阶梯式扩孔钻头和空气潜孔锤钻头。

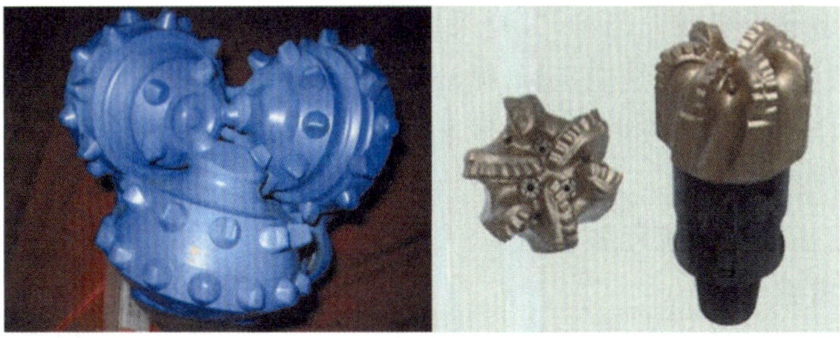

图 7-3-10　常用钻头

根据区域地层岩性特点，结合施工单位在该区域钻井实践及钻井设备、钻具配备情况，钻井机械参数选择主要以保证井身质量为原则，兼顾机械钻速。原则上在采用高转速，大排量，适当限制钻压，以保持井壁的稳定性。

② 反拉扩孔钻进：

导孔钻透后，拆掉下部导孔钻头，连接好扩孔钻头，开始自下而上的扩孔钻进工序。扩孔钻进时破碎下来的岩屑靠自重落下，由装载机或其他装载设备运出。

扩孔时注意观察下落的岩屑情况，以便了解地层的变化，要及时出渣，防止堵孔。

扩孔过程，也是拆钻杆的过程，拆下的钻杆要进行必要的清理，上油带好保护帽。

扩孔开孔，当扩孔钻头接好后，慢速上提钻具。直到滚刀开始接触岩石，然后停止上提，用最低转速（5～9 rpm）旋转，并慢慢给进、保证钻头滚刀不受过大的冲击而破坏，等刀齿把凸出的岩石破碎掉，再继续给进。

开始扩孔时，下边要有人观察，将情况及时通知操作人员，等钻头全部均匀接触岩石，才能正常扩孔钻进。为保证反井钻机和滚刀的使用寿命，一般将系统压力限制在 21 MPa 之内。在扩孔过程中，当岩石硬度较大，可适当增加钻压，反之可减少钻压。

扩孔过程不需要钻井液循环，但需要向井内加注清水用以冷却钻头、调节排渣条件（图 7-3-11）。

图 7-3-11　扩孔钻头

3.3.3　下管方法选择

大口径工程井套管直径大、重量大，总重量往往超过井架承载能力和钻机的提升能力。如何安全高效地把超过井架承载能力和钻机提升能力的套管下入井内，是施工中的关键环节，必须引起高度的重视。经现场深入分析研讨，认为提升方式可有两种选择，一是更换提升装备，比如用大型起重机或龙门吊，二是采用浮力下管法。

下套管前应调整好钻井液性能指标，循环要充分，确保井底沉渣能冲洗上来，同时利用震动除砂器，尽可能除去钻井液中的有害固相。还要备好各种下套管工具，保养好钻机、钻井液泵及搅拌机等设备。

下套管作业的基本工作流程如下图 7-3-12 所示：

3.3.4　下管技术措施

下套管作业是大口径工程井施工中非常重要的一个环节，主要由以下工序组成。

（1）下管前进行顺孔

扩孔到设计层位后开始调整钻井液性能，充分循环待孔底岩粉冲洗干净，钻井液性能达到下套管要求后起钻，用同径套管制作而成的顺孔管（至少含 2 个接头，且足够长，如图 7-3-13 所示）进行顺孔作业，套管顺孔时起下速度一定要慢，避免速度过快造成井壁坍塌形成井

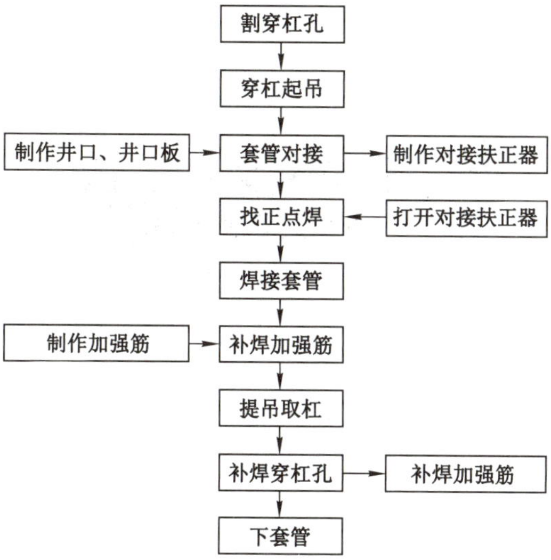

图 7-3-12　下套管作业流程图

图 7-3-13　顺孔管制作

内事故。

(2) 套管提吊

采用钢丝绳提拉穿杠的方法起升和下放套管，在井架高度允许范围内，应尽量使钢丝绳足够长，以减轻钢丝绳受力后对套管口产生的横向力，防止引起套管口变形，同时要配合使用防套管口变形支撑板。提吊用的穿杠除满足提吊过程所需的抗拉强度外，要设有防止钢丝绳滑脱的安全槽。

套管在对接时除正确使用套管对接扶正器外，还应有专人利用重锤原理的简易设备(条件允许的话可使用其他仪器)分别从垂直的两个方向，在离井口较远处观察套管是否垂直，适当调整套管上部位置进行对正，确认无问题后方可进行焊接。下放套管时速度要慢、稳，避免闪动，减少对井壁的碰撞。此外由于入井套管重量较大，必须使用钻机水刹车，同时做好刹车系统的降温工作，确保钻机升降系统工作灵活可靠。

下套管时最下面的尾管要进行处理，加工成锥形，起到导管作用，确保套管安全顺利下入(图 7-3-14)。

(3) 套管的连接和下放

图 7-3-14　底部套管处理

套管之间的连接采用打坡口对焊连接的方法，步骤为：下套管前，按设计在套管一端切割出穿杠孔(或用吊卡)，下套管时插入穿杠，用钢绳连接游车大钩起吊套管；套管对接时，使用自制井口套管对接扶正器进行找正，保证两根连接套管管口合缝、同心；点焊牢固后，按要求完成套管接头的焊接，套管焊接使用的焊条必须经过烤箱烘干，焊缝必须满焊，密实、牢固，无气孔和夹渣，焊缝质量满足要求，确保焊缝强度不低于套管材质；套管管口焊接完毕，应在焊缝外均匀加焊 4～6 块尺寸为 200×50×14 mm 的加强筋板；套管对接完成后，开车上提套管，抽出下部的穿杠，将从套管上切下的圆板补焊到套管穿杠孔处，圆板焊牢后，再在圆板外补焊加强筋。依照上述步骤根据套管的入井编号依次下入井内。需要注意的是，套管接头焊接完成后，应保证一定的自然降温时间，待焊缝温度降到合理值方可将其下入井内。

套管连接时注意事项如下：

① 套管在对接之前，要将接管器放于下面的套管口上方，并仔细检查接管器上调整螺丝的对中情况，无误后将吊起的套管下口慢慢放入接管器中，上紧接管器紧固螺丝，检查两根套管对齐后即可开始焊接，在电焊稳定后即可去掉接管器进入正常的焊接工作(图 7-3-15)。

② 套管焊接前除了接管扶正器以外，还须站在一定距离仔细查看套管连接是否垂直，必要时要有人在钻塔上采用人力方法扶正套管。

③ 为了保证套管焊接能够达到各方面技术要求，焊接后要在管口部分加焊 5～8 块加强筋，穿杠孔用之前割下的钢板补焊，同样也要在孔的外面补焊加强筋。

④ 套管口焊接质量达标后开始下放，由于套管重量大，操作人员在操作升降机时要避免闪动，速度要尽可能慢、稳。

⑤ 如果采用“浮力下管法”，由于设备提升能力有限，在套管内放置浮力板的位置要预先精确计算。按照设计要求要有专人负责测量管内水位回灌泥浆，并认真做好记录。

焊接工艺：焊接采用二保焊。

对正措施：两节套管坡口对焊时，由于端口椭圆度存在差异，上下端口难以对齐，必须采取措施。实际施工中，四点限位法方便快捷。

焊缝检测：现场由具有相应资质的专业人员对焊缝进行 5%X 光焊缝检查。

(4) 套管提吊和下管

采用钢丝绳提拉穿杠的方法起升和下放套管，在井架高度允许范围内，应尽量使钢丝绳

图 7-3-15　套管焊接

足够长，以减轻钢丝绳受力后对套管口产生的横向力，防止引起套管口变形，同时要配合使用防套管口变形支撑板。提吊用的穿杠除满足提吊过程所需的抗拉强度外，要设有防止钢丝绳滑脱的安全槽(图 7-3-16)。

图 7-3-16　套管起吊

套管在对接时除正确使用套管对接扶正器外，还应有专人利用重锤原理的简易设备(条件允许的话可以使用其他仪器)分别从垂直的两个方向，在离井口较远处观察套管是否垂直，适当调整套管上部位置进行对正，确认无问题后方可进行焊接。下放套管时速度要慢、稳，避免闪动，减少对井壁的碰撞。此外由于入井套管重量较大，必须使用钻机水刹车，同时做好刹车系统的降温工作，确保钻机升降系统工作灵活可靠。

图 7-3-17　套管入井

(5) 下入水泥浮力塞

水泥浮力塞入井后，应设专人负责套管空管段的测量和记录工作，确保水泥塞上部空管段长度不能超过设计要求，与此同时还要密切观察和记录拉力表读数，记录套管在井内的悬重，并与理论计算的数据进行对比。

随着套管的不断下入，井内的套管悬重有一个由加重到减轻的过程，这是由于自从浮力塞下入后套管空管段长度不断增加，浮力塞提供的浮力不断上升的缘故。按照设计的空管段长度要求，应及时向套管内回灌钻井液以平衡套管内外压力差，防止水泥浮力塞失效。空管段长度过大时，可能出现水泥浮力塞失效导致设备超载和套管挤毁事故。回灌钻井液的量必须及时测量和记录，确保空管段长度在允许范围内，同时注意记录拉力表的数据，确保套管悬重(钩载)在允许范围。此项工作须考虑的因素较多且复杂，一般做法是：首先计算出套管的理论抗外挤压强度，然后根据井内泥浆比重确定最大空管段长度(保证套管所受最大外压力小于套管抗外挤强度)；在下完带浮力塞的套管后暂时不回灌泥浆而继续焊接并下入套管，待到套管悬重逐渐降低到一合理值(钻机拉力表减小到一定值，不能过小或过大)才开始逐渐往管内回灌泥浆，但始终保持有一定长度的空管段(小于等于最大空管段长度)，最大空管段长度可以通过理论计算确定。

(6) 下套管固井

下套管、固井作业前，矿方要在作业地点 10 m 范围做好警戒、悬挂警示牌，确保安全；所有施工人员必须佩戴安全帽，穿劳保鞋，井口施工人员必须系安全带；在下管过程前，丈量每根钢管长度；按入井顺序准确记录，并预报钢管下入深度。

① 首先，将首根套管通过吊卡吊起于钻孔上方，再用吊车将之前覆盖在井口的钢板移走，并将井口钢板(2 000 mm×2 000 mm，厚度 40 mm，内圆直径 1 080 mm)吊过去安放在井口，再将两根工字钢放于钢板之上。

② 下放套管至井口吊卡支撑于工字钢上，套管与孔壁间隙用薄铁皮盖严，并在上面铺石棉布，确保焊接火花不掉入井内；再吊第二根套管与首根套管对正，接口和直度合格后，用 1.5、1.6 mm 焊丝采用四点限位法点焊，然后正式焊接，焊接次数及质量要满足焊接质量要求(焊缝饱满、无气孔、夹渣缺陷)。

③ 起吊，拆去井口吊卡，再将管体缓缓下入钻孔内，吊卡支撑于井口工字钢上；

④ 循环作业；

⑤ 当吊起第 30 根套管时(300 m 开始)，套管焊好后加焊 4 块筋板加固(规格 200 mm ×150 mm×16 mm)，焊口焊接采用打底焊一圈、填充焊满，进行贴片焊接，贴片之间焊口进行盖面焊，盖面焊要求出圆弧凸舌，确保焊接质量；

⑥ 循环作业至 500 m 处；套管半悬吊(上吊约 100 t、下座约 100 t)于井口。

⑦ 使用吊卡起吊入井(图 7-3-18)。

图 7-3-18　吊卡使用

(7) 套管井口安装

最后一根套管下完，套管底部下到预定位置后，要在井口上方套管外壁焊接四个预先制作好的提吊支腿，调整好套管上口位置后，将套管平稳座在井口板上，并用钢丝绳将表层套管固定在钻井平台上，然后切割掉井口上方多余套管，如图 7-3-19 所示。

图 7-3-19　井口装置安装及完井处理

3.4 事故预防与处理

钻进过程中,事故在所难免。对于井下事故的发生,一般均要求停钻及时处理,排除故障,防止事故扩大到无法挽回的地步。应通过加强施工管理,采用相应的技术措施,尽可能避免或减少事故的发生。

(1) 器具故障判断与消除

出现故障的现象主要有:排渣不畅、只出气不排渣、水少气多不排渣、钻杆与孔壁之间有气泡、孔内水位上升、供气压力骤然增高等。钻进过程中出现器具故障现象,不得继续钻进,应及时提钻处理。器具常见故障判断与消除方法见表 7-3-6。

表 7-3-6 器具故障判断与消除方法

故障现象	故障原因判断	故障消除方法
排渣不畅	吸渣口过小或过大、裙板离孔底太高或太低。	调整吸渣口直径、但应不大于其内管直径的 3/4,调整裙板离孔底的距离、宜为内管直径的 3/4。
只出气、不排渣	钻头吸渣口、单壁钻杆(尾管)堵塞。	检查并清理钻头吸渣口、尾管堵塞物。
水少气多,不排渣	鹅颈管、内管漏气,浸没比偏小。	打压检查鹅颈管、内管,更换漏气的鹅颈管或内管;调整浸没比。
钻杆与孔壁之间有气泡,水位上升	外管漏气。	提钻打压检查外管、维修或更换漏气钻杆。
供气压力骤然增高	送气管路、气水龙头气道、双壁钻杆气道、气水混合器堵塞。	分别对送气管路、气水龙头气道、双壁钻杆气道、气水混合器打压试验,清理堵塞物。

(2) 套管折断事故

由于所下套管具有总重量大且口径大的特点,必须采用焊接的方式,给下管带来一些固有的问题:一是套管的吊起和井口悬挂问题,二是如何焊接的问题,三是如何保证套管连接后的同心垂直度问题。发生套管折断跑管事故主要是由套管连接及焊接工艺存在问题所致,如图 7-3-20 所示。

由于图 7-3-20 左图套管的连接方式是采用用钢板卷成的圆箍,一头事先焊在套管头上,连接另一根时套管插在管箍内,此时只能在套管和管箍口焊接。同时由于套管对接时需要调节同心度和便于套管插入管箍,所以管箍的内径与套管外径需留较大的配合间隙,一般需要留 8～10 mm,加之在卷管箍时存在加工误差,这样焊缝间隙就会很大,所以造成焊接不牢固,随着下入井内套管数量的增多,提吊套管负荷增大,极易将焊缝拉裂,从而造成套管从焊口断裂发生跑管事故。

为避免此类事故应采用在套管端部打坡口,直接对焊,同时要求焊接质量达到要求。

为保证套管对焊同心度,采用专用合页式套管扶正箍来导正套管,如图 7-3-21 所示,先导正点焊,点焊后去掉扶正箍再完成套管的焊接,如图 7-3-22 所示。在实际施工中,需要有

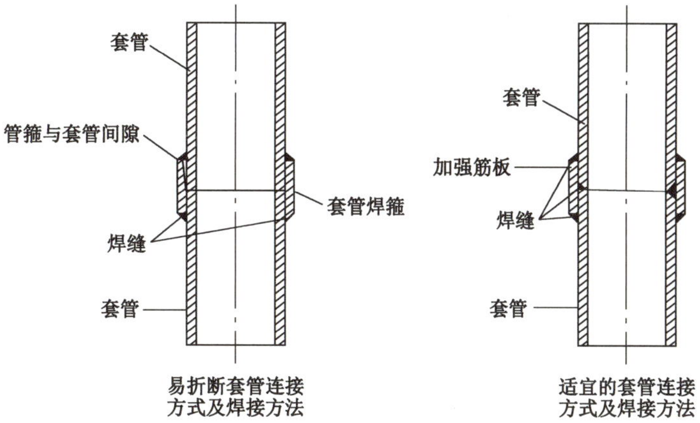

图 7-3-20　套管连接及焊接方式对比

专人负责指挥调整同心度。

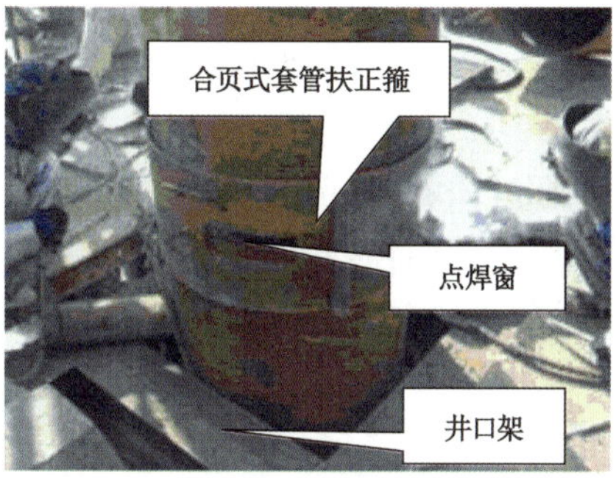

图 7-3-21　点焊

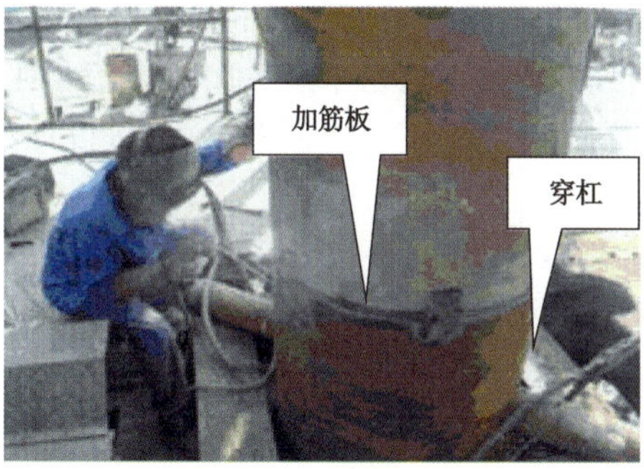

图 7-3-22　正式焊接

(3) 下套管遇阻,套管下不到位

套管下井遇阻主要有以下几方面原因:一是钻孔施工的口径与所下套管的径差值过小不匹配;二是钻孔孔斜超标,特别是局部狗腿度过大;三是泥浆护壁性能不好导致井壁坍塌、井底岩粉较多;四是套管连接后过于弯曲,同心度不高;五是下管前没有用同径长管顺孔。

根据施工实践经验,解决上述问题应遵循以下原则:

① 下放 ϕ400～630 mm 的套管,套管与钻孔的径差值应不小于 130 mm,下放直径大于

830 mm 套管，套管与钻孔的径差值应不小于 270 mm，方能保证套管的正常下入；

② 为保证钻孔孔斜质量，必须采用防斜保直钻具施工先导孔，同时在易斜地区应加大孔斜检测密度，保证每 20 m 进行一次测斜，发现孔斜有超标趋势，应立即采取有效措施予以纠正。在分级扩孔时应采用有导向的扩孔钻头以防扩孔时发生孔斜；

③ 在下套管前，一定要根据地层调配好泥浆性能使其达到要求特别是失水量、含砂量这两项指标一定要达标，同时要彻底清除孔底的岩粉，确保沉渣段小于设计要求；

④ 泥浆性能达到要求后，必须采用同径套管进行顺孔，为保证下放套管不遇阻，用于顺孔的套管长度应不少于 30 m，且应有不少于两个焊缝，即由三根长管焊接在一起，方能达到模拟下管的状态，确保下管到位。

(4) 套管粘卡事故

发生套管粘卡事故主要原因是泥浆性能达不到要求，泥浆中的有害固相物质在井壁形成较厚的泥皮，特别是在孔隙率较高的砂岩段所形成的滤失泥皮更厚，在该段产生滤失缩径。由于套管在井内可能靠在井壁上，如果套管进入滤失缩径段，势必造成套管的一侧压入厚泥皮中，形成与钻井液隔离状态，紧贴泥皮的一面不受液柱压力，而另一侧在钻井液中受到液柱压力将套管紧紧地挤压在井壁上，从而发生粘卡事故。

(5) 固井时封钻杆

大口径套管固井时为保证固井质量，目前大多采用井口密闭止逆法。这种固井连接方式在操作不当时易将钻具封固在套管内，这是因为：

① 套管焊接质量差存在泄漏，致使水泥浆从套管与钻杆的环状间隙上返，而将钻杆封闭。解决措施：指定专人对每条焊缝严格检查，焊渣要及时除净，焊缝应饱满光滑均匀，确保焊接质量达到要求。

② 套管内的泥浆与套管外的泥浆由于存在比重差，造成套管内存在真空段，另外水泥浆比重大，压缩套管内真空段，水泥浆在套管内上行致使注浆钻杆底部被埋。解决方法：在套管口密封板上加一根注水管和一根排气管，在固井注水泥浆前先通过注水管向套管内注入泥浆或清水将套管内排空，直到排气管返水后关闭排气管和注水管，开始从注浆管注水泥浆液固井。由于液体不可压缩，水泥浆不会返回套管内，按设计注入替浆清水关闭注浆阀门即可结束。

(6) 套管挤毁

造成套管被挤毁或者变形的原因及解决办法：

① 套管抗挤强度不够，理论抗挤强度低于有效外挤压力，这就要求施工组织设计时就要对套管规格选择做好完善周到的设计。

② 套管在焊接连接时同心度、垂直度无法保证，井壁不规则，套管靠贴井壁的可能性很大，且入井后在井内受力情况十分复杂，致使套管的实际抗挤毁强度比理论值小。所以在实际施工中套管理论挤毁强度只能用于参考，应综合考虑各种复杂因素。尤其是下管回灌泥浆时，空管段所受的液柱压力应小于套管理论弹性挤毁强度 30%，以确保套管在下放时不被挤毁。

③ 在下放套管时尽量保持缓慢匀速下放，切忌猛提、猛放、急停，这样对套管会产生较大的冲击力，使套管发生弹性变形量增大，降低了套管实际抗挤毁强度，增大了套管被挤毁危险性，同时对井壁也产生冲击，极易引起井壁坍塌，造成卡埋套管事故。

④ 为改善整个套管柱的受力状况，应在钻机及钻塔留有25%左右的额定负载时将浮力板加入。该方法可以有效改善浮力板以下的套管受力情况，使该段套管内外所受的液柱压力相等，确保在该段套管不会发生挤毁事故。

⑤ 固井质量不好也是引起套管挤毁的重要原因，有些套管被挤毁事故是在固井完成、水泥凝固后再清空套管内泥浆时发生的。为保证固井质量达到设计要求，固井前必须做好充分循环并调整好泥浆性能、清除井壁厚泥皮、在套管上设置扶正片、注水泥浆前先注入前置液、制备合格的水泥浆、计算好替浆量等技术措施。

⑥ 施工区域在生产煤矿的上方，钻井与井下同时施工，难免相互影响，为确保钻井和矿井生产安全，在地面钻井工程未结束前，井下应留有保安煤柱，其安全距离按规范确定。

4 大口径工程井施工案例

4.1 正循环气动潜孔锤施工案例

4.1.1 施工概况

FHSK-01 井位于山西省晋城市北石店镇东上村，为晋城泽祥勘探测绘有限公司凤凰山矿直排井(表 7-4-1)。甲方为晋城泽祥勘探测绘有限公司，该井由河南豫中地质勘察工程公司设计并组织钻井施工，设计钻穿 15# 煤巷道下泵抽水。

表 7-4-1 FHSK-01 井施工简况

<table>
<tr><td>井号</td><td>FHSK-01</td><td>井 别</td><td colspan="2">直排井</td><td>设计井深</td><td>245 m</td></tr>
<tr><td>井位</td><td colspan="4">山西省晋城市北石店镇东上村</td><td>完钻井深</td><td>250.10 m</td></tr>
<tr><td rowspan="2">井口坐标</td><td colspan="2">X:3 938 421.472</td><td rowspan="2">海 拔</td><td>地面</td><td colspan="2">374 m</td></tr>
<tr><td colspan="2">Y:535 733.792</td><td>井口</td><td colspan="2">374.50 m</td></tr>
<tr><td>钻进方法</td><td colspan="3">空气钻进</td><td>完井方式</td><td colspan="2">套管完井</td></tr>
<tr><td>完井层位</td><td>C_{3t}</td><td colspan="2">完钻原则</td><td colspan="3">钻穿 15# 煤巷道完钻</td></tr>
<tr><td>钻井目的</td><td colspan="6">抽取巷道内部积水并排出</td></tr>
<tr><td>完井依据</td><td colspan="6">钻穿 15# 煤巷道</td></tr>
</table>

2017 年 4 月 22 日一开采用 ϕ900 mm 潜孔锤钻进，累计井深 13.70 m，下入 ϕ830 mm 表层套管，经 48 小时固井候凝后，2017 年 5 月 4 日采用 ϕ650 mm 潜孔锤二开钻进，5 月 9 日至 6 月 24 日移井架先施工 FHSK-02 井，6 月 25 日继续施工 FHSK-01 井，7 月 15 日钻穿 15# 巷道后完钻，完钻井深为 250.10 m。

4.1.2 井身结构

井身结构数据如表 7-4-2 所列。

表 7-4-2

层次 项目	一开	表层套管	二开	生产套管
钻头直径/mm	900		650	
井深/m	13.70		250.10	

表 7-4-2(续)

层次 项目	一开	表层套管	二开	生产套管
套管外径/mm		830		560
套管总长/m		13.70		249.28
套管下深/m		13.70		249.00
套管顶部位置/m		0		−0.28
人工井底深度/m				
水泥上返深度/m		地面		无

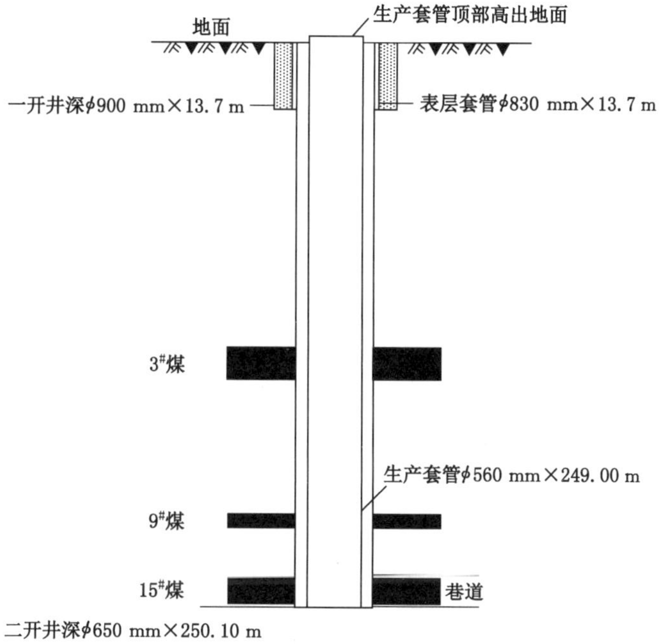

图 7-4-1　FHSK-01 井身结构图

4.1.3　钻井参数

(1) 钻具组合

① 一开钻具组合(0—13.70 m)

ϕ900 mm 潜孔锤＋方钻杆。

② 二开钻具组合(13.70～250.10 m)

钻井钻具组合：ϕ650 mm 空气锤＋接头＋ϕ178 mm 钻铤(铅配)＋扶正器＋ϕ178 mm 钻铤＋ϕ127 mm 钻杆＋方钻杆。

跟管钻进组合：ϕ580 mm 喇叭口＋伸缩管(外管直径 ϕ377 mm 内管直径 ϕ273 mm)＋ϕ273 mm 套管＋防喷器。

(2) 钻井介质

表 7-4-3　钻井介质参数表

钻进井段	深度/m	类型
一开	0～13.70	空气钻进
二开	13.70～250.10	

（3）钻进参数

表 7-4-4　钻井参数表

钻进井段	深度/m	钻压/T	空压机压力/MPa
一开	0～13.70	2.0～5.0	2.0～3.5
二开	13.70～250.10	2.0～8.0	2.0～5.0

该井采用空气钻进，采用满眼钻具组合，严格按照施工设计和《合同》的要求施工，达到了预期的目的。据统计，该井二开地层采用空气锤，钻进时效明显提高，井身质量完全符合要求。

4.1.4　重点施工技术措施

（1）二开导向钻孔防斜及纠斜技术措施

导致钻孔弯曲的因素很多，都有一定的规律，但钻孔弯曲是不可避免的。大口径井力求垂直，否则不仅会给钻进中造成困难，而且对套管的下入造成困难，为力求钻孔垂直，保证成孔质量，在发现导向孔偏离预定轨迹到一定程度时，采用定向钻进技术进行纠斜，保证成孔质量。

① 把握好安装、开孔、覆盖层成孔、施工四个关键环节，有效预防孔斜。

② 采用满眼钻具防斜技术进行施工，防斜钻具组合采用三个 ϕ212 mm 扶正器，扶正器与 ϕ216 mm 钻头直径基本同径，分别连接在 ϕ178 mm 钻铤的三个不同部位，使满眼钻进长度达到 20 m，有效地减少钻具与孔壁之间的间隙，最大限度控制钻孔偏斜。

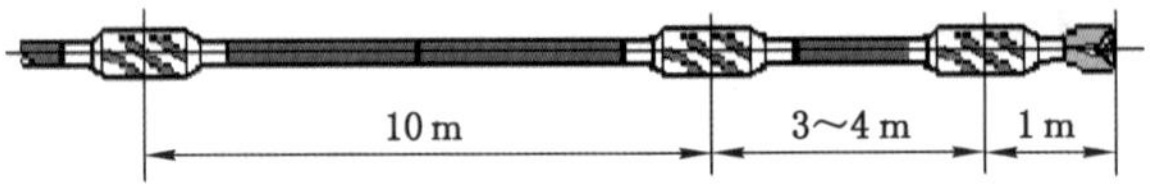

图 7-4-2　满眼钻具的结构特征

③ 采用钟摆式钻进方法，根据地层软硬变化较大等情况，合理控制钻压，把井斜控制在最小范围之内。

④ 司钻要认真判断井下情况，处理好砂岩泥岩软硬互层交界面，合理使用钻压。

⑤ 在钻进过程中为了及时掌握钻孔轨迹，每钻进 20 m 使用电子多点测斜仪测斜 1 次，及时掌握钻孔全孔的孔斜和方位角变化情况，钻进至终孔层位后，进行 1 次系统测斜工作。

⑥ 通过测斜发现孔斜超标时应及时进行纠斜，控制好井眼轨迹，确保先导孔孔斜控制在设计范围之内。纠斜方法选择螺杆定向钻进技术，这是保证中靶钻进最可靠的钻探工艺技术。

（2）二开钻孔跟管钻进及正循环＋捞渣管钻进技术

为保证工程质量，在钻至采空区以前采用空气潜孔锤跟管钻进工工艺，穿过采空区如果跟管钻进效果不好，采用常规正循环＋捞渣管。跟管钻进施工中应注意的问题：

① 在钻进过程中，由于钻具受重力作用不断下偏，致使钻机上翘，钻孔越长，此种现象越明显，因此钻机就位的倾角应比设计倾角少。

② 跟管钻具在施工前应逐一检查冲击器、加重锤、导正器、套管靴和潜孔等，使之工作正常。锤头应能灵活转动，连接销及锁紧机构应牢固，钻杆与潜孔锤和潜孔锤与钻具的连接应可靠，套管和套管靴无裂纹。

③ 跟管钻进时，在确认钻头接触到碎石土层后，先回转钻进，待正常后，再开风冲动钻进。

④ 每钻进 0.3～0.5 m 应强风吹孔排粉一次，以保持孔内清洁。吹孔时，中心钻具上提距离应严加控制；禁止在钻进过程中向上起拔中心钻具或来回倒杆。

⑤ 当偏心头回转部分被岩渣卡住而不能收拢偏心头时，应开动空压机重新对钻孔进行清洗，并使潜孔锤作短时间工作，然后再进行试提，如此反复，直至提出中心钻具。

图 7-4-3　跟管钻进设备

图 7-4-4　捞渣器

4.2 正循环常规钻井施工案例

4.2.1 施工概况

DJ630CP-01井位于安徽省淮南市凤台县关店乡丁集矿井工业广场内，为淮南矿业集团有限公司丁集煤矿瓦斯抽排孔。设计孔深851 m，地面标高+25 m，其中表土段厚度约531.1 m，基岩段厚度319.9 m，其中基岩风化带厚约10.7 m；终孔层位于13－1煤层底板35 m砂质泥岩中，下630 mm螺纹管完井。

4.2.2 井身结构

井身结构力求简化，利于施工管理，降低消耗，根据本区地层性质，参照以往经验，按三级结构设计，即先用井口管护井口，二开见基岩过风化地层30 m下新地层护壁管，封隔主要含水层，防止孔壁垮塌、缩径、确保钻孔安全施工，最后钻进扩孔至设计深度下入工作管成井。

考虑到成井目的和井管规格，以及安全钻进等因素。本井结构设计，井口护壁管规格为ϕ1 200 mm×1.5；ϕ1 010 mm井径至560 m，下ϕ830 mm×12 mm技术套管；下换ϕ780 mm井径至851 m，下入ϕ630 mm×12－14－16 mm工作管，如图7-4-5所示。

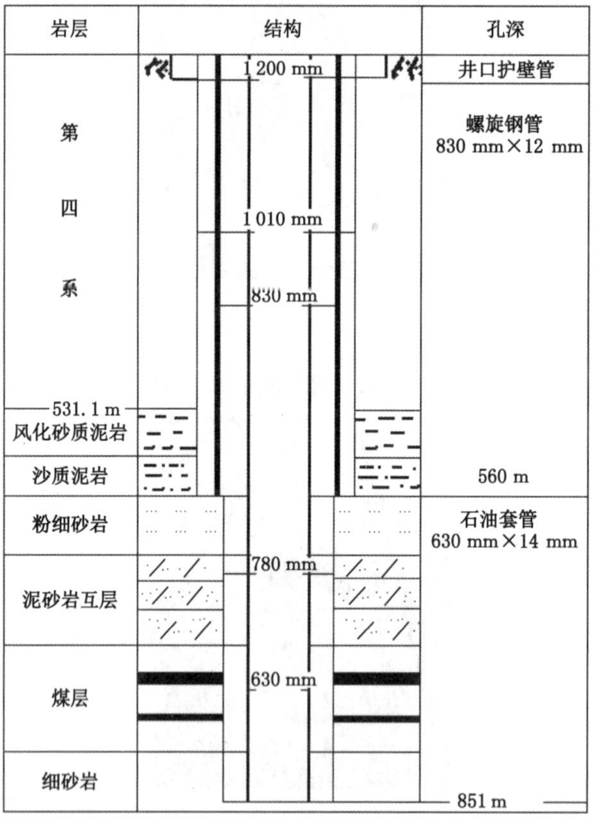

图7-4-5 钻井结构图

4.2.3　钻井设备

根据本钻孔井深、井径及本地区地层情况、施工成本以及施工安全等因素考虑，本钻孔采用 RPS-3000 型工程钻机搭配 3NB-1000 型泥浆泵和 XQY 一体化单点测斜仪、YST－25 型有线随钻定向仪进行先导孔和扩孔施工作业，如表 7-4-5 及图 7-4-6 所示。

表 7-4-5　钻井设备表

序号	名称	型号规格	备注
1	钻机	RPS-3000 型钻机	钻井施工
2	钻塔	31 m 石油人字型钻塔	
3	柴油机	WD12.375	
4	钻井泵	3NB－1000 型	引导孔施工
5	动力电机	200 kW(2 台)	供电
6	测斜仪	XQY 一体化单点测斜仪	测斜
7	螺杆	LY165－7A 型	定向
8	除砂器	JNs－1	
9	随钻定向仪	YST－25 型	定向

图 7-4-6　施工现场布置图

4.2.4　钻井方法

为了井内施工安全保证成井质量，预防井斜，导向孔采用牙轮钻头喷射钻进工艺，先用小径(ϕ215.9 mm)在井孔中心钻进导向孔，随钻进监测井斜，导向孔穿过基岩风化带井斜符合要求后，分二次扩孔达到成井井径 ϕ1010 mm，井深 560 m，下入 ϕ830 mm 技术套管进行水泥固管，侯凝 48～72 小时然后进行下段施工，先用 ϕ215.9 mm 钻头顺上段导向孔继续钻进到终孔，落点位置达到要求后，用 ϕ380 mm 扩孔钻头扩到完钻，最后用 ϕ780 mm 扩孔，再下入 ϕ630 mm 工作管，最后固管成井。

4.2.5　钻具参数

(1) 钻具组合

采用石油钻杆连接加重钻铤及扶正器的组合方式。

① 导向孔钻具组合

ϕ215.9 mm 喷射牙轮钻头＋ϕ215.9 mm 扶正器(长 1.6m)＋ϕ159 mm 无磁钻铤 1 根(长 9m)＋ϕ215.9 mm 扶正器＋ϕ160 mm 钻铤 2 根＋ϕ159 mm 钻铤 6－8 根(54m)＋ϕ127 mm 钻杆＋主动钻杆，钻铤总重量在 12 吨左右。

② 扩孔钻具组合

扩孔钻具组合与导向孔钻进相同，只需更换钻头和扶正器的类型和规格，根据岩层情况适当增加加重块，加重在 3～5T 以保证扩孔时的稳定性和扩孔进尺效率。

(2) 钻井液参数

表 7-4-6　钻井液参数表

钻进井段	项目	比重	黏度/s	失水量 mL/30 min	含砂量/‰	pH 值
一开(含导向孔和扩孔)	冲积层 (0～560 m)	1.1～1.2	24～28	10～13	＜4	8～9
二开(含导向孔和扩孔)	基岩 (560～851 m)	1.05～1.10	19～25	8～10	＜4	8～9

(3) 钻进参数

表 7-4-7　钻进参数表

钻进井段	深度/m	钻压/kN	转速/(r/min)	泵量/(L/min)
一开导向孔	(冲积层)0～560	40～80	73～135	1 500～3 000
一开扩孔	(冲积层)0～560	100～160	36～73	1 500～3 000
二开导向孔	(基岩)560～851	100～160	36～135	1 500～3 000
二开扩孔	(基岩)560～851	120～160	36～73	1 500～3 000

4.2.6　导向孔定向技术

(1) 防斜技术

防斜方法包括合理选用钻具组合和钻进技术参数，严格操作要求，牢牢把住井斜三个关键环节：安装、开孔、换径主要侧重于下列三方面：

① 粗径钻具组合：使用 ϕ127 mm 钻杆和粗径钻具是大口径扩孔所必须的，它能满足 ϕ215.9 mm 导向孔钻进井底压力的需要。

② 增设扶正器三个，扶正器与 ϕ215.9 mm 钻头同径，分别连接在 ϕ159 mm 钻铤的三个不同部位，使满眼钻进长度达到 20 m，有效地减少钻具与井壁之间的间隙，防止钻头偏斜。

③ 合理控制钻压，采用轻压悬吊式钻进方法把孔斜控制在最小范围内，本孔采用的防斜技术，预计可使钻孔偏斜率控制在 3～5‰。

④ 初级定向钻孔的技术：所施工钻孔基岩段较厚，施工中可根据井区地层产状，利用淮南地区钻孔一般逆向地层倾斜偏移的规律，开孔井位作一定的位置移动，以保证中靶和减少

钻孔纠偏，使下管更顺利，钻效更高。

(2) 导向孔轨迹预计

按照本工程导向孔定向钻进方法，钻孔在基岩段靶点与中心点水平距离不大于4.5 m。

(3) 导向孔纠偏

导向孔要及时测斜，随钻进掌握钻孔的偏移量，测量段距为30～50 m，10 m一个测点，一旦发现超偏迹象，及时采取纠斜措施。纠斜方法选择随钻螺杆定向钻进技术，这是保证中靶钻进最可靠的钻探工程技术。

图7-4-7　下套管施工图

4.2.7　下套管施工

本井采用割孔穿杠钢丝绳牵引提吊的下管方法，就是在管口上端0.4 m处对称切割ϕ150 mm圆孔，穿杠，用钢丝绳连接游车大钩，起吊井管，井管对接后，利用自制的管口对接扶正环，保证管口合缝、同心，然后焊接。ϕ830 mm井管接缝三人同时焊接，ϕ630 mm井管二人进行，焊接时先用二氧化碳气体保护焊打底，焊条采用J507，按照下管作业流程，逐根检查对接，下部接缝焊牢，上部井管焊缝突出，确保焊缝密实、牢固，外补焊加强筋，加强筋规格及数量执行技术设计的要求。

图7-4-8　固井施工图

4.2.8　固井施工

本井两路井管均采用孔底灌注水泥浆从井壁与管壁间的环状间隙返出井口的全固管方法。水灰比采用0.6，泵浆结束后将管口固定在护筒中心，水泥养护72小时完井。

4.2.9　施工技术工艺特殊措施

根据钻孔结构施工要求下ϕ830 mm技术套管约560 m和ϕ630 mm的工作管851 m，

给施工带来较大的困难，为确保工程安全、高效，同时减小施工的风险，做到万无一失，特采取了以下措施：

(1) 导向孔保直防斜钻进，中靶施工技术措施及完善的纠斜技术。

(2) 表土层扩孔采用三翼斜肋骨钻头一次扩孔成孔，提高了成井效率，基岩一次扩孔使施工更安全，避免孔内事故的发生。

(3) 采用浮力下管方法和设计性能可靠的高压单向浮力阀，护壁管割孔穿杆，为了保证工作管的强度加焊割孔钢圈，即保证下管安全，又确保工作管内壁完整。

(4) 固管施工技术措施，双套固管设备，达到用一备一。完全采用石油固井技术，达到安全、优质高效。

4.3 反拉钻井施工案例

4.3.1 施工概况

YH710CC-01 井位于山西省晋城市沁水县嘉峰镇永红煤矿风井院内，为沁和能源集团有限公司永红煤矿瓦斯抽采井。甲方为沁和能源集团有限公司，该井由河南豫中地质地质勘查工程有限公司设计并组织具体钻井施工。设计钻至 3# 煤 3500 总回风巷道，下 710 mm 无缝钢管完井。

表 7-4-10　YH710CC-01 井施工简况

<table>
<tr><td>井号</td><td>YH710CC-01</td><td colspan="2">井别</td><td>直排井</td><td>设计井深</td><td>249 m</td></tr>
<tr><td>井位</td><td colspan="4">晋城市沁水县嘉峰镇永红煤矿风井院内</td><td>完钻井深</td><td>249 m</td></tr>
<tr><td rowspan="2">井口坐标</td><td colspan="2">X:3 938 844.629</td><td rowspan="2">海拔</td><td colspan="2">地面</td><td>304 m</td></tr>
<tr><td colspan="2">Y:636 298.99</td><td colspan="2">井口</td><td>358.50 m</td></tr>
<tr><td>钻进方法</td><td colspan="3">定向钻进+反拉钻进</td><td colspan="2">完井方式</td><td>套管完井</td></tr>
<tr><td>完井层位</td><td>P_{1S}</td><td colspan="2">完钻原则</td><td colspan="3">钻穿 3500 总回风巷道完钻</td></tr>
<tr><td>钻井目的</td><td colspan="6">抽采 3# 煤层瓦斯</td></tr>
<tr><td>完井依据</td><td colspan="6">钻穿 3500 总回风巷道</td></tr>
</table>

2022 年 6 月 12 日一开采用挖掘机清挖至稳定基岩，累计井深 3.5 m，下入 ϕ1 200 mm 表层套管，经 48 小时固井候凝后，2022 年 6 月 15 日采用 ϕ215.9 mm 钻头二开钻进先导孔，2022 年 6 月 29 日钻至 3# 煤 3500 总回风巷道，先导孔钻井井深为 249 m；2022 年 7 月 10 日采用 ϕ950 mm 反拉钻头反拉扩孔，2022 年 8 月 2 日完钻，完钻井深 249 m。

4.3.2 井身结构

一开 0～3 m 为 ϕ2 000 mm 口径，下入 ϕ1 200 mm 表层套管；二开 3～249 m 为 ϕ219.5 mm 口径，为先导孔，透巷中靶，不下套管、不固井；三开 3～249 m 为 ϕ950 mm 口径，为反拉扩孔，下入 ϕ710 mm 生产套管。

表 7-4-11　井身结构数据表

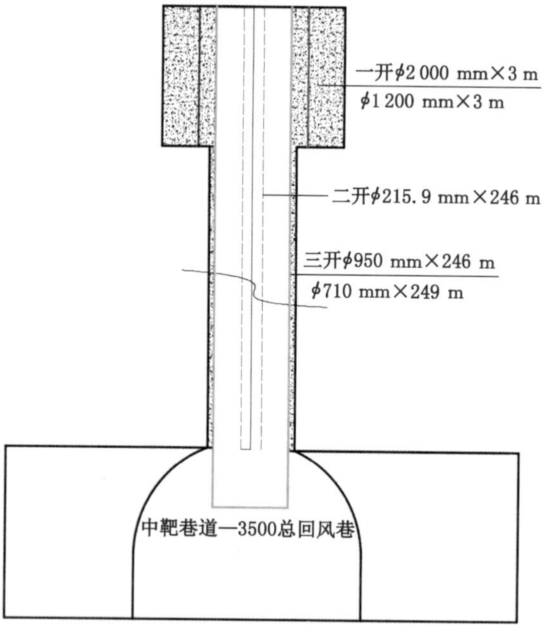

图 7-4-9　YH710CC-01 井身结构图

项目＼层次	一开	表层套管	二开	生产套管
直径/mm	1 500		950	
井深/m	3.50		249	
套管外径/mm		1 200.00		710
套管总长/m		3.50		249
套管下深/m		3.50		250.50
套管顶部位置/m		0		1.50
水泥上返深度/m		地面		地面

4.3.3　钻井设备

根据本钻孔井深、井径及本地区地层情况、施工成本以及施工安全等因素考虑，本钻孔采用 GYD－20L 全液压多功能钻机搭配 3NB－500 泥浆泵和 SQMWD－Y 无线随钻测斜仪进行先导孔和反拉扩孔施工作业。

表 7-4-12　钻井设备表

序号	名称	型号规格	功率	备注
1	钻机	GYD－20L	360 kW	钻井施工
2	柴油机	WD12.375	276 kW	
3	钻井泵	3NB－500	390 kW	引导孔施工

表 7-4-12(续)

序号	名称	型号规格	功率	备注
4	发电机	WD—20	20 kW	
5	无线随钻测斜仪	SQMWD—Y		定向
6	螺杆	165/1.5°		定向
7	固定式套管起重机	QZY—500T		下套管
8	重型套管吊卡	DK825		下套管
9	500 电焊机	二保焊		套管焊接
10	切割机	等离子		套管加工

图 7-4-10 施工现场布置图

4.3.4 钻井方法

(1) 一开施工

一开采用挖掘机施工，首先在地面井口位置开挖一个边长 2 m、深度到稳定基岩段(本钻孔为 3 m)的矩形基础坑，然后在井口中心位置下入 ϕ1 200 mm 表层套管，表层套管与基础坑之间用 350# 的 C33 混凝土浇筑，候凝 48 小时。

(2) 二开先导孔施工

采用 ϕ215.9 mm 钻头和 SQMWD—Y 型无线随钻测斜仪搭配 GYD—20L 全液压多功能顶驱钻机定向钻进至目标巷道。钻具组合：ϕ215.9 mm 钻头＋ϕ159 mm 单弯螺杆＋ϕ212 mm 扶正器 1 个＋ϕ159 mm 定向接头＋ϕ159 无磁钻铤 mm＋ϕ159 钻铤 mm×9 根 ϕ127 mm 钻杆。先导孔定向钻进时，必须控制好井斜，时刻监控好无线随钻测斜仪的数值变化，当出现井斜率有变化时，必须立即停止钻井，重新调整定向参数后再钻进，以保证先导孔的直率。当钻至距目标巷道顶板 20 m 处时，要立即停止钻进，并安排人员将孔底巷道内的人员全部撤出，并拉设警戒带和安全标识，严禁任何人进入，同时要做好疏排水准备工作。

(3) 三开反拉扩孔施工

本钻孔扩孔钻头为三阶钻头，全部由牙轮钻头拆解下来的牙轮焊接而成。第一阶钻头由 2 个牙轮组成，直径为 ϕ250 mm，主要起导向扶正作用；第二阶钻头由 4 个牙轮组成，直径为 ϕ550 mm，主要起扩孔作用；第三阶钻头由 6 个牙轮组成，直径为 ϕ950 mm，主要起扩孔作用。

该反拉扩孔钻头搭配 GYD－20L 全液压多功能顶驱钻机从中靶巷道往地面方向反拉扩孔钻进。扩孔开孔时，当扩孔钻头接好后，先慢速上提钻具，直到滚刀开始接触岩石，然后停止上提，用最低转速(5～9 rpm)旋转，并慢慢给进、保证钻头滚刀不受过大的冲击而损坏，随后再给进一些停下，等刀齿把凸出的岩石破碎掉后，再继续给进。开始扩孔时，孔底要安排专人负责观察，并将扩孔情况通过矿井电话及时通知地面钻机操作人员，等扩孔钻头全部均匀接触岩石，才能正常反拉扩孔钻进。为保证反拉钻机和扩孔钻头的使用寿命，一般将系统压力限制在 21 MPa 之内，在扩孔过程中，当遇到岩石硬度较大的情况时，可适当增加钻压，反之，可以适当减少钻压。扩孔过程中，需要安排人员在孔底进行出渣，防止碎渣堆积堵塞钻孔。

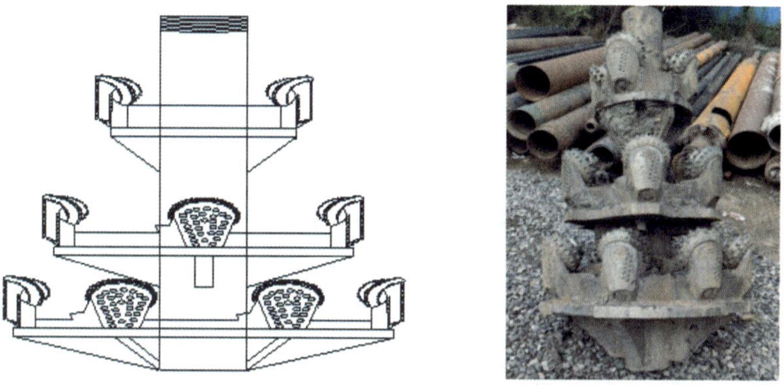

图 7-4-11　反拉扩孔钻头

4.3.5　下套管施工

采用 100 t 吊车搭配 DK825 重型套管吊卡进行套管下放工作。为保证套管安全顺利下放，需在第一根套管端头安装一个可拆卸式导向装置(见图 7-4-12)，导向装置由一根长 1 500 mm、直径 690 mm 的无缝钢管制作而成。导向装置制作时，先将端头切割掉多个三角块，再将剩余部分往中心方向弯曲成锥形，导向装置上端头套进第一根 710 mm 套管里，通过 4 条 18 mm 的螺丝与 710 mm 套管连接，搭接处焊接三角铁块衬平。套管开始下放前，在井口安装一个厚度 30 mm 的外径 2 000 mm 内径 750 mm 的同心圆钢板，并在距每根套管端部 400 mm 处均匀焊接 4 块弧度与套管弧度一致的卡块，卡块长 200 mm，宽 100 mm。

套管下方时，首先通过吊车利用第一个吊卡吊起第一根套管入井，使套管通过焊接的卡块卡在井口吊卡上，然后利用第二个吊卡起吊第二根套管，将其与已入井的套管坡口焊接，并在焊缝处均匀焊接 3 块加强铁块(150×100×16 mm)，对接焊好后，打开并去掉第一个套管吊卡，将已焊接的套管下放并通过第二个吊卡悬吊在井口，随后再通过吊车利用第一个吊卡吊起第三根套管与第二根套管焊接，如此循环，直至最后一根套管焊接入井。当所有套管全部下入钻孔内后，即可安排人员将导向装置拆除。

4.3.6　安装止水板

固井前，需要对孔底套管与井壁之间的环形空间进行封堵，防止固井时水泥浆外流。封

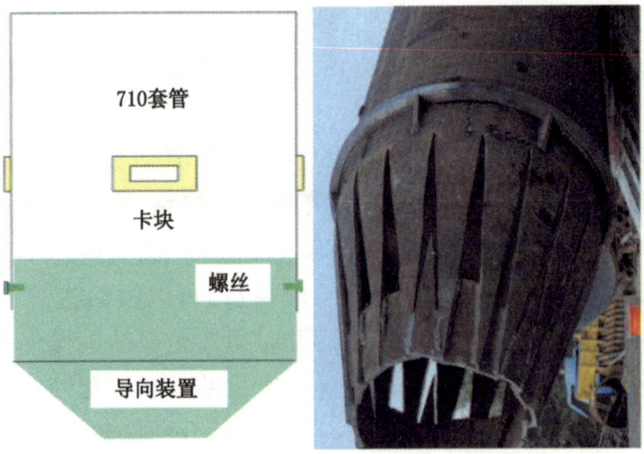

图 7-4-12　导向装置示意图

图 7-4-13　套管安装施工图

堵材料为一块厚度为 20 mm 的外方内圆(边长 1 500 mm,内径 710 mm)的钢铁止水板。止水板制作时需在内侧均匀切割出 4 个尺寸与套管上的卡块尺寸一致的卡槽,安装时,止水板从套管底部穿过并上提,当止水板上的卡槽穿过套管上的卡块后,旋转止水板使其卡在套管上,然后在止水板上表面铺设止水材料,通过地面吊车将套管整体上提,使止水板紧贴巷道顶板上,以此来达到封堵钻孔环形空间、防止固井时水泥浆外流的目的。另外,由于本次施工的钻孔内地层水较大,在止水板安装后、固井工作开始前,需将井筒内的地层水疏排出去,防止钻孔内积水影响固井质量,所以,需要在止水板上加工一个放水阀门,放水阀门要高出止水板上平面 300 mm 左右,防止被止水材料堵塞,固井前,放水阀门要始终处于打开状态,保证钻孔内的地层水能够一直往外排出。

4.3.7　固井

固井前,要先将井底止水板上的放水阀门关闭,然后再开始固井工作,防止水泥浆从放水阀门流出。本钻孔固井采用一次固井方法,水泥浆采用自流入方式流入环形空间内,固井作业时,水泥浆要连续注入,中间不得停顿,直至将环形空间注满为止,注浆完毕后候凝 48 小时。

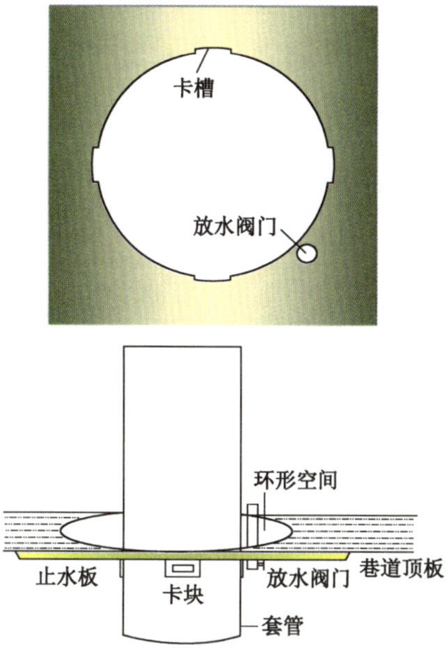

图 7-4-14　止水板及安装示意图

4.3.8　钻井参数

（1）钻具组合

① 一开钻具组合(0～3.50 m)

施工方式:挖掘机＋人工。

② 二开钻具组合(3.50～249.00 m)

钻井钻具组合:ϕ215.9 mm 钻头＋ϕ159 mm 单弯螺杆＋ϕ212 mm 扶正器 1 个＋ϕ159 mm 定向接头＋ϕ159 mm 无磁钻铤＋ϕ159 mm 钻铤×8 根＋ϕ127 mm 钻杆。

反拉钻进组合:ϕ950 mm 扩孔钻头＋稳定钻杆＋普通钻杆＋驱动马达。

（2）钻井介质

表 7-4-13　钻井介质参数

钻进井段	深度/m	类型
一开	0～3.50	
二开	3.50～249	钻井液钻进
反拉	－249～0	

（3）钻进参数

表 7-4-14　钻井参数表

钻进井段	深度/m	钻压/kN	泵压/MPa
一开	0.00～3.50	无	无
二开	3.50～249	30～40	8～15
反拉	－249～0	45～80	无

本井属于直排井，设计井深 249 m，完钻井深 249 m，完钻层位 P_1s。完井方法为二开套管完井，各项原始资料记录齐全、准确可靠，经井筒窥视和套管打压试验验收，全井工程质量合格。

4.3.9 施工注意事项

（1）井口挖掘基础坑时，必须挖至地层稳定基岩段，并用 $350^{\#}$ 的 C33 混凝土浇筑牢固，防止后期悬挂套管时以及固井时因承重而出现井口地面下沉，进而影响井下止水板的止水效果。

（2）小孔径先导孔施工时必须使用好 SQMWD－Y 型无线随钻测斜仪装置，时刻监控好井斜，防止出现定向钻进左右或前后摆动的情况，保证先导孔的直率，为下一步反向扩孔钻井和后期下套管工作奠定好基础，确保后期工作的顺利进行。

（3）反拉扩孔钻头安装时，必须安装牢固可靠，丝扣要对正，不得出现错扣现象，钻头与钻杆连接要保持高度一致的同心度，防止反拉钻进过程中钻头因受力不均而损坏。

（4）反拉扩孔钻进过程中，要安排人员时刻关注孔底碎渣的堆积情况，要协调好出渣和钻井之间时间关系，在有条件的矿井，应尽量采用机械出渣，尽量减少因出渣速度慢而影响反拉钻进时效的现象，保证安全快速钻井。

（5）下套管过程中，各节套管之间要焊接牢固，焊缝和加强块的焊接质量要达到一级标准，每根套管焊接完后，要安排专人进行检查确认，经检查合格后方可下放，防止套管下放过程中因承重出现脱焊而影响管道气密性。

（6）止水板安装时，其上表面铺设的止水材料必须将止水板与套管之间以及止水板与钻孔井壁之间的缝隙填堵严实，不得有缝隙，保证堵水质量。

（7）如若钻井井内的地层水较大一个放水阀门满足不了排水要求时，可在止水板上再增加一个或两个放水阀门，必须保证放水阀门的排水量大于地层水的出水量，且在固井之前，必须保证所有放水阀门全部处于打开状态，防止钻孔内积水影响固井质量。

（8）固井工作开始前，必须准备好足量的水泥浆，水泥浆往钻孔环形空间浇筑时，必须保证连续浇筑，中间不得停顿，防止停顿期间地层水涌出对水泥浆配比及固井质量造成影响。

第 8 篇　录井及地质导向技术

1　综合录井技术

1.1　录井概念

1.1.1　录井

录井是在整个钻井过程中，通过直接方式或者间接方式了解收集地下信息的技术活动，可以被分为直接录井法和间接录井法。

直接录井在实际应用中常用的有岩屑录井和岩煤心录井。

间接录井则需要通过对钻井液进行观察以及观测钻时变化和泥浆变化等方式对地层状况进行研究，达到录井的目的。气测录井、钻井液录井以及荧光录井都属于间接录井方式。

在煤层气开发中最常用的录井方式包括钻时录井、气测录井、钻井液录井、水文观测、以及岩煤心录井和岩屑录井。

1.1.2 录井的作用

录井是勘探开发活动中最基本的技术，具有获取地下信息及时、多样，分析解释快捷的特点，是发现、评估油气藏最及时、最直接的手段。

(1) 录井是钻井工程的信息窗口

录井是工作人员建立在钻井现场对整个施工过程中的大量信息采集、处理、存储的信息管理工作站。可以进行随钻分析，及时修改设计，预报目的层段，卡准取心层位和完钻层位，确定完钻井深，指导钻井工程合理使用钻井参数。

(2) 录井在钻井过程中起纽带作用

煤层气钻井过程中，地质录井可以协调现场多种作业项目。在施工中，由于施工内容比较复杂，钻井、定向和录井需要相互配合。录井可以获取现场第一手资料，可以应用地质录井的各项资料和定向数据，结合几何导向提供的数据进行地层对比和目的层的岩性辨识，适时提出井眼轨迹调整建议，有效的组织、协调各方技术人员，高效、准确的调整施工方案。

(3) 可以监控施工质量及钻井安全

煤层气水平井施工过程中，地质录井可以对钻井施工和随钻测量工作的质量进行比对。录井仪器中工程事故预警专家系统实时监测钻进过程中各相关参数的变化，气测上对 H_2S 等有害气体的实时监测，钻井液参数的监测，可以及时发现钻井过程中的风险并做出预警。

1.2　录井设备

目前我公司配备三种录井设备，分为红外全烃录井设备以及综合录井仪。除功能多少不同外，最大的区别在于色谱分析形式的不同，下面做详细介绍。

1.2.1　红外全烃录井仪

目前公司红外全烃录井仪主要是 ZSY2006 型全烃钻时录井仪（见图 8-1-1），也就是我们说的小仪器。红外气测录井是以光谱气体检测分析理论为基础，利用红外光作为光源，结合烷烃类气体具有吸收红外光的特性，对从钻井液中脱出的样品气进行烷烃浓度实时检测，实现气测录井的目的。

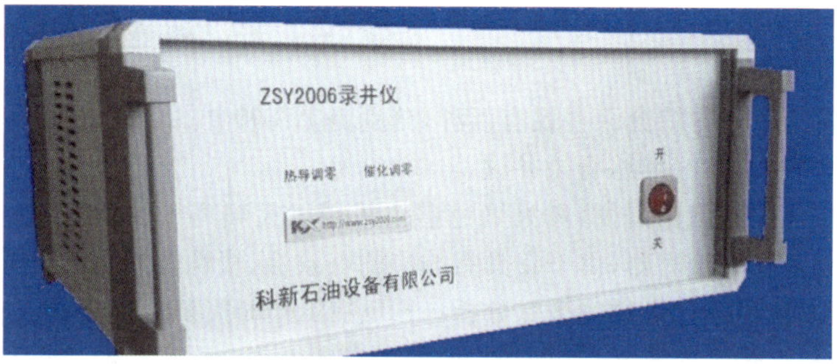

图 8-1-1　ZSY2006 型全烃钻时录井仪

主要传感器：井深传感器、悬重传感器、泵冲传感器、全烃检测器、H_2S 或 CO_2 检测器或密度传感器等 8 只传感器。

主要功能：数据采集与处理、数据远传，曲线回放，实时报警，钻具管理、数据管理理、起下钻管理等。

主要特点：功能强大，维护简单，测量数据准确，操作简单。

一般常规配备，井深、全烃就可以满足地质现场录井需要。挂接井深、悬重、泵冲、扭矩，转速等传感器就可以配成钻井参数仪，可带钻台屏幕。

ZSY2006 录井仪的全烃参数是通过红外全烃检测器测量的，它是根据气体对红外线的吸收特性，来测量全烃的。检测范围为 0～100%。

1.2.2　综合录井设备

综合录井是在地质录井、气测录井、地化录井基础上包含钻井工程录井逐渐发展起来的，以运用综合录井仪为主的录井技术。随钻采集分析处理钻井地质、钻井工程及其他随钻信息，包括地层岩性、物性、结构构造和含油气水情况等资料，发现油气层、评价油气层和实时监控钻井施工。具有随钻性、实时性、技术多样性特点。

目前我国较为代表性的综合录井仪有：

中原油田：NLS；二十二所：ACE；上海神开：CMS、SK－2000G。

上海中油：Well Star。

综合录井的主要任务是根据井的设计要求，取全、取准反映地下情况的各项资料，以判断井下地质及含油、气情况。综合录井的采集项目见表 8-1-1。

表 8-1-1　综合录井的采集项目

录井方法	常规录井	气测录井	钻井液录井	工程录井	地化录井
测量参数	钻时	总烃	出入口密度	大钩位置	热解分析
	岩屑	组分	出入口温度	大钩悬重	QFT
	岩心	H_2S	出入口电导	转盘扭矩	OFA
	荧光		出口排量	转盘转速	荧光光谱
	钻井液性能		池体积	立管压力	热解气相色谱
				泵 冲 速	罐顶气
				套管压力	
派生参数	井深、钻压、钻时、ECD、dc 指数、Sigma 指数、地层压力、地层破裂压力 入口排量、钻头压降、钻头水马力、CH、WH、BH、双对数等				

目前我公司施工中的综合录井仪有两种，分别是上海神开 SK－2000G 综合录井仪以及新乡 22 所的 ACE－500 智能综合录井仪。

两种设备都采用氢焰色谱仪，氢火焰色谱仪采用氢火焰离子化检测器（FID）检测，FID 是对有机物敏感很高的检测器，由于它具有响应的一致性，线性范围宽，结构简单，对温度不敏感等特点，所以应用于有机物的微量分析。FID 在工作时需要载气、氢气和空气。当氢气在空气中燃烧时，火焰中的离子是很少的，但如果有碳氢化合物存在时，离子就大大增加。

相比红外全烃显示，其精确度更高，需要空气压缩机、氢气发生器等辅助设备，其价格也高得多，常用于探井、评价井等级别较高类别井的录井过程中。

以 ACE－500 智能综合录井仪介绍。

其特色是采用无线传感器技术，精度高，安装方便，占用空间小，一旦传感器损坏，可以立即更换备用设备，基本不会影响正常施工。

ACE 智能录井系统由仪器房、机柜及配电系统、气体分析系统、传感器采集系统、工程参数测量系统、钻井液参数测量系统、计算机系统、地质设备、辅助设备、工具、文具及随机配件等构成。运行于多台计算机组成的网络平台上，完成实时数据采集、处理、存储和输出等功能。采集计算机处理 CAN 总线上的传感器信号；智能快速气测仪处理色谱分析信号；数据由服务器汇总存储，直接录取气体、工程、钻井液和地质方面有关参数近 40 余项。

（1）主要设备

① 仪器房

ACE 智能录井系统仪器房（见图 8-1-2）8.0×2.4×2.8 m 托撬，仪器房大门、逃生窗、观察窗达到 A60 防火等级。

② 智能快速气测仪（气体分析系统）

包括天然气总烃分析仪、天然气非烃组分分析仪（红外 CO_2）、天然气组分快速分析仪、电动脱气器、空气压缩机、氢气发生器、PC104 采集机箱及辅助设备等仪器，用于适时监测试验井全烃分析、烃组分分析和非烃组分，控制色谱流程、采集色谱信号，自动判别分析谱峰，并对色谱异常状态告警提示，快速分析周期为 30 s 具有快速和常规色谱分析的切换功能（图 8-1-3）。

③ 钻井工程事故预警专家系统

图 8-1-2　ACE－500 综合录井仪仪器房外观

图 8-1-3　ACE－500 综合录井仪

钻井工程事故预警专家系统实时监测钻进过程中各相关参数的变化，并对工程事故进行预警(图 8-1-4)。

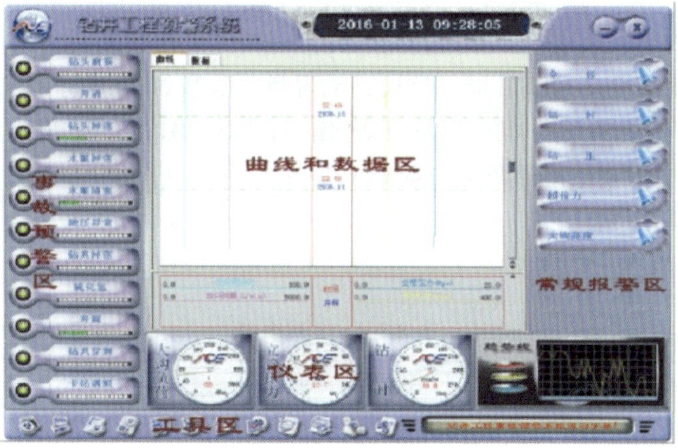

图 8-1-4　工程预警主界面

④ CAN 总线采集及无线传感器组

CAN 总线采集节点集中在钻井井台、钻井液入口和钻井液出口等区域的三个接线箱中，传感器信号就近接入接线箱，在接线箱中进行信号调理转换为数字信号，经 CAN 总线传输到实时采集机进行处理。

无线传感器组包括绞车、转速、立压、扭矩传感器组，泵冲、流量、密度、电导、温度、池体积传感器组。

⑤ 计算机系统及输出设备(图 8-1-5)

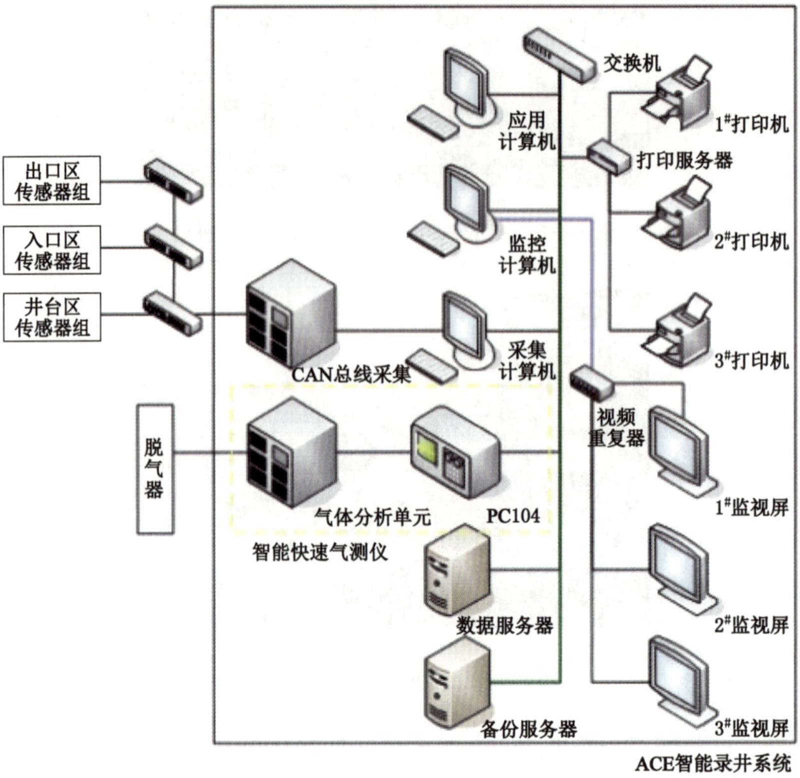

图 8-1-5　ACE 智能录井系统框架图

计算机系统配置为 3 台高性能工控机、1 台品牌计算机、2 台宽行打印机、一台 A4 打印机及相关网络设备，可实现实时共享、储存、传输、打印、输出。

⑥ 配备齐全综合录井必备的其他辅助工器具。

(2) 主要技术指标

① 工程参数见表 8-1-2。

表 8-1-2　工程参数

工程参数	测量范围	精度/误差
井深	0～9 999.99 m	1%(单根)
大勾负荷	0～2 000 kN	满量程的 2%
立/套管压力	0～40 MPa	满量程的 2%
转盘扭矩	0～150 kN · m	满量程的 5%
泵冲次	0～300 冲/min	误差：≤1 冲/min
转盘转速	0～300 r/min	误差：≤1 r/min

② 钻井液参数见表 8-1-3。

表 8-1-3　钻井液参数

钻井液参数	检测范围	分辨率	误差/精度
入/出口密度	0.90～2.50 g/cm³	0.01 g/cm³	不大于 0.02 g/cm³
入/出口温度	0～100 ℃	0.1 ℃	1.0 ℃
入/出口电导率	0～300 ms/cm	1 ms/cm	满量程的 2%
钻井液池体积	分池:0～40 m³ 总体:各分池体积之和		分池:满量程的 1% 总体:1.5%
出口流量	0～100 L/s(相对流量 0～100%开启度)		满量程的 5%

③ 气体参数

天然气全烃检测器(以甲烷为检测气样):

a. 最小检知浓度:10 ppm;

b. 测量范围:10～1×10^6 ppm;

c. 重复性误差:满量程的 2.5%。

天然气烃组分检测器:

a. 最小检知浓度:10 ppm(混合气体);

b. 测量范围:10～1×10^6 ppm(甲烷);

c. 重复性误差:满量程的 3%;

d. 分析周期:30 s。

天然气非烃组分检测器:

a. 最小检知浓度:H_2S 1 ppm,$H_2$200 ppm,CO_2 1000 ppm。

b. 测量范围:H_2S 1～300 ppm, H_2 200～1×10^5 ppm,CO_2 1 000～10^6 ppm;

c. H_2S 响应时间:小于 50 s(90%响应);

d. 重复性误差:H_2S 满量程的 5%;H_2、CO_2满量程的 2.5%。

④ 其他要求

a. 样品气管路延迟时间应小于 2 min。

b. 每日从脱气器或其他样品气采集设备处进样一次,检查气体管路畅通密封情况。

c. 某一仪器单元更换影响其测量结果的部件后,应重新校验该仪器单元。

d. 仪器检查、检验记录应列入仪器技术档案予以保存。

1.3　现场录井施工的基础

(1) 气测反应灵敏度高的设备,如气相色谱仪等,每天定期开展注样检验、定期巡查脱气器与气测管路。

(2) 资料录取参照《煤层气录井资料解释及验收规范》(NB/T10040－2017)、《煤层气地质录井作业规程》(Q/CUCBM0201—2002)、《油气井地质录井规范》(SY/T5788.3－2008)、《油气探井气测录井规范》(SY/T5788.2－2008)、《煤层气录井安全技术规范》(SY6923－2012)等技术标准的要求执行,并可参照煤系地质编录有关规定和《含煤岩系钻孔岩心描述》

(DZ/T0002—2017)执行。提交成果资料应符合《油气探井录井资料质量控制规范(SY/T6438—2000)》《石油天然气勘探开发地质录井规范(Q/SH0076—2007)》要求。

(3) 为保证地质录井工作正常运行,钻井队应满足录井施工条件要求,录井仪器房应使用专线供电,电压 380 V±38 V、频率 50 Hz±2 Hz;地质值班房和砂样房所需电源电压 220 V±22 V、频率 50 Hz±2 Hz。

(4) 录井所需的各种工具、材料和配件等,须于开钻前配齐所备的样品袋、岩心箱等,应结实耐用、整齐规格。各类录井仪器应于开钻前进行调试,确保运行正常、记录准确。并通过建设方验收方可施工。

(5) 综合测井结束后,录井队及时收集测井曲线图,及时解释地层剖面。按照甲方要求的时间提交各项录井原始资料、实物资料、完井地质报告及图件及数据光盘;完井后按甲方要求提交综合录井总结报告、综合录井图、电子文档(数据盘)及实时数据等综合录井资料。及时整理并妥善保管岩心、岩屑实物资料,经完井验收后负责送至甲方指定地点保存。

1.4 常用的录井项目

1.4.1 钻时录井

钻时录井是指在钻进过程中,每钻进单位厚度的岩层所用的纯钻进时间,单位为 min/m,钻时录井就是系统地记录钻时并收集与其有关的各项数据、资料的全部工作过程。

钻时录井开始前,需要准确丈量钻具做到五清楚(钻具组合、钻具总长、方入、井深和下接单根)、两对口(钻井、录井)、一复查(全面复查钻具),单根允许误差±5 mm,记录精确到 0.01 m;倒换钻具应记录清楚,严把倒换关确保井深准确无误。

(1) 间距要求:非煤系地层每 1～2 m 记录 1 个点;煤系地层 0.5～1 m 记录 1 个点:目的层井段 0.1 m 记录 1 个点(具体操作按设计执行),以便于判断煤层埋深、厚度和确定夹矸位置。

(2) 进行钻时录井必须先计算井深和方入。钻时要随时记录钻时突变点,以便及时发现煤层,卡准煤层深度、厚度等;要经常校对钻具长度及井深,每打完一个单根和起钻前必须校对井深,井深误差不得超过 0.1 m。

(3) 采集项目井深、钻时、放空(起止时间、井段、钻压、层位、悬重)、接单根、停钻、停泵、变泵。要随时记录钻时突变点,以便及时发现煤层,卡准煤层深度、厚度等。钻井参数要保持相对稳定,并记录造成假钻时的非地质因素。

1.4.2 岩屑录井

(1) 岩屑录井

岩屑是及时认识地层岩性和油气层的直观材料。

岩屑录井:在钻井过程中,地质人员按照一定的取样间距和迟到时间,连续收集与观察岩屑并恢复地下地质剖面的过程(见图 8-1-6)。

岩屑录井要注意以下几项:

① 岩屑:地下的岩石被钻头破碎后,随泥浆被带到地面上,这些岩石碎块叫岩屑,又常称为“砂样”。认真把握捞屑、洗屑、观察、晾干、描述、采样、装袋、保管等八个环节。应坚持三循环洗井的原则,即提钻前、下钻到底及钻遇目的煤层之上的标志层时应进行循环洗井,

图 8-1-6　岩屑录井

以减少砂样混杂，保证判层准确。

② 钻遇的地层中，屑录井采集项目：井深、钻达时间、迟到时间、捞砂时间、层位、岩性、描述内容、岩屑样品。

岩屑录井作业流程见图 8-1-7。

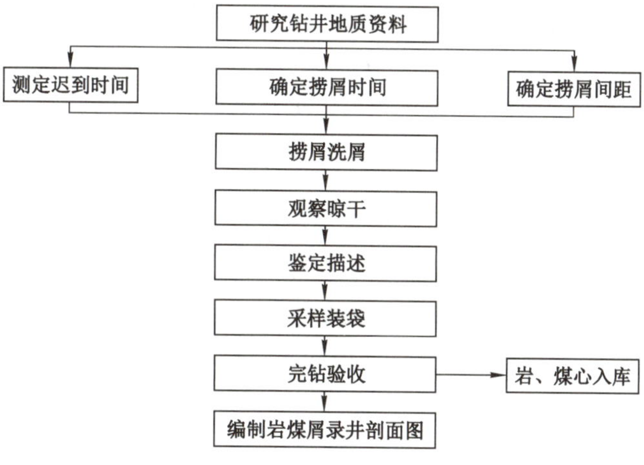

图 8-1-7　岩屑录井作业流程

（2）岩屑迟到时间

岩屑录井要获取具有代表性的岩屑，关键是做到两点：一是井深准，二是岩屑迟到时间准。岩屑迟到时间准确与否，直接影响岩屑的代表性和真实性。

现场捞取的岩屑，由于受多种因素的影响，每包岩屑并不是单一的岩性，要将每一深度的真实岩屑找出来。

（3）岩屑描述

在岩屑录井中，岩屑描述人员传统上运用“远观颜色、近看岩性”来描述岩屑，通过观察颜色可以对岩屑进行粗略的分层。

首先做好岩屑描述前的准备：

① 器材准备：包括稀盐酸、放大镜、镊子、小刀及描述记录等。

② 资料收集：包括钻时、憋跳钻情况、取样间距、气测数据、槽面或池面气显示情况，钻遇煤、气显示的层位、井段等。

③ 岩屑的观察、描述采用干湿结合的方法。对井内刚刚返出的岩屑，或捞样、洗样、风干过程中的岩屑进行湿样观察和描述，其主要内容是含气情况、特殊物质及结构、构造等干样所不易观察或不能观察到的现象；并要做滴水、滴酸、荧光、含气性试验；对风干后进行正常的观察和描述。

1.4.3 气测录井

气测录井是从安置在振动筛前的脱气器获得从井底返回的钻井液所携带的气体，对其进行组分和含量的检测和编录，从而判断目标煤层区域气层的工作。当煤层气井钻遇煤层时，由于钻头对煤层的破碎，部分游离气进入钻井液。在煤屑上返过程中，随着钻井液柱压力降低，大部分吸附气解吸出来进入钻井液中，在气测录井中表现出煤层段气测值明显增高。相对常规砂岩储层，无论煤层含气好坏都有明显的气显示。气测录井方法无法对所钻遇煤层的含气量做定量分析。但是可以监测气体的存在，并可根据气测显示值的大小定性判断煤层含气量的大小，是我们录井工作中非常重要的一环(图 8-1-8)。

(1) 工作前对气测仪器进行全面标定，制作工作曲线，标定合格方可工作。

(2) 工作开始后，重点监测，砂岩层及煤层中含气情况。充分利用气测功能发现砂岩气层、煤层、页岩气层、砂岩气层、煤层深度、厚度，评价煤层含气性并卡准层位。

(3) 全烃为连续记录数据曲线，至录井开始每 1 m 选一最高值记录到原始记录表上，目的层段可加密记录；组分为周期分析，选用综合录井仪色谱为快速色谱，一个周期为 30 s/90 s，组分出来的值同样每 1 m 选取最高值记录在原始记录表上，测量间距以两口井间距要求为准。

(4) 每次起下钻须校验仪器并对色谱进行重复性校验，以保证仪器的灵敏度。每班在井口气管线和脱气器处注入标准气样以检查管线的密封性和仪器准确度。

(5) 目的层每次起下钻到底须观测后效并记录后效气测异常。

(6) 及时整理所录资料，绘制随钻气测曲线图，对异常井段及时做出初步解释。

1.4.4 岩煤心录井

岩煤心录井是对取心钻进中钻取的岩、煤心进行分层、鉴定、描述、分析化验，综合研究而取得煤层物性和含气、水情况各项资料，达到建立岩性剖面目的的一种录井方法。岩煤心是最直接最可靠反映地下地质特征的第一手资料。

岩煤心录井作业流程图见图 8-1-9。

(1) 取心过程中的注意事项

① 取心工作中要明确分工，确保岩心录井工作质量。岩心出筒时，各岗位人员要通力配合，专职采集人员做好出筒、丈量、整理和采样工作。

② 检查各种工具、器材是否齐全，取心前由地质技术人员准备好丈量工具、清洗工具、标签、手电筒、岩心箱、各种记录表、绘图工具等必须的工具。

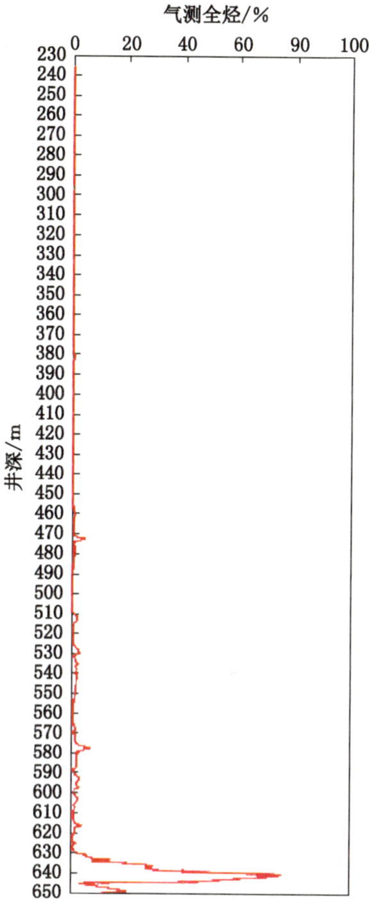

图 8-1-8　气测曲线图

③ 取全取准取心钻进工作中的各项地质资料。

卡准取心层位。在钻达预定取心层位前，应根据邻井实钻资料及时对比本井实钻剖面，抓住岩性标志层、电性标志层，卡准取心层位。

认真进行地层对比，准确预测目的煤层深度，提前 20 m 下达见煤预告书，保证目的煤层及其顶底板岩心剖面的完整性。

(2) 岩心出筒、丈量和整理

① 岩心出筒及清洗

a. 岩心筒提出井口后，要防止岩心滑落。

b. 岩心出筒：岩心出筒时观察油气显示情况，岩心出筒时的关键在于保证岩心的完整和上下顺序不乱。

c. 除密闭取心外，同时进行浸水试验，观察油气水显示特征，并做好观察记录。对易挥发的含油气岩心，应及时采取封蜡等保护措施。

② 岩心丈量

a. 判断真假岩心、残留岩心。

b. 岩心丈量：对好茬口，画方向线，由顶到底进行丈量。

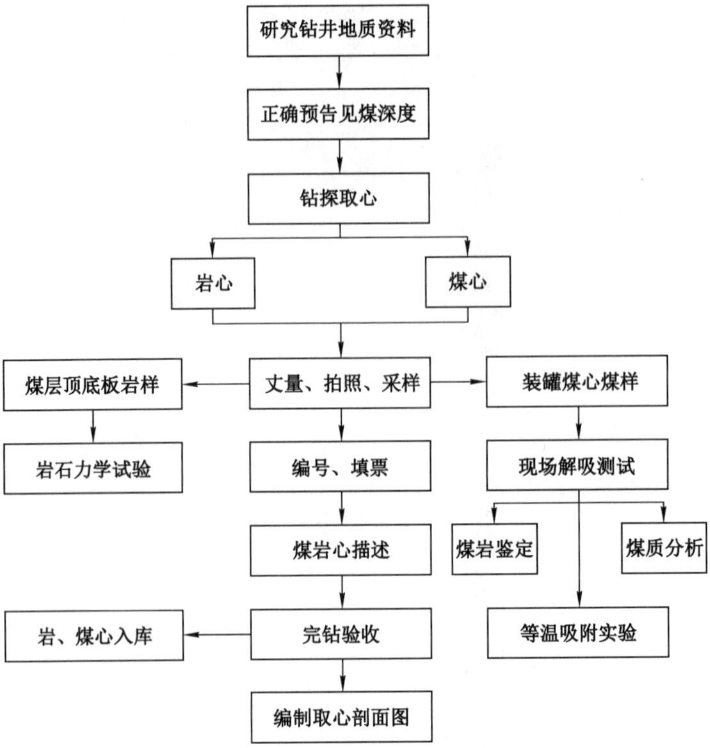

图 8-1-9　岩煤心录井作业流程图

c. 计算岩心收获率。

③ 岩心整理

a. 每筒岩心都应进行岩心描述。岩心盒内的岩心应进行编号，岩心编号以带分数形式表示，如 $5\frac{4}{24}0.16$，即表示第五筒心共编号 24 块中的第 4 块，单块长为 0.16 m。

b. 岩心、煤心经过采样、编号以后，还应及时填写回次岩心票、分层票、采样票等。岩心格式记录见表 8-1-4。

表 8-1-4　岩心格式记录

××井××回次岩心票			
起止深度	××m 至××m	进尺	m
岩心长	m	收获率	%
编号		残留	
丈量人		日期	
×　×　井　分　层　票			
层位		编号	
深度	自　　　　m 至　　　　m		
岩性			

表 8-1-4(续)

× × 井 分 层 票			
分层心长		分层心率	%
描述人		日期	
× × 井 采 样 票			
岩性		井深	m
采样长度	m	岩心编号	
分析项目		采样日期	
采样单位		采样人	

(3) 岩心照片

岩心现场拍照见图 8-1-10。

图 8-1-10　岩心现场拍照

岩心回次照片见图 8-1-11。

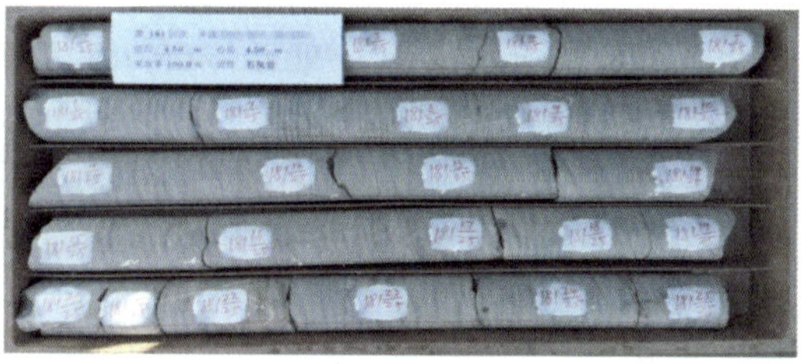

图 8-1-11　岩心回次照片

(4) 岩煤心的描述

① 收集取心层位、次数、井段、进尺、岩心长度、收获率、岩心出筒时的煤层气显示情况等资料和数据。

② 准备浓度为 5%到 10%的稀盐酸、放大镜、镊子、小刀、2 m 的钢卷尺、榔头、铅笔、描述记录等。

③ 岩心描述的顺序为:颜色、成分、结构、构造、胶结状况、裂隙发育情况、充填物及定名;还应特别注意岩层中每组裂隙发育情况,包括倾角、结构面形态、裂隙长度、张开宽度、充填物、充填类型及裂隙组合类型,研究裂隙与钻井液消耗量的关系。

④ 煤心描述的顺序为:宏观煤岩类型、成分、物理性质、结构、构造、内外生裂隙、夹矸,煤层、泥页岩含气显示等;应详细描述和统计煤心中面割理、端割理及割理面的密度、视倾

角、充填物及充填程度、割理组合类型，同时描述煤心出筒状况等及其顶、底板岩心裂隙发育特征。

1.4.5 简易水文观测

简易水文观测是钻探过程中揭露含水层时所作的对含水层水位、水温、冲洗液的消耗量等参数的观测和记录。

在钻探过程中应进行简易水文观测，每次起钻后、下钻前测量一次水位，一般 1 小时观测一次钻井液消耗量，钻井过程中注意记录漏(涌)水层位、深度及水位变化情况，如遇井涌，记录涌高、涌出物和涌出量，并取样测定水型、总矿化度、氯根。

1.4.6 工程参数

工程参数录井主要实时监测和记录：大钩负荷、大钩高度、钻压、立管压力、套管压力、转盘转速、扭矩等。并提供垂直井深、钻头纯钻时间、钻头纯钻进尺等实时计算参数。

工程参数录井的要求及注意事项如下：

(1) 工程参数录井，仪器自动连续记录，每 1 m 记录 1 次各项工程参数；

(2) 严格执行巡回检查制度，认真交接班，严格按巡检路线和关键点进行检查，发现异常及时处理、汇报；

(3) 及时将巡检结果记录下来；

(4) 工程参数数据及时收集、分析，发现异常及时通知司钻。

1.4.7 钻井液性能录井

根据钻井液性能的变化及槽面显示，可以指示判断井下是否钻遇油、气、水层和特殊岩性地层。

钻井液录井的要求及注意事项如下：

(1) 在非煤系段，每班测一次全套性能(钻井液类型、测点井深、密度、黏度、含砂、pH 值等)，取心前也测一次全套性能；每 2 h 测定一次一般性能(密度、黏度)。

(2) 钻开煤层之前检查钻井液性能是否符合二开设计要求，井深是否准确；解吸操作人员和煤心解吸罐是否准备好；或泥浆槽、振动筛、除砂器工作是否影响获取资料。

(3) 发现异常(如黏度加大，钻时变快，钻井液有气侵，槽面见气泡等)连续测定钻井液密度、黏度，并加密测量全套性能，做好记录。

(4) 当钻井液中出现气显示时，应记录井深、层位、气显示特征等.

(5) 发生井涌或井漏时，应记录井深、层位、钻头位置、工作状态、井涌或井漏起止时间、涌或漏失量。堵漏时，还应详细记录堵漏起止时间、堵漏材料及其用量等。

1.4.8 钻井液参数录井

测定钻井液流量、体积、出入口密度、出入口温度、出入口电导率等钻井液录井参数的变化，为井下地层流体的活跃程度、地层压力的平衡情况进行预报，为安全顺利施工创造条件。

(1) 钻井液的循环动态信息

钻井液的循环动态信息包括钻井液体积、钻井液流量，这类信息具有很强的实时性。在钻开渗透性好的气层时，这类信息的变量可以立即显示循环钻井液压力与地层孔隙压力的平衡状态。

(2) 钻井液的物理性质信息

钻井液的物理性质信息包括钻井液温度、钻井液密度、钻井液电导(阻)率，这类信息具有一定的延时性。从钻开地层到返出地面需要一个迟到时间，实时性较差，但这类信息携带有钻开地层的岩石物性和含气性等方面的地质信息。

1.4.9　循环观察

钻井过程中如遇含气显示、气测异常、放空、井涌等地质现象时，应立即停钻循环钻井液观察一周以上。循环观察过程中，要密切观察井口、泥浆槽液面，注视气测显示、泥浆液面变化、测定泥浆性能，做好详细记录。并取钻井液样品现场做全脱分析，以便准确判断气显示层和岩性。

观察井口、槽面钻井液返出情况及地面循环罐液面变化情况，结合综合录井其他参数，做好人工监测气侵、溢流、井涌(喷)、井漏等异常预报。关井后要记录关井立、套压变化情况，放喷点火时拍照记录火焰高低和颜色等情况(注意防爆)。

1.4.10　荧光录井

钻井中，直接对返出的洗井液样品岩屑、岩心等，定时或定距作紫外光照射，观察有无荧光反应，以了解钻遇地层何处有含油层迹象的一种录井方法(见图 8-1-12)。

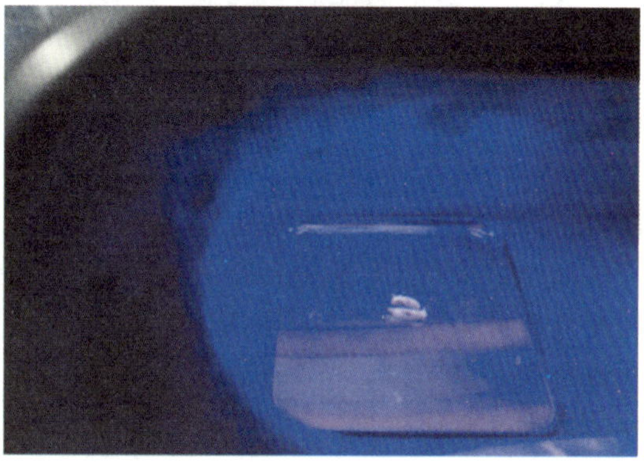

图 8-1-12　荧光录井

(1) 项目

湿照、干照、点滴试验、系列对比分析。

(2) 录井井段及密度(间隔)要求

① 岩屑逐包进行荧光湿照、滴照，逐包进行系列对比分析，并保存滤纸。

② 岩心全部进行荧光湿照、滴照，每层进行系列对比分析，并保存滤纸。

③ 井壁取心样品逐颗进行荧光湿照、滴照，储层逐颗进行系列对比分析，并保存滤纸。

(3) 系列对比分析

取岩石样品 1 g，研磨成粉末，用有机溶剂(氯仿或四氯化碳)5 mL，浸泡 4 h 后在荧光灯下，观察溶液发光颜色，并与本地区同层位标准系列进行对比，确定荧光系列级别。

1.4.11　地化录井

地化学录井技术是应用传统的有机和无机地球化学与石油地质、油藏工程、紧密结合起来，采用现代的地球化学分析测试技术，并综合各种油田现场资料，直接以储层、烃源岩为研究对象，对地层中与油气密切相关的烃信息(如:烃含量、组成、烃分布特征等)进行研究，进而解释储层、评价烃源岩的一种方法。

(1) 地化录井的作用

① 判断储层流体性质，区分真假油气显示，准确进行油、气、水层评价，为试油提供准确的依据(图 8-1-13)。

图 8-1-13　地化录井

② 注水开发区储层水淹程度评价，预测注水突进，为制定开发方案提供准确有依据。

③ 对特殊油气藏(低阻、低孔渗、超稠油、裂缝性等)进行正确判断油、气、水层。

④ 特殊钻井液(如水包油钻井液、KCL 钻井液等)录井，进行判断油、气、水层。

⑤ 生产动态监测，判断合层开采层贡献率，为堵水提供依据。

(2) 地化录井技术的特点

① 直接：直接测量储层中烃类物质丰度。

② 快速：15～20 min 分析一个样品，现场可快速区分真假油气显示，准确评价油、气、水层。

③ 定量：对现场岩心、岩屑和井壁取心及钻井液样品中的烃类物质定量分析。

④ 精确：采用热解气相色谱技术，对烃类物质进行组分分析，得出每个组分的相对含量。

1.4.12　特殊作业时的地质录井

录井工作伴随着煤层气井从开钻到完井的整个过程，在下套管、固井、测井、采样、测试等特殊作业时，录井工作必须要做到以下要求：

(1) 下套管、固井作业时，准确、详细地收集、丈量套管及固井数据。套管数据包括：套管材质、钢级、壁厚、内径、外径、产地，打压情况等，各单根长度及入井顺序、套管下深及联入等，套管鞋位置、阻流环位置、磁定位短节位置，扶正器位置等。固井数据包括：水泥标号、产地、用量，水泥浆密度原始记录和统计，替浆量及碰压情况，水泥环返高等。

(2) 地球物理测井作业时，地质录井技术人员应与测井解释人员配合，向其提供本井实钻地质数据和井内情况，检查并记录实际测井项目、测量井段等；收集测井现场成果资料，测井队向录井队提供现场曲线及目的煤层初步解释数据。

(3) 地层测试作业时，地质录井技术人员应与测试解释人员配合，向其提供本井实钻地质数据和井内情况资料，收集现场地层测试情况和测试数据。

（4）含气量采样及测定作业时，地质录井技术人员要帮助测定作业人员做好时间记录，并提供本井实钻地质数据和井内情况资料，收集必要的解吸数据。

（5）处理复杂情况时，地质录井人员应详细地记录工程事故（如卡钻、顿钻、井塌、落物等）的发生时间、井深、钻头位置、原因、处理措施及结果等资料。

1.5　特殊录井工艺

1.5.1　井壁取心

（1）岩心出来现场首先看一看哪些层没取到，深度、岩性有没有问题，及时报告基本情况。

（2）统计本次取心井段，下井颗数，收获颗数，收获率，按层位，分类统计泥岩、砂岩、煤层等，统计总油气等显示颗数，不同含油气级别颗数、深度，核对准确汇报。

（3）描述整理成册，汇报并装箱内一份，箱上标明井名、第几次取心，井段，颗数等。

（4）妥善保管，必要时运至指定地点。

1.5.2　碳酸盐岩分析

利用岩石中碳酸盐与盐酸化学反应产生二氧化碳（CO_2）气体，并连续检测二氧化碳（CO_2）气体压力随时间变化，根据灰岩与白云岩的的化学成分不同，与盐酸反应的速度则不相同的规律，通过建立碳酸盐含量随压力变化的函数曲线，换算得到3种物质成分：灰岩 $CaCO_3$、云岩 CaMg(CO)和不溶物含量。

1.5.3　氯离子滴定

（1）取泥浆滤液1 ml（用失水仪测失水量时的滤液），置于三角烧杯中，加入2～3滴酚酞指示剂，如果溶液呈粉红色即用移液管逐滴加酸至颜色消失。

（2）加入20～50 ml的蒸馏水，然后加入5～10滴5%铬酸钾指示剂，使溶液显淡黄色，以硝酸银标准滴定溶液缓慢滴定，边滴边晃动，直至溶液呈微红色为止，记下硝酸银标准滴定溶液用量。

（3）注意事项：

① 滴定前必须使滤液 pH 值保持在7左右。若显酸性（$pH<7$），则加入硼砂溶液或小苏打溶液；若显碱性（$pH>7$），则加入硝酸银溶液。

② 加入铬酸钾指示剂的量应适当，过多时，会使滴定终点提前，计算结果偏低，过少时，会使滴定终点推后，则计算结果偏高。

③ 滴定不宜在强光下进行，以免硝酸银分解造成终点不准。

④ 当滤液呈褐色时，应先用双氧水使之褪色，否则在滴定时妨碍滴定终点的观察。

1.5.4　热真空蒸馏

热真空蒸馏脱气器：采用加热搅拌和降压方法，可以使泥浆中气体膨胀，大量挥发，几乎全部分离出来，为油气层的定性、定量解释提供可靠的依据。特点：结构紧凑，外形美观；泥浆瓶容积为250 ml，分析用泥浆也定量成250 ml；分析用泥浆是用泥浆瓶在出口槽灌满新鲜泥浆后，立即盖上密封盖；不锈钢泥浆瓶，彻底消除了玻璃瓶爆破的隐患，增加了安全性。

1.5.5　岩心元素扫描

对全部岩心、岩屑进行元素扫描和伽马扫描工作。对于岩屑样品，单层厚度小于10 m，每2 m分析一个样品，单层厚度大于10 m，每3 m分析一个样品。取心段0.25 m取样分析一次。为泥页岩、灰岩油气层矿物脆性含量评价提供依据。

元素扫描仪器:尼通 XL3t 便携式矿石元素分析仪。

伽马扫描仪器:RS－125 伽马能谱仪。

1.6 煤层卡取措施

我公司初期在美中项目录井施工期间,由于钻井速度快,导致薄煤层资料未能取全,导致地质、气测资料不够精确,后期我公司积极改进薄煤层录井工艺,取得良好效果。

1.6.1 美中能源录井煤层卡取经验分析

美中项目施工一旦施工原则上不允许中断,在不出事故情况下,施工周期有时间限制,超出时间限制要有相关付款措施,设备、人员杜绝出现任何问题。钻进过程中整井负荷钻进 0.5～2 min/m,平均 1.2 min/m,对薄煤层、煤线判层要求不超过 0.5 m,地层复合率要求高达 90%以上,地层综合柱状图 600 m 定向井根据电测和录井数据岩性划分 500 层左右等等。

为了满足施工要求,对于技术提升、施工方法和施工工艺创新迫在眉睫,施工中对综合录井过程中岩屑录井、气测录井、钻时录井、工程录井、压力录井、循环观察录井及特殊作业录井等各个环节进行技术探讨和施工创新,探讨出一系列方法如邻井地层对比预判煤层、对讲机单根捞砂制度确保单米砂样准确、"钻一气二岩三"法判煤线煤层、"3 垂 5、15 垂 3"简易判断煤厚法,煤性特点不足判碳泥、山西组"一层灰岩一层煤",井深迟到时间误差"上提下放法"、特殊地层煤层顶底穿鞋戴帽"中间值法"等一些小诀窍。

1.6.2 注重微钻时技术的应用

在美中煤层气钻井施工中,钻进速度快,传统的钻时 1 m 间距不能满足地层岩性识别和层位卡取的需要,主力煤层特别是薄煤层数据容易丢失,注重微钻时技术的应用可以优化对主力及薄煤层的判定。

在煤层气的录井技术的应用中,薄煤层数量多,一般都存在录井信息记录时间不同的现象,所以利用微钻时技术,可以实现对数据的连续性处理,形成深度的记录,利用 0.5 m、0.2 m 或 0.1 m 间距的微钻时进行层位卡取,充分反映钻遇地层的特征。在录井技术的应用中,对地层的分析,也是一项必不可少的任务,利用微钻时技术,帮助工作人员在开发过程中及时了解地质特征,对更薄的层位进行识别进行有效的层位卡取,避免主力煤层数据不准和薄煤层卡丢等现象发生。

录井微钻时数据见表 8-1-5。

表 8-1-5 录井微钻时数据

井深/m	0.2 m 微钻时/min	1 m 钻时/min
1 363.2	0.6	4.5
1 363.4	0.9	
1 363.6	0.9	
1 363.8	1.0	
1 364.0	1.1	

表 8-1-5(续)

井深/m	0.2 m 微钻时/min	1 m 钻时/min
1 364.2	0.8	4.6
1 364.4	0.9	
1 364.6	1.0	
1 364.8	0.7	
1 365.0	0.9	

1.6.3　重视岩屑描述及特殊层位岩屑监测

从岩屑捞取、淘洗、烘干、描述到包装都有严格的要求。一般捞取双样，分别对干样和湿样进行描述，捞一包描一包，建立随钻录井图，每天及时将当班数据和随钻录井图向地质师汇报。便于能够每班理清资料，及时绘制出随钻录井图用于地层对比和卡层，在即将钻遇主力及薄煤层等特殊层位时，加密捞取岩屑，在振动筛实时监测岩屑变化，确保不漏取薄煤层。

1.6.4　精细现场分工及数据处理

每口井地质队长，负责录井技术管理，地质分层、取心卡层、薄煤层显示的判断。对传感器的安装、标定，队长都要一一检查，并将标定记录的电子文档发到技术负责保存。录井队仪器操作工要随时盯屏，发现钻时监测数据异常要立即报告。

录井队长和司钻，录井队长及时分析和判断异常原因，并决定需要采取的技术措施，确保主力及薄煤层资料取全取准。

1.7　气测异常情况

1.7.1　气测异常说明

通常情况下，气测全烃值稳定在一定的范围内，并且波动范围较小，该数值称为全烃基值。当实时全烃数据上升到基值的 3 倍以上时，称为全烃异常。全烃曲线出现异常说明钻井液中所含烷烃总量上升，必须引起现场录井技术人员的重视，以防止气层的漏失。

1.7.2　常见气测异常判断

气测录井过程中，全烃曲线具有连续性、实时性的特点，已成为现场录井技术人员发现和判断气测异常显示的重要手段。正常钻进情况下，如果钻遇地层岩性稳定，地层中流体性质没有发生变化，录井过程中全烃含量就比较稳定。全烃曲线的变化幅度较小；在受到钻井施工情况、地层流体压力变化以及烃组分总量变化等多方面因素的影响后容易造成全烃曲线出现异常变化。分清不同因素影响的差异，有助于提高油气储集层的解释评价水平。下面是我公司煤层气录井中常见的 3 种气测异常情况。

(1) 煤层气显示全烃异常

钻开煤层后地层中的烷烃组分含量远高于钻井液中烷烃组分的含量，这些烷烃组分通过井筒逐渐扩散到钻井液中，随钻井液上返到地面后气测全烃值会快速上升出现异常。

(2) 后效气全烃异常

钻开含油气地层后由于某种原因钻井施工需要停钻一段时间，井筒内的钻井液处于静止状在此段时间内地层中油气不断侵入井筒。重新开泵循环被油气浸染的钻井液循环到地面时气测录井显示会出现类似油气层的特征造成全烃异常该类型异常称为后效气全烃异常。

此类型异常的表现特点与油气显示型异常比较接近，录井曲线的表现形式与本相同，与油气显示型异常表现的区别为：

① 产生时间不同：油气显示异常出现在正常钻进期间，而后效气异常一般是在停止钻进一段时间，后起下钻具过程中发生。

② 二者出峰时间不同：后效气异常从开泵到全烃出峰的时间要小于一个迟到时间，油气显示异常的出现一般等于一个迟到时间。

(3) 单根峰

钻进过程中，钻开高压油气层后如果钻井液密度偏低，地层中的烷烃组分向井筒扩散的速度加快，尤其是在接单根或立柱时，出现短暂的钻井液静止时段地层中的烷烃向井筒中的扩散量较多。重新开泵后会在对应点出现全烃异常，这时的异常显示通常被称为单根峰。

单根峰的主要表现特点是出现与消失迅速，且从开泵到出现单根峰的时间基本等于一个迟到时间。

录井现场情况复杂，地质因素、钻井工程因素都会影响气测录井的准确性，录井现场必须提高警惕，实时掌握地质因素及工程状况变化，及时准确辨别真假气测异常、发现油气显示，为现场煤层气显示监测及后期解释评价提供强有力的支撑。

1.8 录井施工安全隐患

录井施工安全隐患见表 8-1-6。

表 8-1-6 录井施工安全隐患

序号	作业活动类别	作业活动内容	危害因素	危害影响或后果	风险评价				级别
					L	E	C	D	
1	录井作业	录井过程中	井喷着火爆炸	可能导致伤亡和财物损毁	3	3	15	135	Ⅲ
2			H_2S						
3			其他有毒有害气体						
4			电器使用不当触电	可能导致人员伤亡	3	3	15	135	Ⅲ
5			高温中暑	人员伤亡	3	1	40	120	Ⅲ
6			自然灾害	可能导致伤亡和财物损毁	1	3	15	45	Ⅱ
7			人员冲突	可能导致伤亡和财物损毁	1	1	15	15	Ⅰ
8			突发性传染性疫情	人员伤亡	1	3	15	45	II
9			食物中毒	可能导致伤亡	1	3	15	45	Ⅱ
10			线路老化，大功率电器使用	可能导致火灾、伤亡和财物损毁	1	6	15	90	Ⅲ
11			低温冻伤	人员伤亡	1	3	3	9	Ⅰ

表 8-1-6(续)

序号	作业活动类别	作业活动内容	危害因素	危害影响或后果	风险评价				级别
					L	E	C	D	
12	相关方作业	测井作业	井喷着火爆炸	可能导致伤亡和财物损毁	3	3	15	135	Ⅲ
13			H_2S						
14			其他有毒有害气体						
15			误进入测井中子源区	辐射	1	3	3	9	Ⅰ
16		与钻井交叉作业	砸伤、碰伤、挤伤	人员伤亡	3	3	3	27	Ⅱ
17		固井作业	固井时产生的粉尘,高压伤害	人员伤亡	1	3	3	27	Ⅱ
18	交通运输	生产配合	所属员工未系安全带、超员	可能导致伤亡	6	1	7	42	Ⅱ
19	交通运输	生产配合	恶劣天气下未减速谨慎驾驶	可能导致伤亡和财物损毁	3	1	40	120	Ⅲ
20			强超强会、超速、急打方向	可能导致伤亡和财物损毁	3	1	40	120	Ⅲ
21			遇有道路施工路段不减速、强行通过,违章占道	可能导致伤亡和财物损毁	6	1	15	90	Ⅲ
22			违反交通规定行驶	可能导致伤亡和财物损毁	3	3	15	135	Ⅲ
23			无任何停车警示标志	可能导致伤亡和财物损毁	3	0.5	40	60	Ⅱ
24			驾驶员心理与身体条件不适应,长途车、夜班车	可能导致伤亡和财物损毁	3	1	15	45	Ⅱ
25			驾驶员操作处理不当	可能导致伤亡和财物损毁	3	0.5	40	60	Ⅱ
26			酒后驾驶	可能导致伤亡和财物损毁	1	1	40	40	Ⅱ
27			车辆带病运行	可能导致伤亡和财物损毁	6	0.5	15	45	Ⅱ
28	吊装、卸作业	吊装	砸伤、碰伤、挤伤	可能导致伤亡	0	3	3	9	Ⅰ
29			吊具不合格	可能导致伤亡和财物损毁	1	3	15	45	Ⅱ
30			指挥信号不明	可能导致伤亡和财物损毁	1	3	3	9	Ⅰ
31			超载起吊	可能导致伤亡和财物损毁	1	0.5	15	7.5	Ⅰ
32			物件捆绑不牢	可能导致伤亡和财物损毁	1	0.5	15	7.5	Ⅰ
33			歪拉斜挂,不平衡	可能导致伤亡和财物损毁	1	1	15	15	Ⅰ
34		吊卸	摆放位置不合理	可能导致伤亡和财物损毁	1	3	3	9	Ⅰ
35	设备安装	立压安装	高压	可能导致伤亡	1	3	15	45	Ⅱ
36		池体积安装	踩空或坠入罐中	可能导致伤亡	1	3	15	45	Ⅱ
37		泵冲安装	高压	可能导致伤亡	1	3	15	45	Ⅱ
38			机械伤害	可能导致伤亡	3	3	1	9	Ⅰ
39		转盘安装	机械伤害	可能导致伤害	3	3	1	9	Ⅰ
40		拉线、接电	碰伤	可能导致伤害	6	3	1	18	Ⅰ
41			摔伤	可能导致伤害	3	3	1	9	Ⅰ
42		绞车安装	机械伤害	可能导致伤害	3	3	1	9	Ⅰ
43		脱气器安装、接电	碰伤	可能导致伤害	6	3	1	9	Ⅰ

表 8-1-6(续)

序号	作业活动类别	作业活动内容	危害因素	危害影响或后果	风险评价				级别
					L	E	C	D	
44	钻具管理	丈量钻具	挤、压、碰、撞、摔	可能导致伤害	6	3	1	18	Ⅰ
45	综合录井	检维修	高压	可能导致伤害	1	3	15	45	Ⅱ
46			砸伤、碰伤	可能导致伤害	3	3	1	9	Ⅰ
47			机械伤害	可能导致伤害	3	3	1	9	Ⅰ
48		巡回检查	滑、碰、摔伤、物体打击	可能导致伤亡	3	6	1	18	Ⅰ
49		碳酸岩分析	烧瓶烧炸、化学品腐蚀、灼伤	可能导致伤害	3	6	1	18	Ⅰ
50	岩屑录井	岩屑采集	碰伤、摔伤、坠入循环罐、坠入泥浆池	可能导致伤亡	3	6	3	54	Ⅱ
51		巡回检查	滑、碰、摔伤、碰伤等	可能导致伤害	3	6	1	18	
52		烤箱操作	烫伤、触电	可能导致伤害	3	6	1	18	Ⅰ
53	岩心录井	划方入	碰伤、摔伤	可能导致伤害	3	3	1	9	Ⅰ
54		接心、劈心	砸伤、摔伤	可能导致伤害	3	3	1	9	Ⅰ
55		洗岩心	腐蚀	可能导致伤害	6	3	1	18	Ⅰ
56	地化录井	样品分析	化学品中毒	可能导致伤害	3	6	1	18	Ⅰ
57			化学品腐蚀、灼伤	可能导致伤害	3	6	1	18	Ⅰ
58			烫伤	可能导致伤害	3	6	1	18	Ⅰ
60	井位测量	测井位	恶劣天气	可能导致伤亡	3	1	15	45	Ⅱ
61			迷路	可能导致伤亡	3	1	15	45	Ⅱ
62			车辆伤害	可能导致伤亡	3	3	7	63	Ⅱ
63	物资供应	化学试剂存储	泄漏、灼伤	可能导致伤害	3	6	3	54	Ⅱ

2　地质导向技术

2.1　地质导向

地质导向是在水平井钻进过程中利用定向设备根据录井提供的地质信息对钻井轨迹进行指导的一项定向钻进技术，需要录井、钻井、定向等施工作业方的相互配合。

结合我公司进行的焦作煤田五里源煤层气先导性实验井——WLY-01H 井录井项目为例，研究录井工作在地质导向中的应用过程，分析优势作用。

2.2　钻前地质资料分析

开钻前，认真学习地质、钻井设计，广泛收集资料，包括邻井 1∶500、1∶200 测井图，1∶500 综合录井图，井斜数据等；熟悉区域地层情况，了解邻井的岩性、电性特征，煤层气产量、出水情况；掌握目的层构造形态、储层厚度变化等横向展布特征，目的层显示特点，储层深度等纵向分布。

以焦作五里源一组煤层气水平井为例，详述如何进行钻前地质资料分析。

2.2.1　分析邻井资料

WLY-01H 井钻前，根据 WLY-01V 井确定山西组二$_1$煤层位置：662.50～668.05 m，煤厚 5.55 m，储层温度在 21.16 ℃左右，二$_1$煤储层压力为 6.67 MPa，压力系数 1.01，渗透性 0.06 mD。

根据地震剖面初步判断距离 H 井口沿水平段方向附近 250 m 处有 F6 断层，断距约为 30 m，水平段地层总体下倾，判断倾角约为 14.5°（见图 8-2-1）。

2.2.2　选出标志层位

标志层是指一层或一组具有明显特征、层位稳定、分布范围广可作为地层对比标志的岩层，是划分地质界线、下见煤预告、指导钻井施工的重要依据。

WLY-01H 井自上而下推断地层依次为第四系、新近系；二叠系下统下石盒子组、山西组。本区地层我们一般选择 4 个明显的标志层位：

(1) A 层铝土（灰色铝土质泥岩）标志层位下石盒子组下部：具滑感，质纯，性脆，较硬，比重大，断口较平。

(2) 砂锅窑砂岩（灰色泥质砂岩）标志层位下石盒子组底界：中粒结构，泥硅质胶结，较致密，见少量石英颗粒。

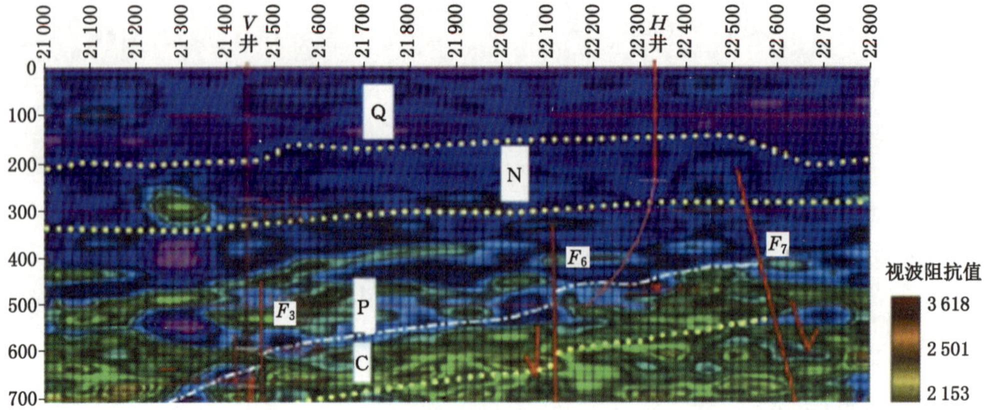

图 8-2-1　过 H 井的谐振偏移剖面投影图

(3) 大占砂岩上部碳质泥岩夹层：灰黑色，质软。

(4) 大占砂岩(灰色细砂岩)标志层位山西组下部，是二$_1$煤层的间接顶板：成分以石英为主，含少量暗色矿物，细粒砂状结构，含少量粉砂，颗粒呈次圆，分选中等，泥质胶结，较致密，偶见泥质条带。岩心出筒时断口较平整，层面可见大量白云母碎片。

2.3　地层对比卡准目标层位

通过地层对比在施工中分析录井资料逐层卡准标志层，本区下石盒子组铝土质泥岩(A层铝土)相对沉积稳定是卡取预测二$_1$煤层重要标志层，铝土质泥岩与下伏二$_1$煤层距离约为78～82 m，根据周围井及地震资料，根据邻井数据预测目的层二$_1$煤层厚度 6.25 m～7.40 m，着陆点目的层二$_1$煤厚 5.55 m。区域上各标志层间的厚度基本稳定，WLY-01H 导眼实钻过程中，首先卡准下石盒子组底铝土质泥岩，(下石盒子组铝土质泥岩距目的煤层顶厚度为 105.80 m)再卡准下石盒子组底砂锅窑砂岩，之后是卡取大占砂岩上部发育的一套炭质泥岩夹层，(距目的层砂顶厚度为 32.60 m)左右，逐步对比，最终卡准目的层(大占砂岩)及煤层。

地层对比图见图 8-2-2，钻入目的煤层时录井数据变化特征见表 8-2-1 及图 8-2-2。

表 8-2-1　钻入煤层时地质录井信息变化表

井深/m	岩性	钻时/min	气测全烃/%	伽马(API)	侧向	声波时差
495.00	泥岩	16	0.250 7	高	变化不大	变高
496.00	煤	2(迅速变小)	6.585 3(迅速增大)	变低	缓慢变大	稳定
497.00	煤	1	2.906 1	低	缓慢变大	稳定
498.00	煤	1	4.188 1	低	稳定	稳定

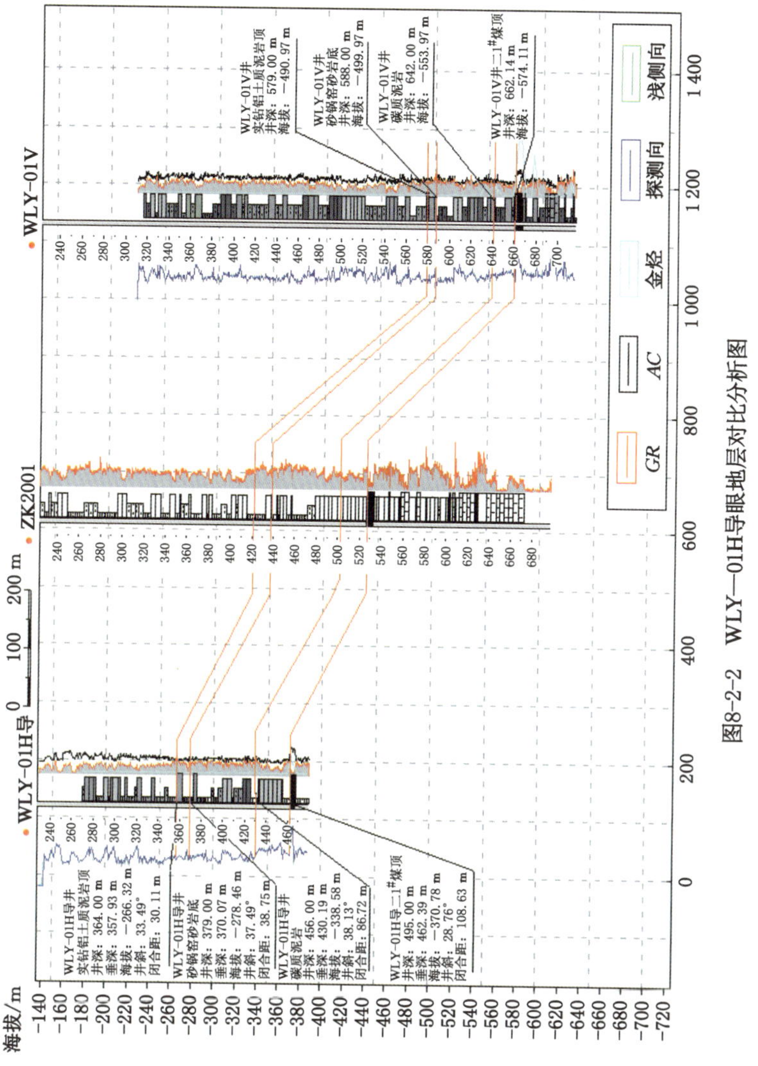

图 8-2-2　WLY-01H 导眼地层对比分析图

2.4　指导精准着陆

2.4.1　确定靶前距

在施工中一般要求在 A 靶点前 30～50 m 先探储层顶，根据岩屑录井所获取的岩屑岩性资料和随钻定向井斜角、方位角资料，计算出钻遇岩层垂深和真厚度，并与预想钻遇地层和轨迹剖面图相对比，实时校正实钻井眼轨迹及钻遇地层层位，及时修正 A 靶点，确定下步工作。现场施工时可以将靶前距按构造形态进行细化。

（1）根据构造形态确定靶前距

当着陆点的煤层顶海拔低于 A 靶点储层顶海拔时，即井身轨迹先低后高的情况下，将靶前距适当缩短，一般控制在 20～30 m 较适宜，见图 8-2-3(a)。因为这种情况靶前距越大，着陆时需要的垂深越多，钻头海拔与A靶点海拔的差距越大，井眼轨迹越难控制。减少靶前距，可缩小钻头海拔与A靶点海拔的差距，井眼轨迹比较容易控制，保证轨迹圆滑；当着陆点海拔高于A靶点储层顶海拔，构造形态相对钻进方向呈下倾斜坡状时，将靶前距定在40～50 m为宜，见图8-2-3(b)。这样一般可以提前着陆，增加储层段长度，井眼轨迹也比较容易控制。

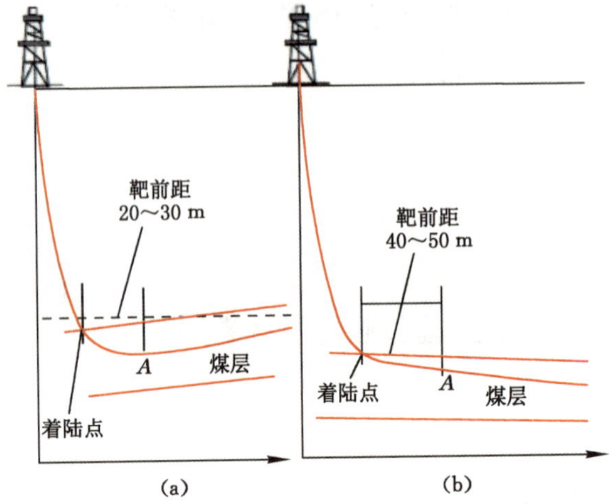

图 8-2-3　靶前距选择图

(2) 根据设计水平井与邻井距离关系确定靶前距

邻井与设计水平井地层资料接近，靶前距就要应该适当少留。距离在30 m以内时，采用不留靶前距，直接进入A靶点的做法，提高着陆的准确率。

另外，入窗井斜一般选为小于水平段设计井斜5°左右，这样既可以在着陆前增加垂深，也可以在确定目的层着陆后增斜钻进，使钻头保持在储层里穿行。

2.4.2　地层对比着陆卡层

制定合理的着陆方案的基础是准确的地层对比，在地层对比的基础上结合钻时、气测、岩屑等地质资料进行煤层气井着陆导向。地层对比非常关键，只有地层对比准确，制定的着陆方案才能合理，否则我们制定的着陆方案只能是错误的。

首先将邻井及设计井钻遇的单层厚度进行深度换算，变成垂厚度，利用定向井数据绘制本井与邻井海拔对比图。选用标准层、标志层，利用电性、岩性组合特征进行地层对比，提高预测精度，以确保准确着陆。

(1) 当地层对比结果预判比设计深度深时

① 不大于2 m的情况下，使用比设计井斜角小6°左右的入射角进入储层顶板，当钻时变小、气测见异常，捞取煤屑，判断钻头确实进入目的层时，全力增斜至设计井斜角。

② 大于2 m时，我们同样可以运用上述方法探储层顶板，但是，这样不能保证在A靶点前着陆，损失了水平段，影响整体开发部署方案。为了避免损失过多水平段，在准确地层对比的前提下，可以采用“倒推法”。所谓“倒推法”，就是根据地层对比的高低关系首先确定好着陆点的海拔深度，然后再根据实际情况确定最合理的井身轨迹剖面，制定这个轨迹的原则是：首先降斜钻进，在相同的水平位移内使垂深尽快增加，同时保证在钻遇目的层后，井斜

角全力增斜至设计井斜角时，钻头位置控制在距离储层顶面 1.5 m 范围之内，最大限度减少损失水平段。

（2）当地层对比结果预判比设计深度浅时

① 不大于 2 m 的情况下，使用比设计井斜角小 4°左右的入射角探储层顶，稳斜钻进，当钻时变小、气测见异常，捞取明显储层段岩屑，判断钻头确实进入目的层时，增斜至设计井斜角。

② 大于 2 m 的情况下，准确做好地层对比，根据地层对比的高低关系确定好着陆点的海拔深度，全力增斜至比设计井斜角小 4°左右的角度探储层顶；如果地层提前很多而突然出现，即使全力增斜也不能达到设计要求时，则只能请示技术负责填眼侧钻，重新设计井身轨迹剖面。

2.4.3　WLY-01H 井实时导向穿越断层着陆

主眼钻进钻至井深 480.00 m（垂深 439.44 m 井斜 55.57°闭合距 115.12 m），钻遇大占砂岩顶，岩性为浅灰色细砂岩，与 WLY-01H 导眼大占砂岩顶井深 462.00 m 相对比海拔提前 4.50 m，根据本井导眼大占砂岩顶至 WLY-01H 井主眼距离 24.74 m，海拔差 4.50 m，计算出地层倾角为下倾－10.31°，通过与 WLY-01H 导井对比此处大占砂岩提前可能受 F6 断层影响局部构造变化快，砂岩局部隆起或者沉积变厚，决定先主眼钻进至井深 480.00 m，钻遇按设计井身轨迹继续钻进，根据下部地层及岩性的变化实时追踪并及时预告。

在钻至井深 546.00 m，又一次钻遇大占砂岩顶，岩性为灰色细砂岩，此时已经确实 F6 断层的存在，地层受断层影响目的层二$_1$煤层可能已经错位，考虑此时井斜已经接近 67.0°，按设计要求马上到稳斜探层段，继续按原设计控制井深轨迹，并保持 70°稳斜探层。

在钻至井深 630.00 m 钻遇目的煤层二$_1$煤层，钻时由 6 min/m 降至 4 min/m，气测全烃值由 0.806 6％升至 5.560 8％，岩性为黑色煤。根据地震剖面显示与实钻地层的闭合距的位置，加上前期重复的钻遇大占砂岩，已确定本井当前已经穿过 F6 断层。目前钻头已经在目的煤层里面，确定本井顺利着陆（图 8-2-4）。

2.5　水平段地质导向

2.5.1　水平段录井及地质导向

由于地质预钻模型没有我们预想的那么精确，实际钻井中会调整井眼轨迹。录井资料紧跟钻头，现场录井技术人员掌握第一手的资料，可以最早从钻时、气测和岩屑分析判断目的层是否发生变化，亦可利用随钻工程参数的变化监测地层及目的层的变化。

在水平井钻进中，MWD 和 LWD 随钻测井技术具有最有效的地质导向作用。但在现场综合录井钻时反映及时，岩屑、荧光、气测录井反映速度快于随钻测井（表 8-2-2）。也正是根据这些有限的近钻头数据可指导水平井井眼轨迹的决策与运行分析，有效地反映出井底岩层气层情况。

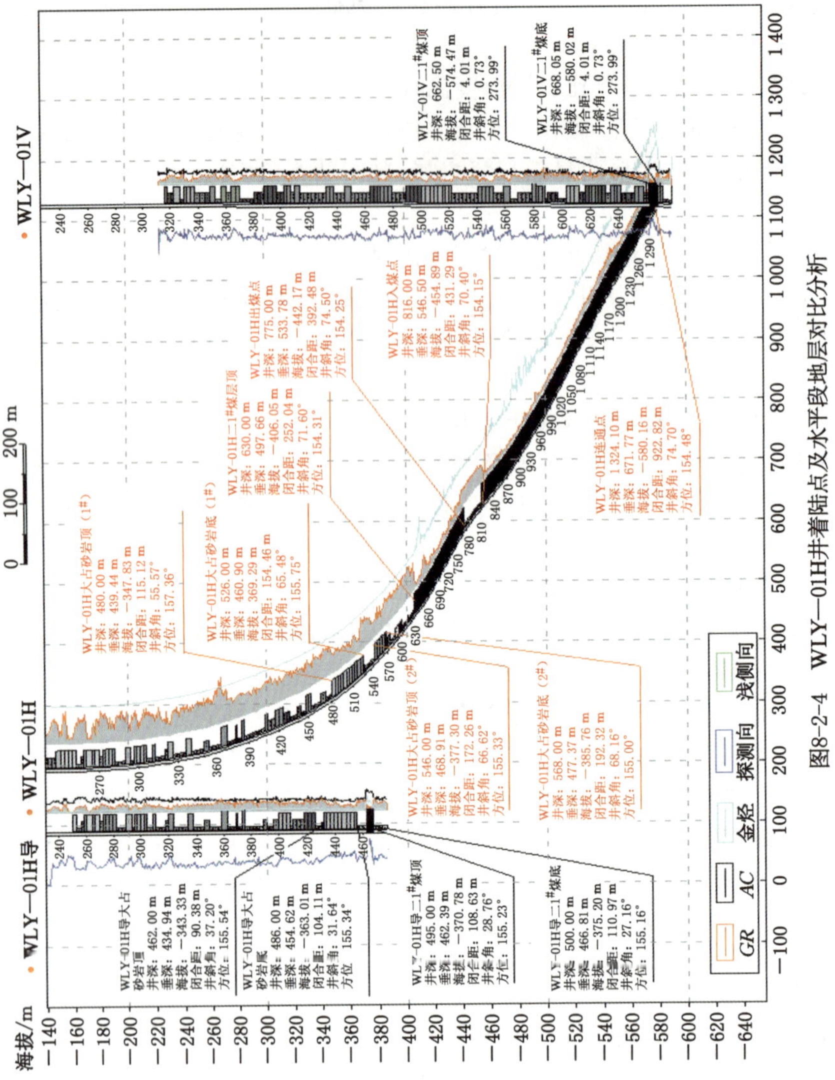

图 8-2-4 WLY-01H 井着陆点及水平段地层对比分析

表 8-2-2 地质录井信息反映速度表

测量项目	综合录井		
	钻时	岩屑	气测值
反应速度	0.2～1.0 m	一个迟到时间(可停钻循环)	一个迟到时间＋管路延时

在水平井钻进中,根据地质录井中钻时录井、岩屑录井、荧光录井及气测录井情况,以及MWD随钻测斜、LWD随钻测井、结合特征曲线综合分析共同指导在水平段钻进。由于钻井工程限制,水平井井眼轨迹不总是在储层中前行,有时井眼轨迹会偏离储层进入上下泥岩层。

从上泥岩进入气层(A点):钻时下降;岩性中百分含量:泥岩减少,砂岩增加,储层显示岩屑比例增加;气测值表现为全量、组分由低值快速上升。MWD(或LWD)垂深增加,自然伽马曲线由高值变为低值，电阻曲线由低值变为高值（见图 8-2-5A 点）。

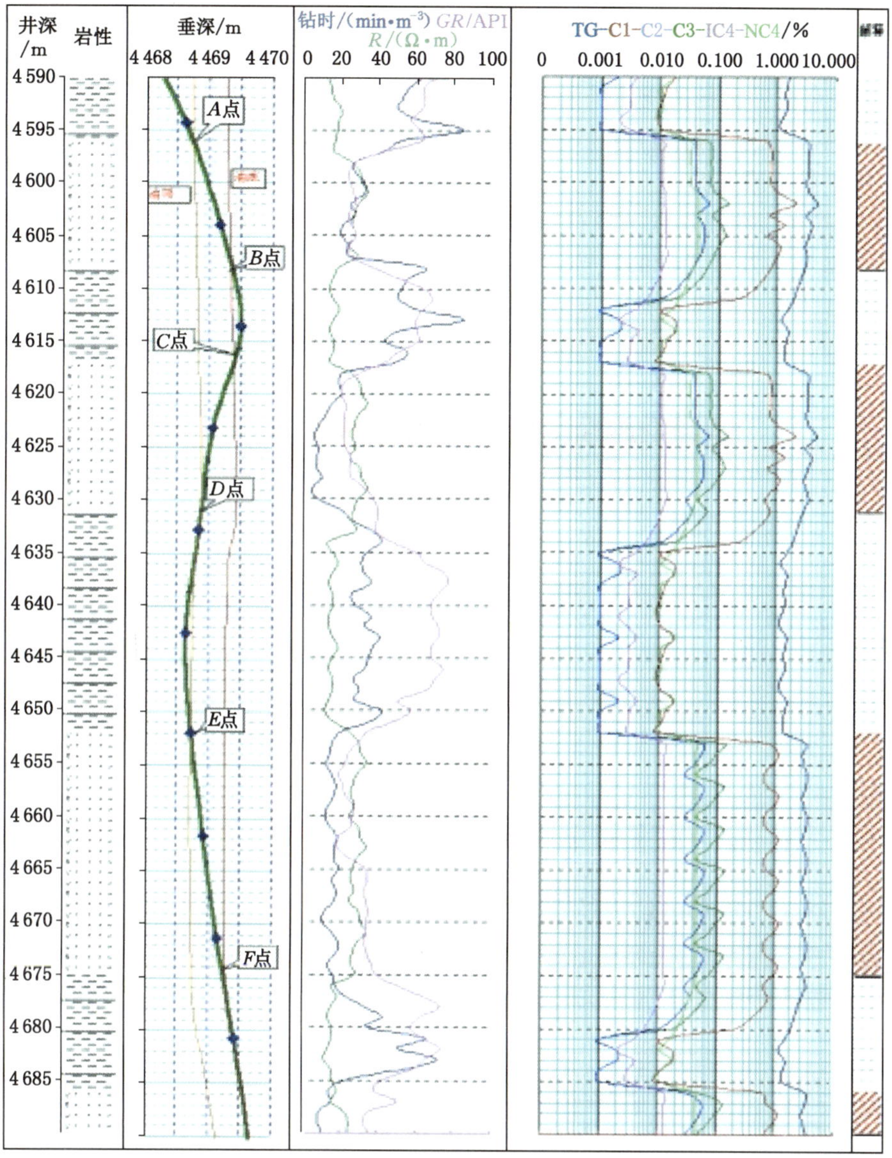

图 8-2-5　水平井录井图

在泥岩中钻进（BC 段）：钻时持续高值，岩性为单一泥岩，岩屑无气显示，气测全量曲线降为背景值，组分下降直至消失；自然伽马曲线持续高值，电阻曲线持续低值（见图 8-2-5BC 段）。

在储层中钻进（AB 段）：钻时持续低值，岩性为单一砂岩，气测显示岩屑比例高，气测全量曲线升为高值平台曲线，组分达到高值；自然伽马曲线持续低值，电阻曲线持续高值（见图 8-2-5AB 段）。如储层存在物性差异，气测全量曲线表现为锯齿形，组分时高时低。自然伽马曲线高值锯齿形，电阻曲线持续低值锯齿形（见图 8-2-5EF 段）。

在现场水平井钻井中，定量荧光检测仪的使用，解决了钻井液添加剂造成的荧光干扰问题，消除了 PDC 钻头对岩屑荧光录井的影响，为有效地获取地层真实资料提供了可能和帮助。

气测录井在水平钻进中，一旦甲烷、乙烷等轻组分出现或升高，则可判断进入储层中钻进。钻达 A 点前后全量曲线几乎无变化，iC_4、nC_4值亦无变化，而 C_1、C_2、C_3值升高明显，判断已钻入煤层。在快速钻进中，30s 快速色谱仪反映更快，用于卡层更准。

2.5.2 水平段出层控制

水平段采用无线随钻 MWD 进行定向作业，通过实时测量钻进过程的井斜角和方位角的变化，控制钻头按照设计的轨迹钻进；在水平段钻进中监控钻头钻进情况，结合岩屑、钻时、气测和自然伽马值等资料，实时分析和判断实际井眼轨迹状态，发现钻头有偏出目标层位顶或底板的趋势时，及时调整定向参数控制钻头回到目标煤层中（图 8-2-6）。

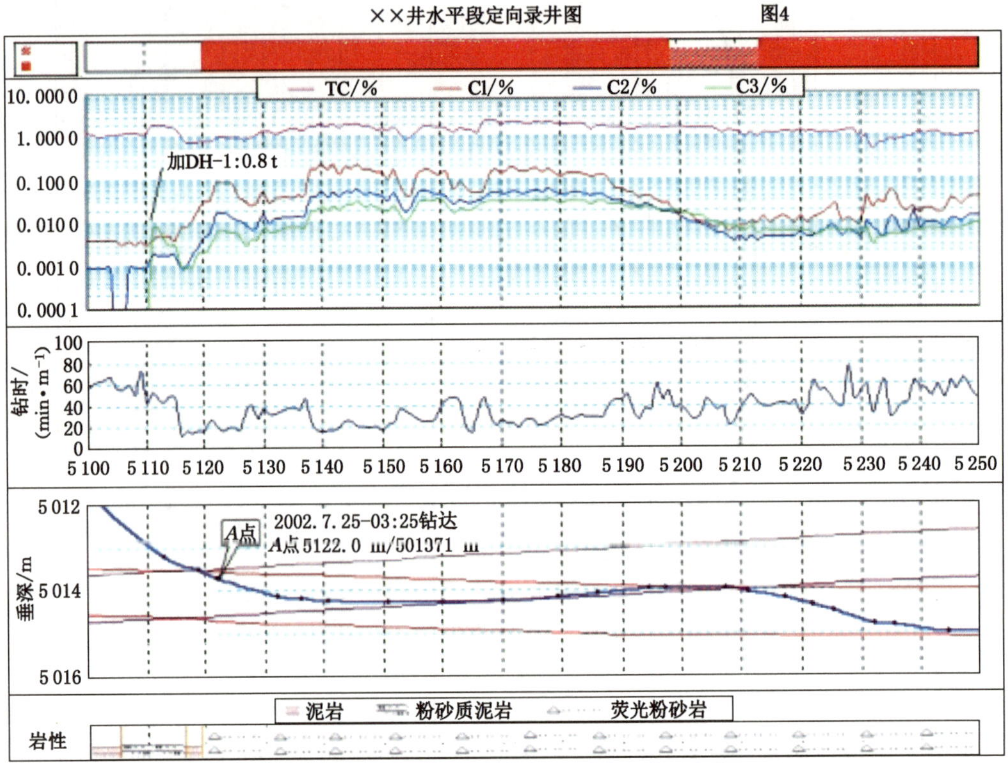

图 8-2-6 水平段定向录井图

一般情况下地层随着泥质含量的增加，其自然放射性就增加，自然伽马值就增大；煤层的伽马值低，泥岩伽马值最大，砂岩及石灰岩伽马值则居中，根据地层自然伽马值的大小，结合岩屑、钻时及气测资料来分析和判断钻头是在煤层中还是在岩层中，对施工作出正确的指导及地质导向决策（表 8-2-3）。

表 8-2-3　不同岩性的测井相应

岩性参数	视电阻率(NR)	侧向电阻率(NR)	密度(DENB)	自然伽马(GR)
煤层	高-中高	高-中高	极低	低
石灰岩	高-极高	高极高	极高	极低
砂岩	中中高	中中高	中中高	中中低
粉砂岩	中低	中低	中低	中高
泥岩	低	低	低	中高高
铝质泥岩	中低	中低	中低	极高
破碎带	中低	极低	低极低	低
黏土层	极低	极低	极低	低
黄铁矿石	极低	极低	极高	低

煤层：岩屑录井为煤块及颗粒，钻时最小、全烃及甲烷气测值大，自然伽马值小，幅值低。

岩层：当钻进煤层顶板或底板(泥岩)时，岩屑录井为泥质岩屑及颗粒，钻时较大，全烃及甲烷气测值较小，自然伽马值一般最大，曲线幅值最高，其他岩层则相对较小，幅值也低。

水平段井眼轨迹若钻出目标煤层进入顶板或底板时，伴随着地质录井数据变化的是钻时迅速增大，气测值明显降低，返出的岩屑中泥岩屑数量迅速增多，自然伽马值由低增高，此时技术人员要及时分析判断，快速做出地质导向决策，调整定向参数，控制实际井眼轨迹在目标煤层中延伸。

2.5.3　WLY-01H 井水平段出层及回层导向过程

在着陆后水平段施工当中钻遇了一次顶板，地质录井导向根据钻遇地层岩性变化，结合钻时、随钻伽马、气测等相关录井定向参数，在保证井眼轨迹及狗腿度不超标的情况下及时计算地层倾角调整井斜顺利回层，并一次对接成功且钻遇率达到 94.10%。

水平钻进中出层时地质录井特征分析：

自 775 m 岩性由黑色煤层变为灰黑色泥岩，钻时由 3 min/m 变为 5 min/m，气测由 6.041 6%变为 3.765 1%，钻出煤层，钻遇顶板泥岩，当时判断地层凹陷局部倾角变大导致，决定在保证井眼轨迹平滑的情况下降斜至 71.0°探煤层，第二次入煤点井深 816.00 m，计算地层倾角为 15.24°，决定增斜至 75.0°匹配倾角钻进，之后水平段顺利钻进，这段数据充分体现了地质录井在地质导向中的作用。

(1) 出层时现场岩屑变化，岩屑从黑色煤变为顶部灰黑色泥岩，见表 8-2-4。

(2) 气测、钻时数据变化 770.00 m～820.00 m，钻时由 3 min/m 变为 5 min/m，气测由 6.041 6%变为 3.765 1%，见图 8-2-7。

表 8-2-4　WLY-01H 水平段岩屑描述表

井段/m	厚度/m	岩性	岩性描述
630.0～775.0	145.0	黑色煤层	煤岩成分以亮煤为主，暗煤次之。污手，性脆，解理发育，解理面具玻璃光泽。块状构造，以贝壳状断口为主。
775.0～816.0	41.0	灰黑色泥岩	灰色，块状，性较软。
816.0～1 327.0	511.0	黑色煤层	煤岩成分以亮煤为主，暗煤次之。污手，性脆，解理发育，解理面具玻璃光泽，

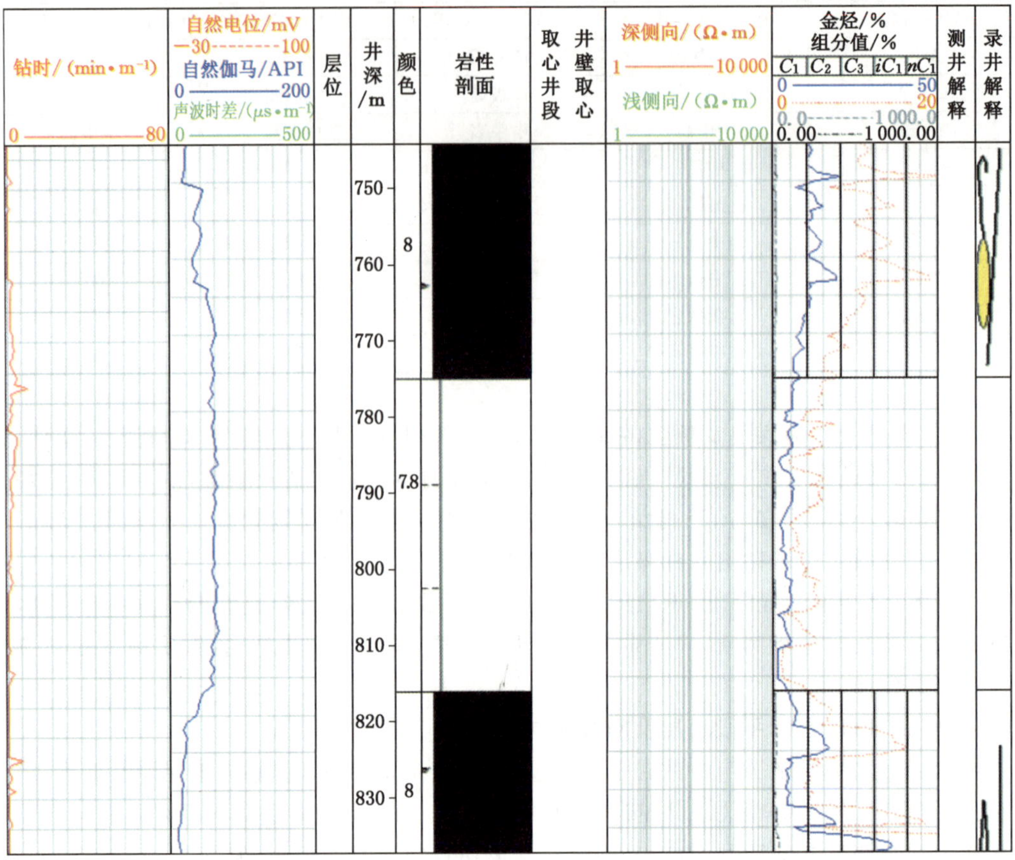

图 8-2-7　WLY-01H 井综合录井图(1∶500)745.00 m～837.00 m(出层)

2.6　定-录-导一体化技术应用

“定-录-导一体化”技术是在水平井施工过程中对钻井轨迹进行全程跟踪指导的一项综合性应用技术。钻前主要根据井区地质资料，建立钻井的地质模型；钻进过程中，根据定向和录井数据，进行实时跟踪，并不断调整储层模型，调整井眼轨迹，解决水平井施工钻前层位预测、标志层选取、轨迹增斜控制、指导着陆、水平段钻进、微构造分析等关键问题，保证在储集层中有效钻进；钻后则根据地质资料，评价气层。

第 9 篇
定向钻井技术

1 定向井、水平井概述

1.1 定向井、丛式井发展简史

定向井是按照预先设计的井斜角、方位角和井眼轴线形状进行钻进的井。定向井相对直井而言它具有井斜方位角度而直井是井斜角为零的井，虽然实际所钻的直井它都有一定斜度但它仍然是直井。

我国定向井钻井技术的发展可以分为三个阶段，50～60 年代开始起步，首先在玉门和四川油田钻成定向井及水平井：玉门油田的 C2－15 井和磨三井，其中磨三井总井深 1 685 m，垂直井深 350 m，水平位移 444.2 m，最大井斜 92°，水平段长 160 m；70 年代扩大实验，推广定向井钻井技术；80 年代通过进行集团化联合技术攻关，使得我国从定向井软件到定向井硬件都有了一个大的发展。

我国定向井钻井技术发展情况见表 9-9-1。

表 9-1-1 我国定向井钻井技术发展情况

内容 \ 年代	60 年代	80 年代	90 年代
剖面设计及轨迹计算方法	设计采用查表法、图解法等精度不高的方法	发展了曲率半径法，最小曲率半径法等多种更为精确的轨迹计算和设计方法，编制了能进行轨迹预测和防碰扫描的计算机软件包	引入人工智能和专家系统
井斜控制理论	进行了钻具的二维静态分析主要使用有限元法	发展了多种新的分析计算方法，例如：平衡梁法、加权余量法等，并编制了计算机分析程序	由静态态发展到动态，由二维发展到三维
定向造斜工艺	使用地面定向法；数据测量使用电测井数据	使用精度高的磁性单多点测斜仪进行定向和轨迹数据测量，发展了有线随钻测斜仪定向	发展了导向钻井系统，初步研制出径向水平井造斜工艺
测量方式	氢氟酸测斜仪，机械式罗盘的电测井方法	多种引进的有线随钻测斜系统投入工业使用和发展了电子测量系统及陀螺测量系统	发展了无线随钻测斜系统，引进了带地质参数的 MWD 系统
定向井钻井水平	简单的单口定向井、水平井位移小，精度低	钻成大量高难度定向井、大组丛式井、多目标井、套管定向开窗井、水平井也从大半径水平井发展到了中半径水平井	在水平井方面取得大型突破，钻成了长、中、短半径水平井

1.2　定向井的分类

按定向井的用途分类可以分为以下几种类型：普通定向井、多目标定向井、定向井、丛式定向井、救援定向井、水平井、多分枝井(多底井)。

2 水平井钻井技术简介

水平井，是指一种井斜角大于或等于 86°，并保持这种角度钻完一定长度水平段的定向井。

2.1 水平井钻井技术发展概况

1863 年，瑞士工程师首先提出钻水平井的建议；

80 年代以来，随着先进的测量仪器、长寿命马达和新型 PDC 钻头等技术的发展，水平井钻井大规模高速度的发展起来。

我国水平井钻井 90 年代以来也取得了很大发展，水平井钻井水平和速度不断提高。

2.2 水平井的类型及各种类型水平井的特点

2.2.1 水平井的类型

根据水平井曲率半径的大小分为：

(1) 长曲率半径水平井(小曲率水平井)；

(2) 中曲率半径水平井(中曲率水平井)；

(3) 短曲率半径水平井(大曲率水平井)。

2.2.2 不同曲率水平井的基本特征及优缺点

不同曲率水平井的基本特征见表 9-2-1。

表 9-2-1 不同曲率水平井的基本特征

项目＼井型	长半径水平井	中半径水平井	短半径水平井
造斜率	2～6°/30 m	6°～20°/30 m	90°～300°/30 m
曲率半径	>286.5 m	286.5～86 m	19.1～5.73 m
井眼尺寸	无限制	12 1/4″～4 3/4″	6 1/4″～4 3/4″
钻井方式	转盘钻或导向钻井系统	造斜段：特种马达或导向钻井系统 水平段：转盘钻井或导向钻井系统	以使用特种工具的转盘钻进为主，目前也使用特种马达方式
钻　杆	常规钻杆	>15°/100 米使用抗压钻杆	铰接驱动钻杆

表 9-2-1(续)

项目＼井型	长半径水平井	中半径水平井	短半径水平井
测量工具	无限制	有线随钻测斜仪，MWD，但井眼＜61/8″时不能使用	转盘钻井时使用多点测斜仪；马达钻井时使用有线随钻测斜仪
地面设备	常规钻机	常规钻机	需要配备顶部驱动系统或动力水龙头
完井方式	无限制	无限制	裸眼或割缝管

长曲率半径水平井的优缺点见表 9-2-2。

表 9-2-2　长曲率半径水平井的优缺点

序号	优点	缺点
1	穿透目层段最长 1 000 米	井眼轨道控制段最长
2	使用标准的钻具及套管	全井斜深增加最多
3	“狗腿严重度”最小	钻井费用增加
4	使用常规钻井设备	各种下部钻具组合较长
5	可使用多种完井方法	不适合较薄目的层和较浅的目的层
6	可采用多种举升采油工艺	转盘扭矩较大
7	测井及取芯方便	套管用量最大
8	井眼及工具尺寸不受限制	穿过目的层长度与总水平位移比最小

3 定向钻井前沿技术及发展趋势

钻井技术发展的最高阶段是自动化钻井。所谓自动化钻井就是:钻井全部过程依靠传感器测量各种参数,并采用计算机采集,进行综合解释与处理,然后再发出指令,最后由各相关设备自动执行,使整个钻井过程变成一个无人操作的自动控制过程。在钻井自动控制过程当中,井下随钻测量和井下自动控制是关键环节,同时也是关键技术,二者结合起来实际上是井眼轨迹自动控制技术—导向钻井技术。

3.1 导向钻井技术

导向钻井技术是钻井工程领域的高新技术,代表着世界最先进的钻井发展方向。目前,在世界范围内水平井、大位移井,分支井等高难度的复杂井蓬勃发展,并得到大规模应用,传统的钻井技术难以适应这些高难度井的作业需要,必须依靠先进的导向技术才能保证井眼轨迹的准确无误。

3.2 钻井导向方式

导向方式主要有两种:

(1) 几何导向

由井下随钻测量工具(MWD/LWD)测量几何参数,井斜、方位和工具面的数值传给控制系统,由控制系统及时纠正和控制井眼轨迹。

(2) 地质导向

地质导向是在拥有几何导向能力的同时又能根据随钻测井(LWD)得出的地质参数(地层岩性、地层层面、油层特点等),实时控制井眼轨迹,使钻头沿着地层的最优位置钻进。这样可在预先不掌握地层特性的情况下实现最优控制。

地质导向可利用近钻头处实时采集的地质地层参数,超前预测和识别油气层,并根据需要调整井眼轨迹,引导钻头准确钻达油气富集区域。地质导向的技术关键是近钻头处地层参数、井眼轨迹参数和钻头工作参数的实时测量。

3.3 导向工具

导向钻井的实现主要靠导向工具,导向工具分两大类:

(1) 滑动式导向工具

滑动式导向工具的特征是导向作业时钻柱不旋转，钻柱随钻头向前推进，沿井壁滑动。滑动式导向存在许多缺点：钻柱的扭矩、摩阻大；井眼清洗不彻底；械钻速慢等等，但目前仍占主导地位。

定向钻井大多使用井下动力钻具，主要的滑动式导向工具有：弯外壳马达、可调弯接头、可变径稳定器等。滑动式导向工具组合方式：钻柱＋MWD/LWD＋动力钻具＋钻头。

(2) 旋转式导向系统(RSS)

旋转式导向工具直接引导钻头沿期望的轨迹钻进，从而避免钻柱躺在井壁上滑动，使井眼得到很好的清洗，同时允许根据地层选择合适的钻头。这样可显著地减轻或消除滑动式导向工具的不足。

目前旋转式导向工具主要有：VDS 自动垂直直井钻井系统、SDD 自动直井钻井系统、ADD 自动定向钻井系统、RSD 旋转导向钻井系统，RCLS 旋转闭环钻井系统等。

(3) 旋转导向钻井特点

① 在钻柱旋转的情况下，具有导向能力；

② 可以与井下马达一起使用；

③ 配有全系列标准的地层参数及钻井参数检测仪器；

④ 配有地面、井下双向通讯系统，可根据井下传来的数据，在不起钻的情况下从地面发出指令改变井眼轨迹；

⑤ 工具设计制造模块化、集成化；

⑥ 可以在 150 ℃以上的高温井中使用；

⑦ 不需要特殊的钻井参数，就可以保证最优的钻井过程；

⑧ 使用 Power Drive 旋转导向系统(见图 9-3-1)，实现导向自动控制，以保证准确光滑的井眼轨迹。

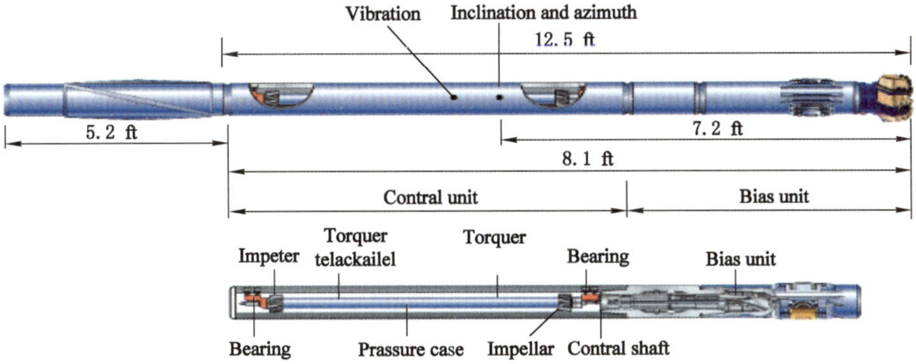

图 9-3-1　Power Drive 旋转导向系统

3.4　随钻测井技术

3.4.1　随钻测井技术相关技术的现状

近年来，随钻测井的相关技术发展方向受到两方面主要因素的影响。一是受技术因素的影响。按照随钻技术发展的内在逻辑，更多适应技术需求的设备不断上升，成为随钻测井技术的发展原动力。二是受市场因素影响，根据市场的需求，相关设备也随之不断发展。斯伦贝谢 Scope 随钻测井系统见图 9-3-2。多参数随钻测井系统见图 9-3-3。

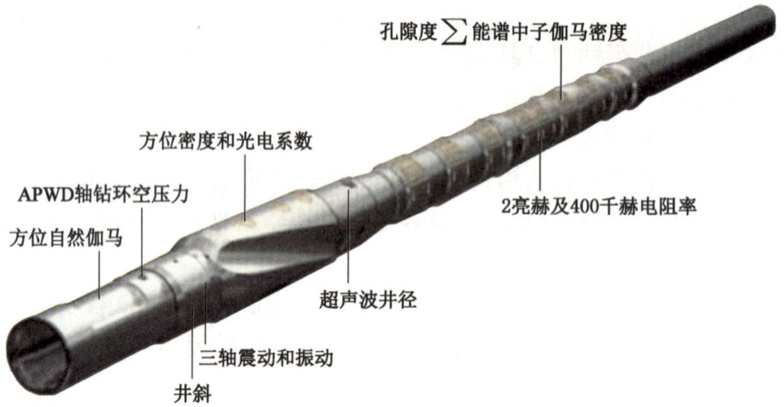

图 9-3-2　斯伦贝谢 Scope 随钻测井系统

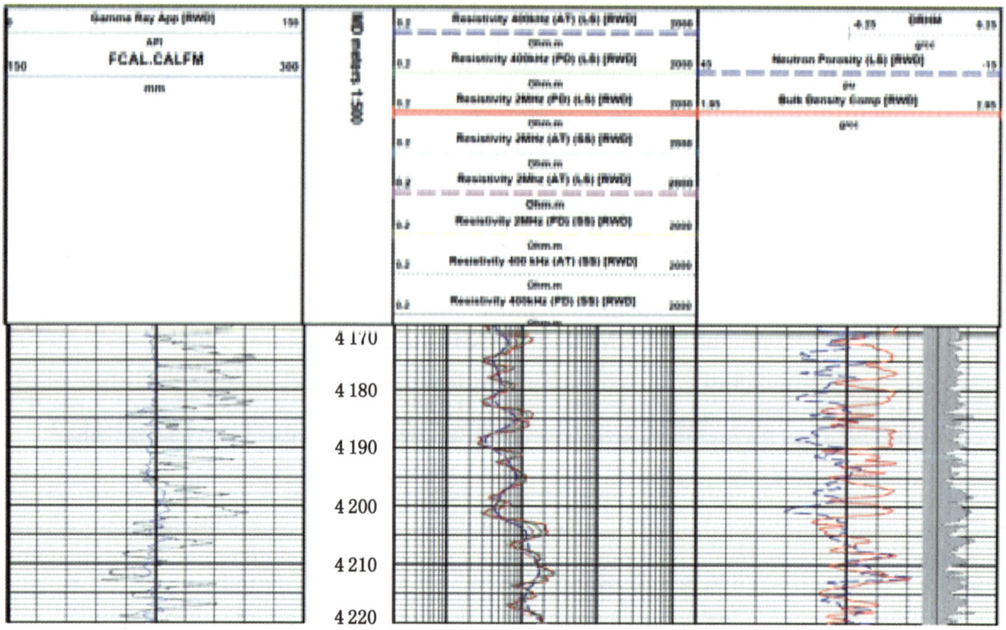

图 9-3-3　多参数随钻测井系统

3.4.2　随钻测井的技术分类和分析

（1）电成像技术

Star Trak 仪器是一种先进的国外设备，可以在随钻的过程中，提供施工井的 360°扫描图像（见图 9-3-4），并且它可以在导电钻井液中进行安全运行。经过淡水泥浆井中的测井结果实验，获得的高分辨率图像能够达到与电缆测井一致的效果。同时，由于 360°连续扫描的技术特点，这种测井技术没有图像间隙，优点更加突出。

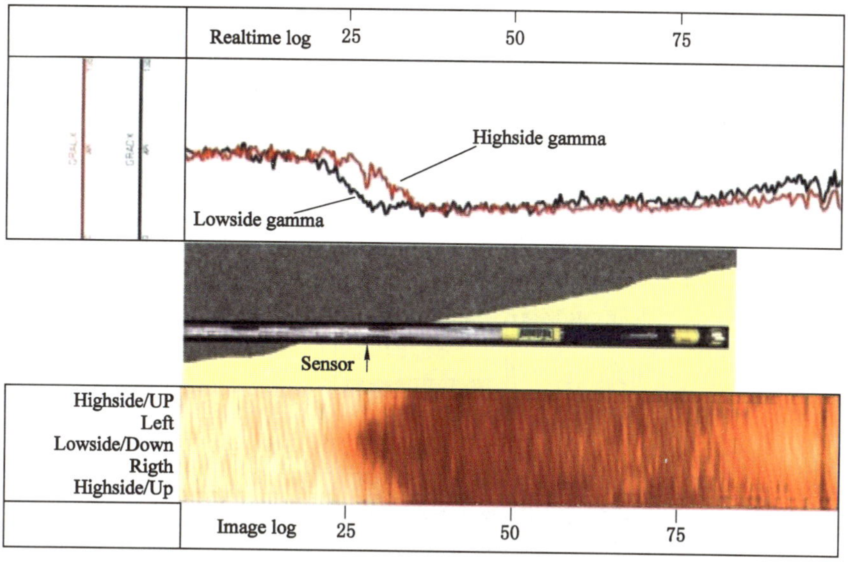

图 9-3-4　随钻伽马成像系统

（2）NMR 技术

随钻 NMR 技术配备有相应的预编程序，适用于不同的流体特性和多种地层结构。对于不同模式、方式的选择，在井下原始数据的处理和实时传送过程中，同时能够实现所有原始数据存储在井下存储器中。随钻核磁测量系统见图 9-3-5。

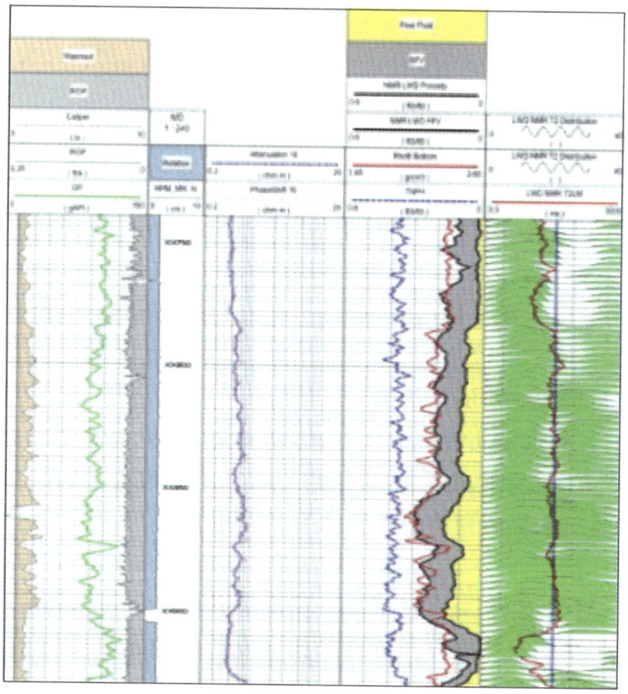

图 9-3-5　随钻核磁测量系统

(3) 核成像测井技术

通过随钻方位伽马和密度成像测井仪器，核成像技术同时在 8 个扇区进行数据记录，实现了全面稳定的数据接收范围，这对于事后成像地质解释方面，就可以选择更合适的井眼扇区进行导向。随钻核成像系统见图 9-3-6。

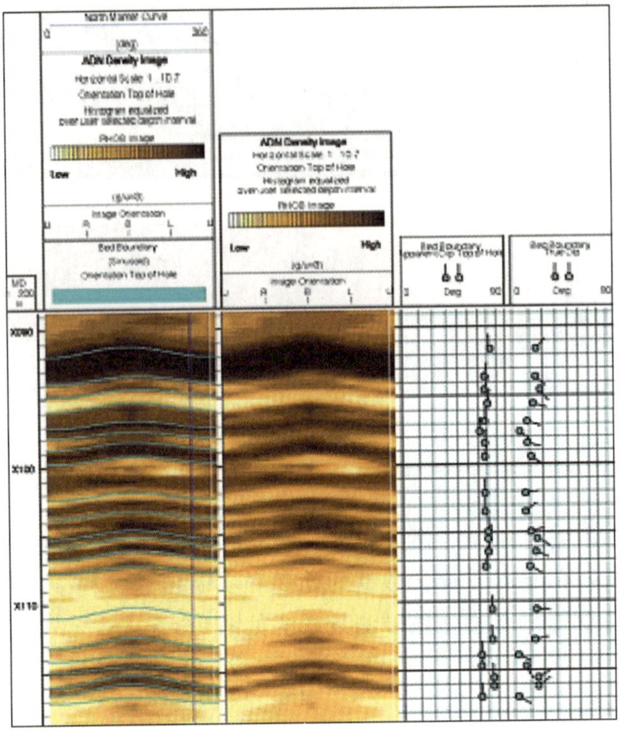

图 9-3-6　随钻核成像系统

(4) 随钻声波测井技术

随钻声波测井仪器可以安装在不同规格的钻铤上，通过声波数据的采集，实现井下数据的收集。特别是在快速地层的测井过程中，能够获得纵波和横波等不同的速度。声音波形数据在井下存储器中存储。在连接期间，通过自动点测完成相应的质量控制。随钻声波测井系统见图 9-3-7。

3.4.3　我国随钻测井技术的前沿化趋势

随钻测井技术的各种仪器实现集成化、一体化测量，不但提高了测井时效和测井效率，还相应改善了综合评价测井参数时所需信息的一致性和完整性，从而进一步奠定了测井资料的科学性和完整性，对于提高资料的评价水平具有重要意义，有效降低了成本也降低了施工风险和投资风险。

我国目前的随钻测井技术中，出现了井下仪器集成化和阵列化的发展趋势，并且不断发展和变化，从而实现了从储层物性向异性测井技术发展的技术研发方向和趋势。井下仪器的高可靠、高分辨、集成化、深探测、高时效、低成本井下仪器测量探头阵列化，会奠定提高储层饱和度精度的基础，变单点测量为阵列测量以适应地层非均质的需要，为储层评价的深入提供更加丰富可靠的信息。

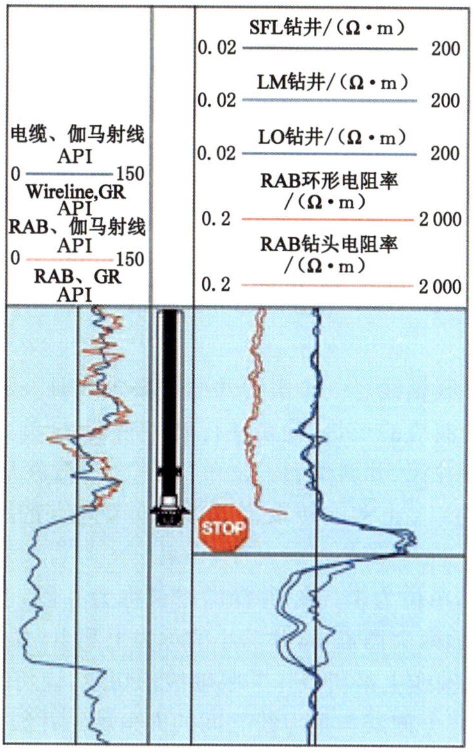

图 9-3-7　随钻声波测井系统

4 井眼轨迹的基本概念

所谓井眼轨迹，实指井眼轴线。一口实钻井的井眼轴线是一条空间曲线。为了进行轨迹控制，就是了解这条空间曲线的形状，就要进行轨迹测量，这就是“测斜”。测斜仪器每个点上测得的参数有三个，即井深、井斜角和方位角，这三个参数就是轨迹的基本参数。

(1) 井深(测深)：指井口(通常以转盘面为基准)至测点的井眼长度，也有人称之为斜深。

井深常以字母 L 表示，单位为米/m。井深的增量称为井段，以 L 表示。二测点之间的井段称为测段。一个测段的两个测点中，井深小的称为上测点，井深大的称为下测点。

(2) 井斜角：过井眼的轴线上某测点作井眼轴线的切线，该切线向井眼前进方向延伸的部分称为井眼方向线。井眼方向线与重力线之间的夹角就是井斜角。井斜角表示了井眼轨迹在该测点处倾斜的大小。井斜角(见图 9-4-1)常以希腊字母 α 表示，单位为度(°)。

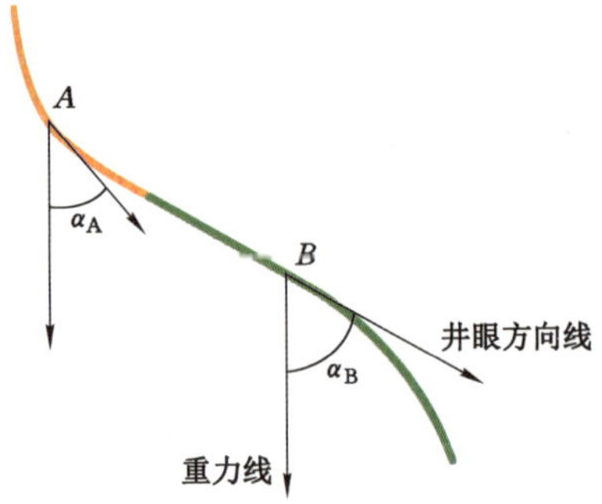

图 9-4-1　井斜角示意图

(3) 井斜方位角(方位角)：某测点处的井眼方向线投影到水平面上，称为井眼方位线，或井斜方位线。以正北方位线为始边，顺时针方向旋转到井眼方位线上所转过的角度，即井斜方位角。现场通常称为方位角，见图 9-4-2。正北方位线是指地理子午线沿正北方向延伸的线段。

(4) 磁方位角：磁力测斜仪测得的井斜方位角是以地球磁北方位线为准的，称磁方位角。

(5) 磁偏角：磁北方位线与真北方位线并不重合，两者之间有一个夹角，这个夹角称为磁偏角，见图 9-4-3。磁偏角又有东磁偏和西磁偏角之分，当磁北方位线在正北方位线以东时，称为东偏角；当磁北方位线在正北方位线以西时称为西偏磁偏角。进行磁偏角校正时按

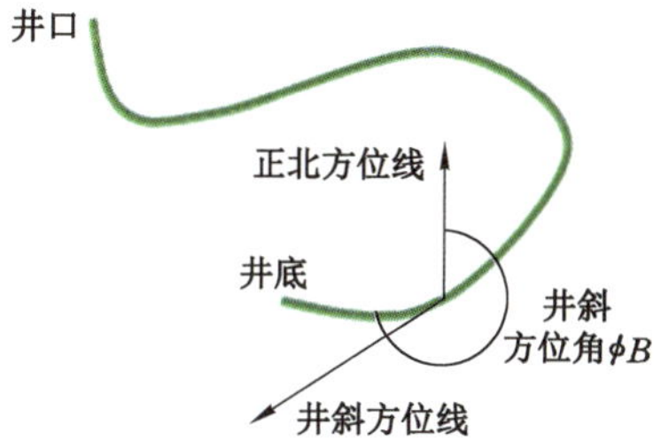

图 9-4-2　方位角示意图

以下公式计算：

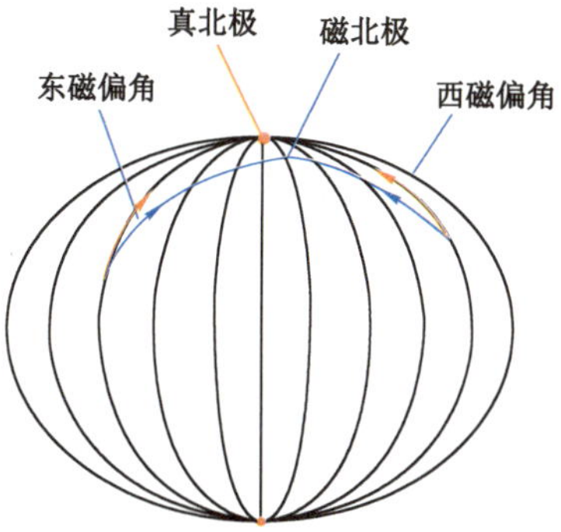

图 9-4-3　磁偏角示意图

真方位角＝磁方位角＋东磁偏角

真方位角＝磁方位角－西磁偏角

(6) 井斜变化率：是指井斜角随井深变化的快慢程度，常以 K_α 表示，井斜变化率的单位以°/30 m 表示。

(7) 井深方位变化率：实际应用中简称方位变化率，是指井斜方位角随井深变化的快慢程度，常用 K_ϕ 表示，井斜方位变化率的单位以°/30 m 进行表示。

(8) 全角变化率：从井眼内的一个点到另一个点，井眼前进方向变化的角度，该角度既反映了井斜角度的变化又反映了方位角度的变化，通常称为全角变化值。

(9) 垂深：即某测点的垂直深度，常以字母 D 表示。是指井身任意一点至转盘面所在平面的距离。

(10) 水平投影长度：是指井眼轨迹上的点至井口的长度在水平面上的投影长度。

(11) 水平位移：简称平移，指轨迹上某点至井口所在铅垂线的距离，或指轨迹上某点至井口的距离在水平面上的投影。

(12) 平移方位角：又称为闭合方位角，常用字母 θ 表示，是指以正北方位线为始顺时针方向转至平移方位线上所转过的角度。

(13) 视平移：又称为投影位移，井身上的某点在垂直投影面上的水平位移。在实际定向井钻井过程中，这个投影面选在设计方位线上。

(14) 高边：在斜井段用一个垂直于井眼轴线的平面于井眼相交，由于井眼是倾斜的故井眼在该平面上有一个最高点，最高点与井眼圆心所形成的直线及为井眼的高边。

(15) 工具面:工具面就是造斜工具弯曲方向的平面。

(16) 磁性工具面角:造斜工具弯曲的平面与正北方位所在平面的夹角。

(17) 高边工具面角:造斜工具弯曲方向的平面与井斜方位角所在平面的夹角。

(18) 装置角:造斜工具弯曲方向的平面与原井斜方向所在平面的来夹角,通常用 ω 表示。

(19) 反扭矩:在用井底动力钻具钻进时,都存在一个与钻头转动方向相反的扭矩,该扭矩被称为反扭矩。

(20) 反扭角:使用井底动力钻具钻进时,都存在一个与钻头转动方向相反的扭矩,由于该扭矩的作用,使得井底钻具外壳向逆时针方向转动一个角度,该角度被称为反扭角。

(21) 造斜点:从垂直井段开始倾斜的起点,也就是用螺杆等动力钻具开始连续造斜的位置。

(22) 着陆点:钻头钻达地质设计目的层顶面的位置,也称为入窗点。

(23) 靶前距:是着陆点与井口铅垂线的距离(是水平位移的一部分),见图 9-4-4 所示。

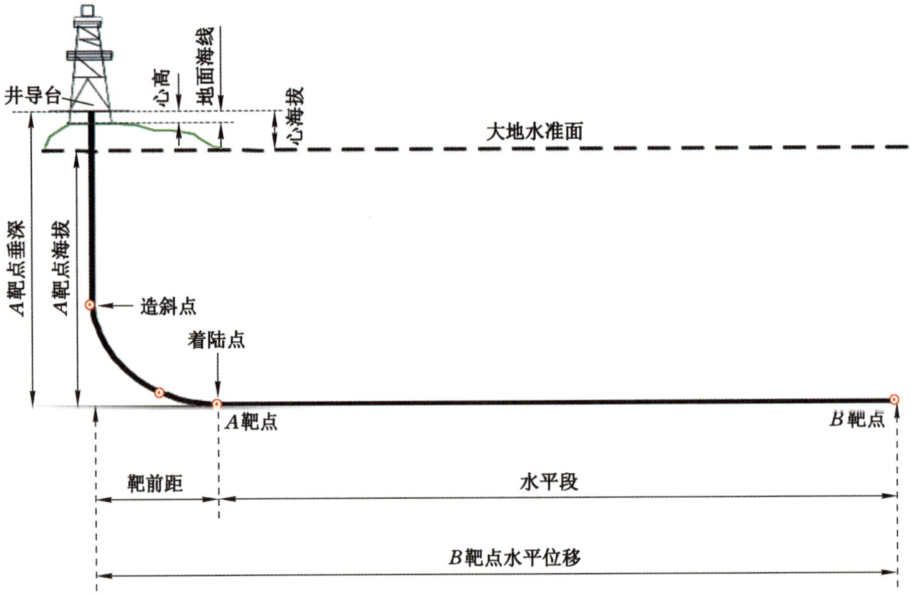

图 9-4-4　靶前距与水平位移

5　水平井测量技术

5.1　钻井过程中测量的方法、媒介和基准

钻井过程中的测量属于工程测量的一种类型。由于钻井工程的特殊性使得这一测量过程必须借助专门的工具和仪器，采取间接测量的方法来完成。

目前，钻井过程中的测量需要借助三种媒介，即大地的重力场、大地磁场和天体坐标系，由此产生了与这三种测量媒介有关的测量仪器。

(1) 借助于重力场测量井斜角或高边工具面，采用的测量元件为测角器、罗盘重锤或重力加速度计等。这类仪器的测量基准是测点与地心的连线，即铅垂线。

(2) 借助于地磁场测量方位角或磁性工具面，采用的测量元件为罗盘或磁通门等。这类仪器的测量基准是磁性北极，所以磁性仪器测量的方位角数据必须根据当地的磁偏角修正成真北极，即地理北极的数据。

(3) 借助于天体坐标系测量方位角或磁性工具面，采用的测量元件为陀螺仪。陀螺仪为惯性测量仪器，不以地球上任何一为基准，这类仪器下井测量之前必须对陀螺仪的自转轴进行地理北极的方位标定。

5.2　钻井过程中测量的特点

(1) 钻井过程中的测量是间接测量，必须借助专用工具和仪器完成。而且根据测量仪器的数据记录和传输方式的不同，钻井测量分为实时测量和事后测量。

(2) 测量仪器的尺寸受到井眼和钻井工具的限制，特别是下井仪器的径向尺寸必须能够下入套管和钻具内，而且不会因仪器的下入而影响泥浆的流动或产生过大的泥浆压降。

(3) 下井仪器受到地层和泥浆的高压影响，仪器的保护筒和密封件必须能够承受这种高压，而且还应具备一定的安全系数。

(4)由于地层的温度随着井深变化，下井仪器是在高于地面温度的环境里工作，要求下井仪器具有良好的抗高温性能。一般耐温 125 ℃以下的仪器称为常温或常规仪器，耐温 182 ℃以下的仪器称为高温仪器。

(5) 某些仪器在使用过程中要承受冲击(如单多点测斜仪的投测)、钻具转动(如转盘钻具中的 MWD 仪器)、钻头和钻具在钻进过程中的振动(如 MWD 和有线随钻测斜仪)等。

5.3 测量仪器的应用范围

5.3.1 磁罗盘单、多点照相测斜仪

这类仪器适用于普通定向井和无邻井磁干扰的丛式井中与无磁钻铤配合使用，为井下钻具组合定向或测取井身轨迹数据。

ϕ35 mm 外径的常规单、多点照相测斜仪适应温度小于 125 ℃ 的井眼。而 ϕ25 mm 外径的常规单、多点照相测斜仪适应温度小于 182 ℃ 的井眼。

5.3.2 有线随钻测斜仪

有线随钻测斜仪适用于较深的定向井、无邻井磁干扰的丛式井或大斜度井、水平井中与无磁钻铤配合使用，为井下钻具组合定向。

5.3.3 无线随钻测斜仪

无线随钻测斜仪适用于超深定向井、大斜度井、水平井中或海洋钻井平台上与无磁钻铤配合使用，为井下钻具组合定向或测取井身轨迹数据。

5.3.4 电子多点测斜仪

电子多点测斜仪适用于精度要求较高的定向井、无邻井磁干扰的丛式井、大斜度井、水平井中或海洋钻井平台上与无磁钻铤配合使用，为井下钻具组合定向或测取井身轨迹数据。

5.3.5 照相单、多点陀螺测斜仪

这类仪器适用于已下探管的井眼中测取井身轨迹数据，或在丛式井、套管开窗井中为井下钻具组合定向。

5.3.6 电子陀螺测斜仪

电子陀螺测斜仪适用于已下探管的井眼中测取较高精度的井身轨迹数据，或在丛式井、套管开窗井中为井下钻具组合定向。

6　目前主要测量仪器

6.1　随钻测量仪器(MWD)

随钻测量，即是随着钻井过程的进行，井眼不断延伸过程中实时的测量和传输井下各种参数，钻井工程人员利用这些参数对钻井全过程以及井下地质情况进行分析，从而对钻井过程进行有效控制。

6.1.1　MWD 组成

无线随钻测斜仪由地面设备和井下测量仪器两部分组成。地面设备包括：压力传感器、司钻显示仪、数据处理仪、PC 机及有关连接电缆等。井下测量仪器主要由脉冲发生器、测量探管、电池筒、打捞头等组成。MWD 仪器组成见图 9-6-1。

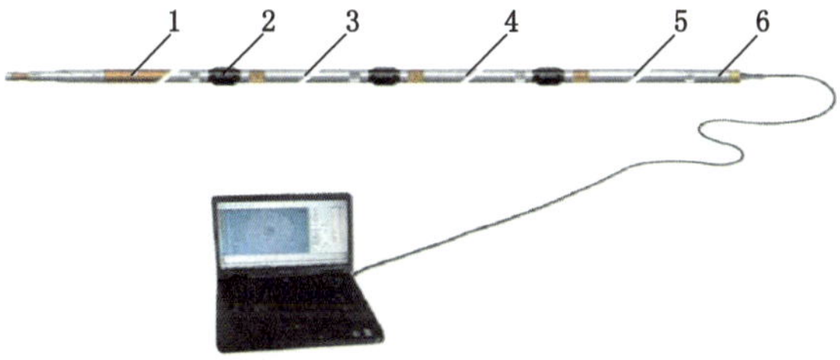

图 9-6-1　MWD 仪器组成

6.1.2　MWD 工作原理

当脉冲发生器接收到来自探管的信号后，蘑菇头上提，泥浆从小限流环通过，仪器内外压力平衡，主阀头在弹簧力的作用下被推到限流环下端，这样就限制了泥浆的流动并导致立管压力升高；随后蘑菇头下放，堵塞小限流环，主阀头在高速流动的泥浆力的作用下被顶起，又导致立管压力降低，从而形成压差(见图 9-6-2)。

此时，安装在井口的压力传感器就能检测到由此产生的泥浆压力脉冲信号，再经司钻显示仪传送给数据处理仪，通过滤波、放大、模/数转换等处理后传给 PC 机，最后计算出井斜角、方位角等数据的值，用以指导钻井作业。

6.1.3　伽马探管及工作原理

伽马探管主要由伽马探头和控制电路组成。伽马探头由耐高温、高抗震型 NaI 晶体、光电倍增管和高压稳压电源等组成。不同地层放出的伽马射线的数量不同，通过测量可以确定地层的自然伽马放射性强度。根据地球物理、地球化学以及岩层沉积、油气运移、储积

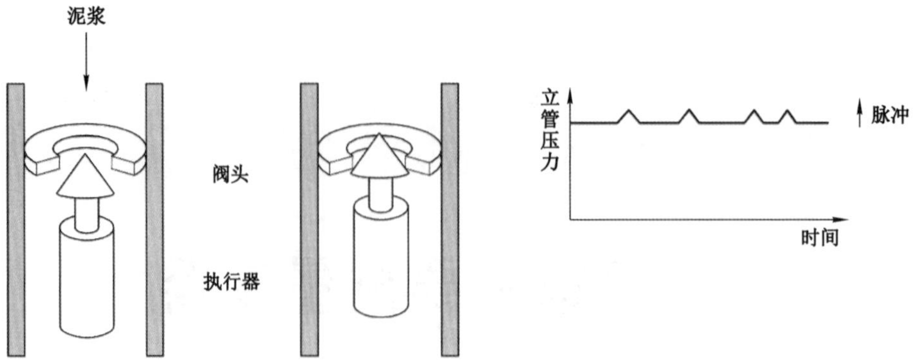

图 9-6-2　脉冲器工作原理

与岩性的相关性等理论，结合其他测井参数来推出被测岩层的岩性及油气田储藏情况。

伽马探管和井深测量系统是与 MWD 仪器配套使用的地层岩性测量功能单元。其测量数据可以通过泥浆脉冲调制后实时传输到地面，并且可同时进行井下数据存储，钻井工程师和地质工程师可以实时、有效的了解钻遇地层的岩性变化，及时调整钻井要素(钻具、钻压、钻速、泥浆等)，有效的回避风险、提高功效、节约成本、保护储气层、提高采收率，增加综合社会经济效益。

6.1.4　MWD 仪器精度及工作参数

井斜角：±0.1°(0 ～ 180°)(精度需确认)。

方位角：±1.0°(0 ～ 360°)。

工具面：±1.0° (0 ～ 360°)。

工作温度：－10～125 ℃ 。

仪器耐压：100 MPa 。

外形尺寸：ϕ48×5 695 mm ϕ48×7 188 mm (带伽马)。

电池工作时间：≥180 h。

6.1.5　井场操作

(1) 仪器准备

将配套的地面设备和井下仪器准备好，按照本仪器测试的要求，对所有要求进行测试的设备进行测试，确保把合格的设备带到井场。

仪器工具的准备：将与仪器配套的工装、工具带到井场。

(2) 循环短节准备

① 了解井队无磁钻铤的尺寸和扣型，准备相应尺寸的循环短节和转换接头。

② 准备好合适的止回阀。

③ 用钢丝刷仔细清理丝扣。

④ 在以上工作做完后安装循环套，根据井场实际情况选定所用限流环及主阀头的配合，将选定的限流环装入循环套，再将循环套装入循环短节。

(3) 施工准备

① 在到达井场后，将数据处理仪及计算机放进仪器房，确认仪器房与井台的距离，数据处理仪-司钻显示仪连接电缆”的长度为 90m，距离太远不能进行安装。

② 安装压力传感器：要求井队将泥浆泵关掉，并将泥浆管线的回水阀打开，将立管中的泥浆放空，请井队人员将立管焊接螺母焊到立管上，要求该位置应既可以方便布线，又不会在井队作业时被碰到，再将双公接头、1502由壬及压力传感器依次连接并拧紧，（注意双公接头两端连接丝扣一定要加密封胶带，并且在1502由壬丝扣上涂抹适量黄油），将”压力传感器-司钻显示仪连接电缆”(30 m)引到司钻显示仪的位置，在布线时要注意防碰、防损。

③ 安装司钻显示仪：将司钻显示仪装入安全防护箱内，固定在司钻方便观察到的地方。

④ 布线：应将”数据处理仪-司钻显示仪连接电缆”安全高架，注意防碰、防损，连接线不允许打直角弯，以防折断。

(4) 仪器连接及设置

① 仪器连接：按照步骤组装好井下仪器串，注意在接头及密封圈处涂抹硅脂，防脱扣插头用手拧紧，并将丝扣打紧。量好探管测点到仪器底部的距离。

② 测量探管模式设定：根据施工井的实际情况，设置开泵序列和关泵序列的内容，以及各序列的循环次数；设置脉冲的宽度及性能；设置开泵等待和关泵等待时间等。

③ 工具面阈值设置：根据施工井情况和施工经验设置重力工具面和磁性工具面的切换角度，一般设置为8±1°(一般设置为5±1°)。

④ 系统设置：设置仪器的内部误差(IMO)和钻具的安装误差(外部角差)(DAO)，安装误差(外部角差)(DAO)在仪器入井前可由仪器使用人员测量。设置开关泵的判断门限和稳定时间，注意只有实际开关泵的时间满足所设定的稳定时间后，软件才能做出开关泵的判断；设置东磁偏角的数值。

⑤ 脉冲门限设置：仪器正常工作后，要根据脉冲的情况，调整脉冲的脉冲幅度和检测门限，否则地面设备不能正确的解算出数据。

⑥ 泵压校正值设置：若想在施工中获得比较准确的立管压力数值，必须在“采样”后进行校正，若不需要特别准确的值，则只需根据压力传感器的测量值来应用即可。

⑦ 主阀头和限流环的选择：根据泥浆和井深的情况，结合图9-6-3所示的主阀头/限流环配合关系，选择合适尺寸的主阀头和限流环。将主阀头安装在脉冲发生器上时，要注意将连接螺纹处清洁干净，涂抹适量242螺纹铰后拧紧。

(5) 仪器坐键

① 井下仪器串组装、测试完成后，将循环短节与无磁钻铤连接后并打上安全卡瓦座在井口。

② 将主阀头护帽戴在主阀头上，并把下放头接上加长杆放到钻台上。然后把井下仪器串抬到钻台坡道前。

③ 把打捞头的绳套挂在气动绞车的吊钩上，将仪器缓慢吊起，注意操作人员必须站在仪器的一侧，双手扶住引鞋上部，不能让主阀头在滑道上直接滑行，以免损坏。

④ 仪器放入无磁钻铤前，先把主阀头护帽摘下，并在引鞋体上涂抹润滑油，再将仪器缓慢放入无磁钻铤内。下放过程中，要在扶正翼的端面抹上润滑油。

⑤ 当打捞头上的扶正胶套即将入井时，停止下放，将仪器固定在井口，再用气动绞车吊起带有加长杆的下放头插在打捞头的卡槽上，下放仪器到底，用力下压下放头，顺时针转动下放头确认仪器已坐键，并逆时针转动下放头使下放头从打捞头上脱开，然后将下放头吊出。

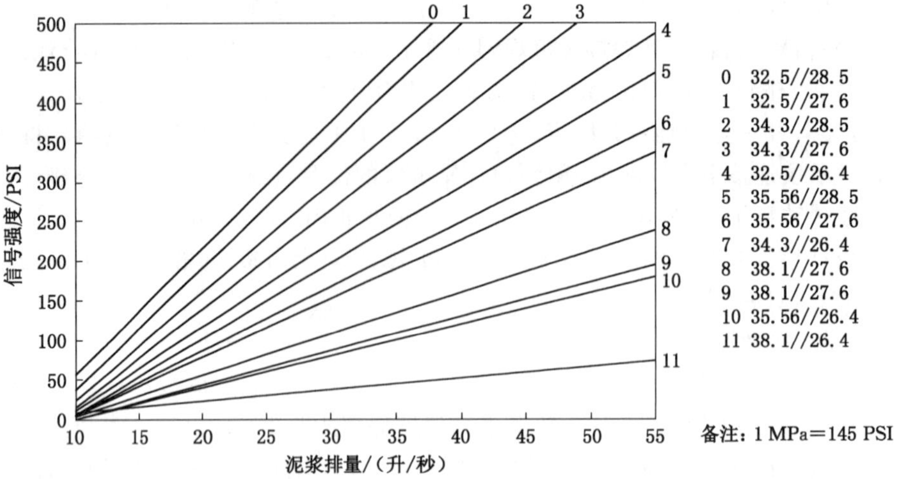

图 9-6-3 主阀头/限流环配合关系

(6) 井口测试

仪器装入无磁钻铤后，可开泵进行井口测试(此时应没接钻头，否则可能损伤钻头和表层套管)，观察脉冲信号的波形，并可测出一组关泵序列数据，以判断仪器是否正常工作。若出现异常需要取出仪器进行检查并采取相应措施，必要时也可以更换相关部件。

(7) 打捞井下仪器

在井下发生卡钻、落鱼等故障时，可以及时地打捞出井下仪器，避免仪器由于填井而被埋入井下，使损失减小到最低限度。

打捞井下仪器时，必须配有缆绳绞车，在钻台上需要安装天地滑轮。打捞锚上连接两根加重杆，以确保井下仪器的打捞顺利。

6.1.6 MWD 对钻井队的要求

(1) 对钻井队设备的要求

① 泥浆泵必须上水良好，保持泵压、排量稳定。

② 钻具必须完好，水眼通畅。

③ 配备钻具止回阀和钻杆滤清器。

④ 配备气动吊钩并保持安全、可靠。

⑤ 发电机保持完好，电压 220±20 V、频率 50 Hz±2 Hz 保持稳定。

(2) 对泥浆性能的要求

① 密度<1.8 g/cm^3。

② 排量：10～55 L/s。

③ 黏度<80 s。

④ 含砂量<1%。

⑤ 堵漏剂、加重剂颗粒直径<0.5 mm。

⑥ pH 值<10。

(3) 操作配合要求

① 配合仪器测量人员搞好仪器上下钻台的吊装和入井安装、测试工作，做到安全、

平稳。

② 立管焊接螺母应焊接固牢，保证其安全可靠；钻工在钻台上施工时注意对司钻显示仪、压力传感器、电缆的防碰和保洁，以防泥浆的腐蚀。

③ 使用该仪器时应在循环短节下装止回阀；起钻前，应将井底和泥浆罐内的固化颗粒物循环干净；钻具顶部放入钻杆滤清器，接单根时必须取出清理杂物并倒换至顶部中。

④ 严格控制下钻速度，禁止猛放猛刹；下钻过程中必须分段循环顶通水眼。

⑤ 仪器下井后应在 200 m 左右处做浅层测试，1 000 m 左右处做中层测试。

⑥ 钻具到井底前留一柱开始循环泥浆，接单划眼循环到井底。

⑦ 定向时，钻进速度要均匀平稳，复合钻进转盘不能挂高速档，以免损坏仪器；测斜时，转盘应静止，不得活动钻具，不能开泥浆泵。

⑧ 开泵传输数据时不得启动转盘或顶驱；倒换发电机或关停电时提前通知仪器测量人员；井队加入堵漏材料时提前告知测量人员。

6.1.7 MWD 仪器常见问题及解决方案

MWD 仪器常见问题及解决方案见表 9-6-1。

表 9-6-1 MWD 仪器常见问题及解决方案

序号	故障现象	故障原因	解决方案
1	无线通信故障，通信有错误或丢失数据	驱动故障	重新安装与系统匹配程序或更新串口
		设备连接故障	重新插拔连接，确认连接可靠
		信号干扰或频点设置问题	所有地面设备更改新频点
		障碍物干扰	调整天线位置，保证天线之间无障碍物
		无线通信设备故障	更换设备
2	地面解码“重力和”数值超差	GT 设置脉冲数少，解码精度不够	参数设置，GT 设置 3 个脉冲数
		设备故障	更换探管
3	磁场强度和 DIP 数据异常	无磁钻铤磁化，或距离磁性钻具距离短	更换无磁钻铤
		泥浆问题	调整泥浆
		设备故障	更换探管
4	丢波严重，无脉冲信号	井下沉砂多，主阀头组件活动不顺畅	循环带出井底沉砂
		沙卡	短起并循环泥浆
		脱键	活动钻具进行复测
		主阀头组件 Y 型圈磨损	更换主阀头组件
5	地面测试正常、井口测试无信号	坐键不成功	重新坐键
		泵压过低，排量不够	需要提高泵冲，增大排量或设置脉冲器的振动门限值
		限流环与主阀芯配比不合理，间隙大	重新选择主阀芯
6	同点测斜不准	钻具扭矩没有完全释放	上提钻具，上下活动，保证钻具扭矩充分释放
		设备故障	更换探管

表 9-6-1(续)

序号	故障现象	故障原因	解决方案
7	伽马测量 API 值对比测井伽马值偏差大	环境补偿系数不对	参数设置里面修改环境补偿系数
		设备故障	更换伽马探管
8	解码波形异常	压力传感器故障	更换压力传感器
		软件问题	重新启动软件,并确认一致化是否成功
			更新软件为最新版本
9	杂波太多,无法解码	泥浆泵上水不好,水龙带跳动;	修理泥浆泵
		空气包氮气缺失	补充空气包氮气
10	脉冲幅度低,杂波增多,无法解码	新调配泥浆中含有杂质或重晶石,导致主阀头组件活动不顺畅	开泵循环泥浆,并上下活动钻具
11	波形正常,但不能解码	波形脉冲幅度低,或脉冲幅度跳动大	DEES 软件解码算法改为“差分基线”进行解码
			解码门限调整为“手动解码门限”,并根据实际波形,调整门限值
12	波形正常,无法解出静态序列	停泵时间短,井下探管没有检测到停泵	延长停泵时间再测斜;或仪器入井前,设置“停泵延时“时间为 50 s
		浅井时,井队其他运行设备干扰,井下探管没有检测到停泵	停泵测斜前,停止地面大振动设备
		设备故障	更换探管
		检查故障模式是否一致	取出仪器,重新检查探管检查确认模式
		探管的振动开关入井前是否启用	取出仪器重新读取确认

6.1.8 不适应 MWD 施工的环境

(1) 在有堵漏材料的泥浆中施工

包括中、细核桃壳、各种纤维材料、编织袋、密封材料等颗粒直径>0.5 mm,这些材料有可能发生堵死定子、卡死转子、缠死蘑菇头、阻止蘑菇头伸缩等现象,导致仪器不工作。

(2) 泥浆的固相含量高、塑性黏度高

泥浆固相含量高,会导致大量固体物在转子里面堆积,最终容易导致转子受阻。塑性黏度高,信号衰减厉害,在深井中难以工作。

打完水泥没有循环好、钻杆中有固体水泥块,泥浆中有大的橡胶块没滤掉,泥浆中有大的固体等,都有可能发生卡死转子、卡死蘑菇头、阻止蘑菇头伸缩等现象,导致仪器不工作。

(3) 钻杆铁锈特别多

长时间没有使用的旧钻杆,铁锈特别多,如果这些铁锈进入泥浆中,有可能发生堵死定子、卡死转子等事故。

这种情况下,下井前要通径,用大铁榔头敲击,震落里面的管垢和其他杂质后再下井。

(4) 泥浆 pH 值小于 7

pH 值小于 7,泥浆呈酸性,会腐蚀井下仪器。

(5) 井底泥浆温度低于 20 ℃

仪器工作温度低于 20 ℃,脉冲发生器可能很难进入工作状态。在很低的温度下,脉冲发生器有可能没有进入工作状态,信号检测不到,并不一定是仪器不工作。

(6) 在柴油油基泥浆中工作

柴油会使脉冲发生器的蘑菇头橡胶鼓软化,最终导致橡胶鼓鼓起来,从而导致井下事故。

(7) 泥浆比重大于 1.45 g/cm^3

泥浆比重高,信号衰减幅度大,在深井中会导致信号检测困难。

(8) 钻头水眼特别小

钻头水眼特别小,会导致立管压力很高,这种情况下如果泵上水又不好时,泥浆泵上水时的瞬间会产生很高的压力信号,高噪音信号往往会覆盖掉有用信号而导致地面检测不到信号。同时,钻头水眼特别小,立管压力很高,脉冲发生器发射脉冲需要的力大,往往还会导致脉冲发生器损坏。

(9) 平底 PDC 钻头

平底 PDC 钻头,由于泥浆必须从钻头底部往外流出,加压时往往容易憋泵,导致地面检测不到信号。

(10) 泥浆存在气侵

对于高压油气层,泥浆往往会受到气侵。受到气侵的泥浆,对信号的衰减特别厉,这时需要在泥浆中加入除泡剂,充分循环泥浆,直到气侵排除。

(11) 严重井漏

轻微井漏时,仪器能检测到信号。严重井漏时,仪器检测信号困难,且井下仪器不安全,故严重井漏时仪器不能下井。

(12) 井下温度高于 125 ℃

井下温度高于 125 ℃,脉冲发生器有可能不工作或工作寿命将大大缩短。目前有高温仪器可耐 175 ℃高温,用于高温或超深井的施工。

在以上条件下施工,要么对仪器不利,要么井下仪器会不工作,应尽量避免。

6.2 电磁波式无线随钻测量仪器(EMWD)

随着定向井、水平井、分支井及大位移水平井等特殊工艺钻井技术的迅猛发展及复杂区块和薄油层开发力度的加大,传统的钻井液脉冲传输方式的不足之处越来越突出,脉冲传输方式技术虽然应用广泛,但数据传输速率较慢、信息量较小、传输信号易受钻井液的质量和泵的不均匀性影响。

在欠平衡钻井过程中,井眼轨迹的控制无法使用常规的有线和无线随钻测量仪器井下的测量数据必须通过电磁波方式传输。同时为了在欠平衡井眼中监测地层岩性和孔隙压力的变化,也必须采用电磁波方式传输自然伽马、地层孔隙压力等参数,所以电磁无线随钻测量仪器是实现欠平衡钻井和有效进行井眼轨迹控制的必不可少的井下仪器。

电磁波无线随钻测量仪器包含了常规无线随钻测量仪器的功能，但又不局限于常规无线随钻测量仪器的功能。它包含如下两个基本点显著特点：

(1) 电磁无线随钻测量仪器使用电磁波将井下数据传送到地面，有效地解决了在欠平衡条件下钻井或测井数据的传输问题，而且数据的传送速度比常规钻井液脉冲 MWD 无线随钻测量仪器快。

(2) 可以和地质测量仪器组合使用，形成电磁波随钻地质导向系统。

6.2.1 EMWD 仪器工作原理

电磁波随钻测量系统是通过导电媒质传输电磁信号，它由井下天线产生电磁场，通过大地和钻杆传输到地面，在地面由地面接口箱将信号采集、处理并解码。电磁波随钻测量系统见图 9-6-4。

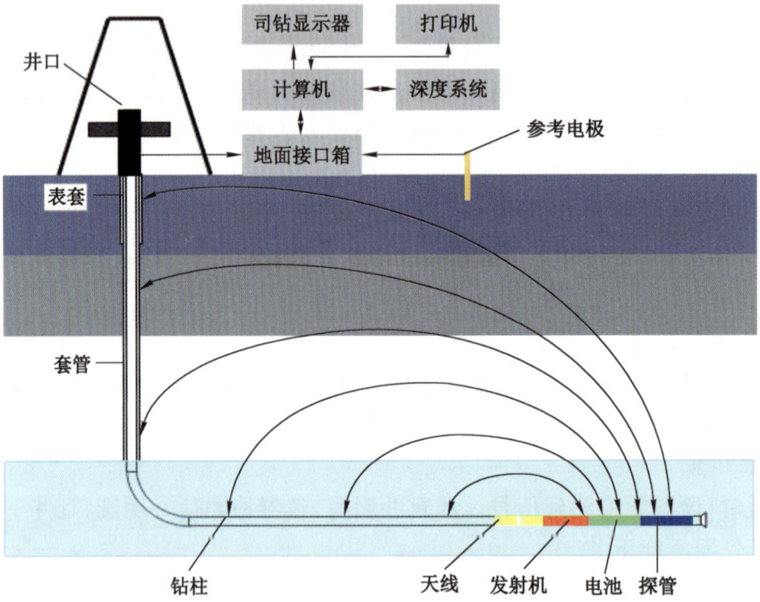

图 9-6-4　电磁波随钻测量系统

该系统分为井下系统和地面系统两大部分，井下仪器随钻具下井，完成工程参数和地质参数的随钻测量，并通过发射机将所测参数以电磁波形式发往地面。电磁波信号主要沿钻柱传输，经过地层返回到钻具。地面系统接收信号，经过放大、去噪和解码，将数据送至计算机，计算机将这些信息和无线深度系统发过来的井深及工程参数等信息进行综合处理，恢复井下仪器的实测工程参数和地质参数，并送到司钻显示器，以便司钻人员按照定向工程师的指导进行下一步的操作。

6.2.2 EMWD 技术指标

6.2.2.1 地面系统技术指标

(1) 地面接口箱技术指标

a. 工作温度：0 ℃～40 ℃；

b. AC220±20 V；

c. 动态输入电压范围：7 μV～7 V(峰-峰值)；

d. 动态放大倍数：1～106；

e. 调制方式：PPM 调制/DPSK 调制

PPM 载波频率：3.125 Hz /5Hz/6.25Hz/10Hz/12.5Hz/15Hz；

PPM 波特率：0.5 bps～7.5 bps；

DPSK 载波频率：3.125 Hz /5Hz/6.25Hz/10Hz/12.5Hz/15Hz；

DPSK 波特率：1.5bps /3.125bps/5bps/6.25bps/7.5bps/8.75bps。

(2) 井下检测面板技术指标

a. 工作温度：0 ℃～40 ℃；

b. 输入电源：AC220±20 V；

c. 通信接口：USB 转 RS-485、RS-232。

(3) 司钻显示器技术指标

a. 工作温度：－20 ℃～65 ℃；

b. 防护外壳设计，防护等级：按 GB 4208—1993 符合 IP65 的防护等级要求；

c. 采用 EL 电致光显示屏(10.3 in)；

d. 显示井斜、方位、工具面和温度等信息；

e. 与地面接口箱通过 RS-485 总线进行数据通信。

6.2.2.2　井下系统技术指标

① 仪器工作温度：－25 ℃～125 ℃；

② 仪器最大工作压力：105 MPa；

③ 抗振能力：20 g rms 30 Hz～300 Hz(随机)；30 g 50 Hz～300 Hz(正弦)；

抗冲击能力：1 000 g/0.5 ms；

④ 测量范围和精度：

a. 井斜范围：0°～180°，精度：±0.1°；

b. 方位范围：0°～360°，精度：±2.0°(倾角小于 5°)、±1.5°(倾角 5°～9°)、±1.0°；

c. 工具面范围：0°～360°，精度：±2.0°(倾角小于 5°)、±1.5°(倾角 5°～9°)、±1.0°(倾角大于 9°)；

d. 上、下伽马范围：0 API－500API，精度：±7％；

e. 压力范围：0 MPa～105 MPa，精度：±0.5％FS。

⑤ 绝缘天线性能指标和型号见表 9-6-2 和表 9-6-3。

表 9-6-2　绝缘天线性能指标

型号	外径/mm	抗拉载荷/t	抗压载荷/t	抗扭/kN·m
SEMWD－2102B	165	120	50	＞35
SEMWD－2103B	121			＞35
SEMWD－2104B	101			＞20

注：抗扭力指标为破坏绝缘天线绝缘所需的最大扭力；未标注的抗拉、抗压载荷应等同同尺寸规格的无磁钻铤数据。

表 9-6-3　绝缘天线型号

型号	SEMWD－2102B	SEMWD－2103B	SEMWD－2104B
外径	165 mm	121 mm	101 mm
内径	76 mm	62 mm	56 mm
扣型	NC50	NC38	2 7/8S LH90

⑥ 仪器外径：48 mm；

⑦ 环流面积大于：600 m m^2；

⑧ 系统传输适用地层：2 Ω·m～1 000 Ω·m。

6.2.3　EMWD 概况

电磁波随钻测量系统主要分为地面系统和井下工具两部分。其中井下工具完成参数的测量、数据编码、调制和发射等功能，地面系统完成电磁波信号的接收、解调、解码和数据恢复以及深度数据处理等功能。

6.2.3.1　地面系统

地面系统主要由地面接口箱、司钻显示器、深度跟踪模块、井下检测面板、计算机等组成，见图 9-6-5。

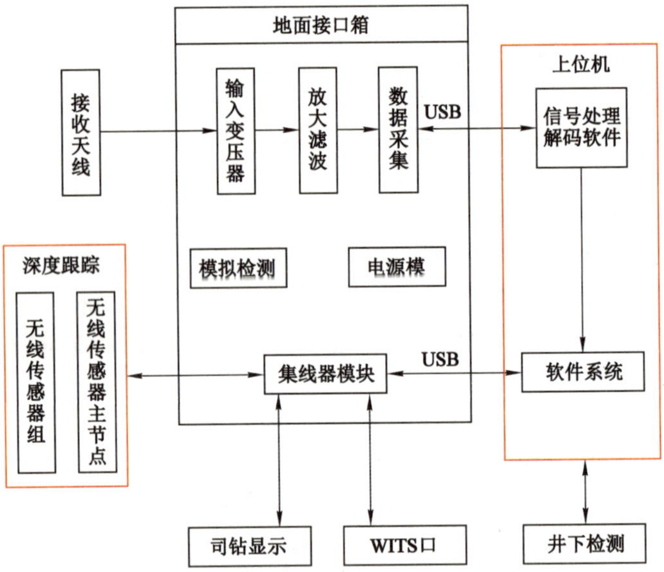

图 9-6-5　地面系统连接示意图

从图中可以看出，地面接口箱实现对井下发射机短节发射的电磁波信号的接收，并将处理后的数据送入计算机中；深度跟踪模块通过无线传感器组和无线传感器主节点模块获取深度信息，经由地面接口箱的集线器模块，送入计算机中；计算机综合上述信息，恢复井下实时钻进的工程参数和地质参数，并将其通过地面接口箱的集线器模块送入司钻显示器中。井下检测面板实现对井下各短节的调试和检验。

6.2.3.2　井下工具

电磁波随钻测量系统井下工具采用下座键、可打捞的结构形式，见图 9-6-6。在图中，1

钻铤上接头、2 绝缘天线、3 无磁钻铤、4 上扶正器、5 绝缘短节、6 发射机短节、7 下扶正器、8 辅电池短节、9 主电池短节、10 定向仪短节、11 方位伽马与压力测量短节、12 调整组件、13 引鞋短节、14 座键短节。

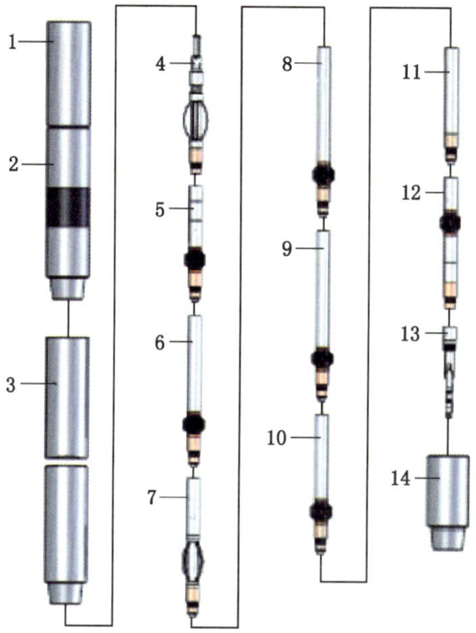

图 9-6-6　井下系统示意图

6.2.3.3　方位伽马与环空压力测量短节

方位伽马与环空压力测量短节实现了方位伽马测量和环空压力测量的一体化设计。该短节按功能可划分为：伽马测量单元、微处理器单元、电源单元、井眼姿态测量单元和压力传感器五部分。方位伽马与环空压力测量短节电路原理框图见图 9-6-7。

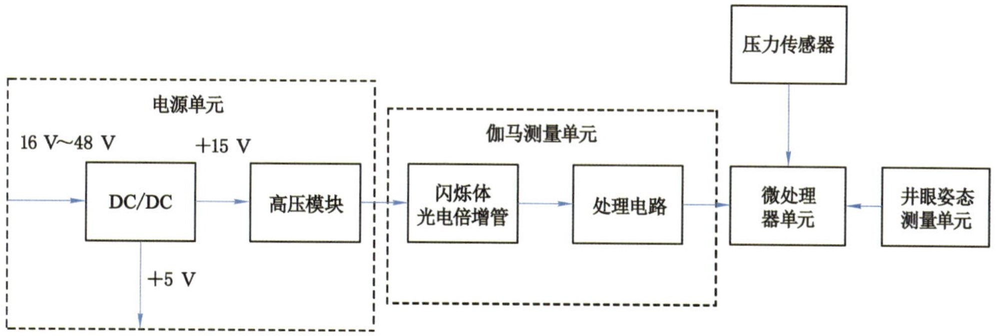

图 9-6-7　方位伽马与环空压力测量短节电路原理框图

伽马测量单元主要由闪烁体、光电倍增管、屏蔽体和伽马信号处理电路四部分组成，完成地层自然伽马的测量功能；微处理器单元主要完成伽马的计数和计时、窗口扫描位置判断、压力信号调理与采集、数据和时钟的存储以及通信等功能；井眼姿态测量单元提供窗口中心线的位置信息、井斜数据和旋转状态信息。

仪器在钻进过程中,方位伽马与环空压力测量短节的方位伽马测量有两种测量模式:旋转测量和滑动测量。旋转测量模式下,微处理器单元利用井眼姿态测量单元的实时测量数据解算出窗口中心线的位置,根据窗口中心线位置和设定位置比较,确定测量的伽马数据来自哪个方向,从而实现旋转钻进时上下伽马测量,见图 9-6-8;滑动测量模式下,钻进一段距离后,将测量窗口处于上部的位置,重复以上钻进轨迹,得到上伽马;再将测量窗口处于下部的位置,重复以上钻进轨迹,得到下伽马。

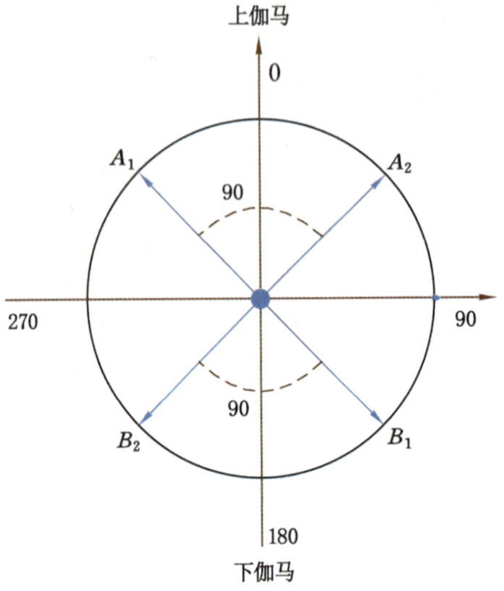

图 9-6-8　上下伽马判定示意图

环空压力测量,采用与方位伽马一样的采样间隔,对压力信号进行 A/D 采集并处理。

6.2.4　井场操作

(1) 施工前准备

① 了解井队无磁钻铤的尺寸和扣型,准备相应的绝缘天线和座键短节。

② 到达井场后,将地面接口箱、计算机等地面设备放进仪器房,确认仪器房与井台的距离,司显线缆和接收线缆的长度为 100m,距离太远无法连接。

③ 司钻显示器固定在司钻工程师易看到的地方,见图 9-6-9。

④ 用锉刀将防喷器上任意一个大螺母上的油漆或铁锈磨掉并安装大力链钳,然后将其中一根接收线缆的铜片与大力链钳尾端的铜片用螺钉连接拧紧,见图 9-6-10。

⑤ 以井口为中心,便于连接地面地面接口箱方向找一个湿润的地方,将地锚砸入地中,并将另一根接收线缆连接地锚拧紧,见图 9-6-11。

⑥ 在布线过程中,接收线缆和司显线缆应安全高架至井口和地锚处。注意:防碰、防损,连接线不允许打直角弯,以防线缆破损,影响信号接收或信息传输。

⑦ 司显线缆井口端连接司钻显示器。

⑧ 按照无线传感器安装步骤进行绞车和大钩负荷传感器的安装,并将传输盒固定在安全位置。

(2) 仪器串配长

电磁波随钻测量系统采用下座键方式,与不同长度无磁钻铤配接过程中,为保证上下金属

图 9-6-9　放置固定司钻显示器

图 9-6-10　接收天线井口防喷器连接

图 9-6-11　地锚的连接

扶正器能够有效馈接在绝缘天线绝缘段上下两端，需通过选择合适的调整短节长度来实现。

仪器串主电池短节供电和主/辅电池短节供电两种工作方式下，无磁钻铤和调整短节的长度选择不同，可以参照表 9-6-4 和表 9-6-5 进行配长。在绝缘天线、无磁钻铤、座键短节井口装配完毕，将配有调整短节的井下仪器串放入钻铤内，然后用卷尺测量上打捞头到绝缘天线端面距离是否与 L 一致（主/辅电池供电 $L=C-T-8411$(mm)，主电池供电 $L=C-T-$

6571(mm)，一致则表明仪器座键成功。

表 9-6-4　主/辅电池供电调整杆长度选配

无磁钻铤有效长度 C(mm)	调整杆组合长度 T(mm)(未包含扶正器长度)	顶端距钻铤端面距离 L(mm)
9 882±50	1 400(1,1,2,2,4,4)	C－T－8411
9 782±50	1 300(1,2,2,4,4)	C－T－8411
9 682±50	1 200(2,2,4,4)	C－T－8411
9 582±50	1 100(1,2,4,4)	C－T－8411
9 482±50	1 000(4,2,4)	C－T－8411
9 382±50	900(1,2,2,4)	C－T－8411
9 282±50	800(1,1,2,4)	C－T－8411
9 182±50	700(1,2,4)	C－T－8411
9 082±50	600(2,4)	C－T－8411
8 982±50	500(1,4)	C－T－8411
8 882±50	400(4)	C－T－8411
8 782±50	300(1,2)	C－T－8411
8 682±50	200(2)	C－T－8411
8 582±50	100(1)	C－T－8411
8 482±50	0	C－T－8411

表 9-6-5　主电池供电调整杆长度选配

无磁钻铤有效长度 C/mm	调整杆组合长度 T/mm)	顶端距钻铤端面距离 L/mm
8 039±50	1 400(1,1,2,2,4,4)	C－T－6571
7 939±50	1 300(1,2,2,4,4)	C－T－6571
7 839±50	1 200(2,2,4,4)	C－T－6571
7 739±50	1 100(1,2,4,4)	C－T－6571
7 639±50	1 000(2,4,4)	C－T－6571
7 539±50	900(1,2,2,4)	C－T－6571
7 439±50	800(2,2,4)	C－T－6571
7 339±50	700(1,2,4)	C－T－6571
7 239±50	600(2,4)	C－T－6571
7 139±50	500(1,4)	C－T－6571
7 039±50	400(4)	C－T－6571
6 939±50	300(1,2)	C－T－6571
6 839±50	200(2)	C－T－6571
6 739±50	100(1)	C－T－6571
6 639±50	0	C－T－6571

注：调整杆组合长度中，未包含调整杆中扶正器组件(333 mm)的长度，其中：1 代表 100 mm 长的调整杆，2 代表 200 mm 长的调整杆，4 代表 400 mm 长的调整杆。

(3) 仪器连接与设置

① 地面系统连接：按照地面系统连接方式将地面系统连接并布线，安装司钻显示器和无线深度模块。

② 井下系统连接

a. 根据无磁钻铤内径尺寸，对各井下短节的扶正器进行更换或用扶正器割模切削到相应尺寸，见 9-6-12。

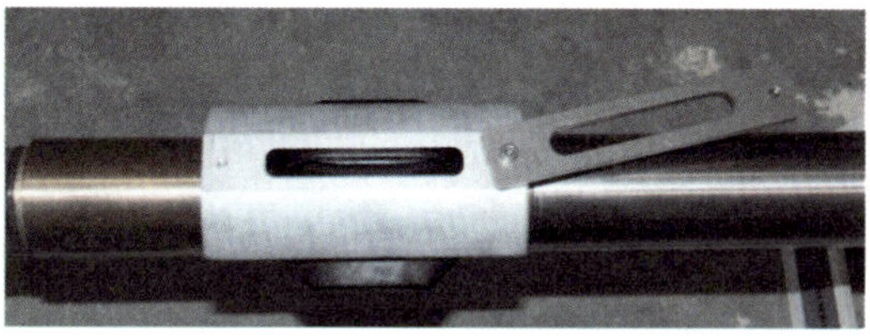

图 9-6-12　切削扶正器

b. 检查井下软连线十芯插座有无退针或损坏，若有问题进行更换；

c. 检查各短节中间接头的密封圈是否完好，损坏的进行更换，密封圈处涂抹硅脂；

d. 按照井下系统连接方式将井下工具连接。

注意：系统设置前，方位伽马与环空压力测量短节与上部井下仪器串间通过转接盒连接，待系统各参数设置后，将井下仪器串连接，并通过摩擦钳抱紧。

③ 仪器串工作模式设置

按照系统测试方法对系统进行测试并设置工作模式：

a. 将通信测试线、接收测试线正确连接。

b. 打开 UPS，启动计算机，打开地面接口箱，双击计算机桌面的随钻测量系统软件快捷图标，运行软件。

c. 进行初始化设置；如：井位磁偏角、仪器记录点、时间、井名等信息。

d. 在主菜单点击"系统|随钻设置|探管设置"，进入随钻系统设置软件，见图 9-6-13。

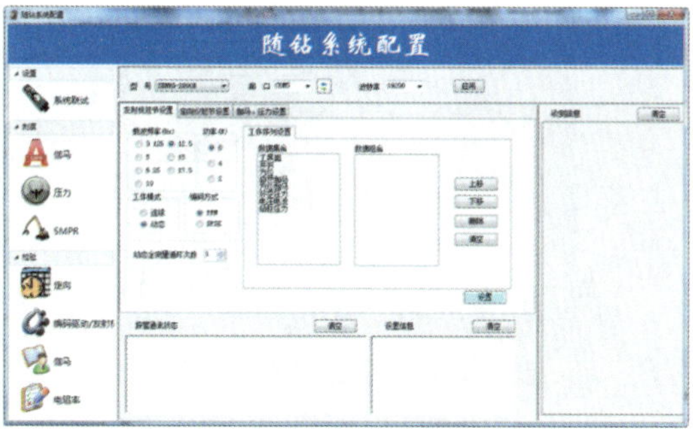

图 9-6-13　随钻系统设置

e. 发射机短节设置：发射频率、发射功率、工作模式、编码方式、动态全测量循环次数以及数据组合，根据施工井情况对发射机进行相关设置。

f. 定向仪短节设置：重/磁工具面切换角度、工作模式和测量模式设置，根据施工井情况和施工经验设置重/磁工具面切换角度，默认角度 5°，将定向仪短节设置为工作模式。

g. 方位伽马与环空压力测量短节设置：根据施工井情况，仪器下井前需进行采样间隔设置、时钟对时等操作。

h. 井下仪器串设置成功后，将解码软件的发射频率选项和调制方式选项配制成与发射机模式一致，调好门限，观察解码软件解码的数据是否为设置的数据组合以及数据是否与随钻配置软件监视井下通信的数据一致。

i. 测试完成，去掉通信测试线和方位伽马与环空压力测量短节前端转接盒，将仪器串整体连接，摩擦钳抱紧。

(4) 仪器角差测量

① 将仪器串至于等高架上，使用水平仪找平。

② 转动仪器串将引斜定位键槽朝上，将水平仪放置在定位键槽上，转动仪器串使得水平仪的水泡处于最中间，见图 9-6-14。

图 9-6-14　水平仪测量角差

③ 启动随钻测量系统软件快捷图标，运行软件，在主菜单中点击"系统|随钻设置|随钻基本设置"弹出图 9-6-15 所示的对话框。

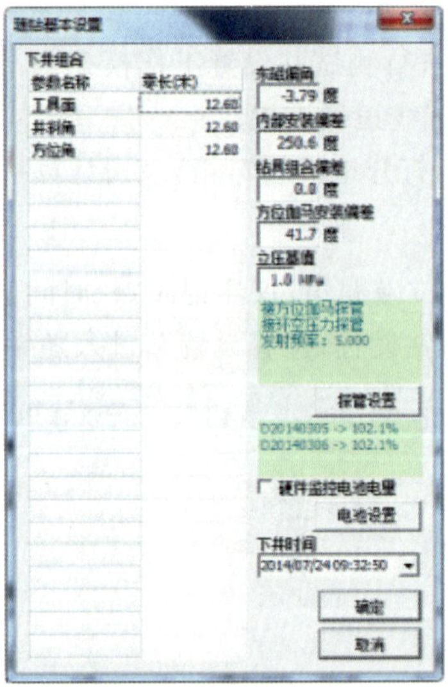

图 9-6-15　随钻设置对话框

④ 将内部安装偏差、钻具组合偏差、方位伽马安装偏差内的数据清零，并点击"确定"，然后进入主界面，在主菜单中点击"控制|开始定向作业"。

⑤ 仪器串若是设置成振动模式，测量角差时需轻轻从上至下敲动定向仪短节，若为连续工作模式则不用，此时，发射极短节会将当前的定向仪短节测量的工具面数据上传，经解码、数据恢复得到数据屏内的"工具面"角度，这便是仪器角差，将其输入到随钻设置对话框"内部安装偏差"，然后点击"确定"后，重新振动定向仪短节，新上传的工具面数据经恢复计

算应为“0”。

（5）下井准备

① 仪器角差测量完毕后，将接收测试线与仪器串和地面接口箱断开，将接收线缆的单芯接入地面接口箱的“A”、“B”输入口。

② 将引斜护筒戴在引斜上，见图 9-6-16。

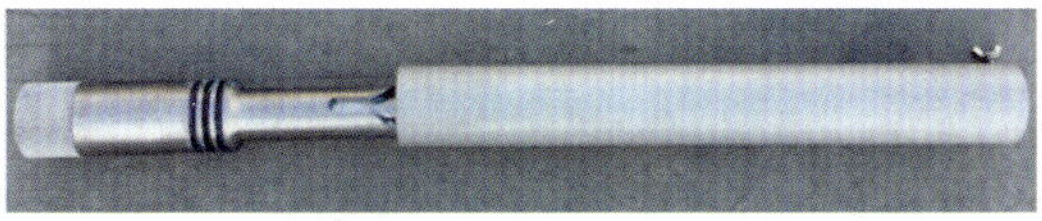

图 9-6-16　引斜护筒套在引斜上

③ 将起吊工具卡在发射机扶正器下端，见图 9-6-17。

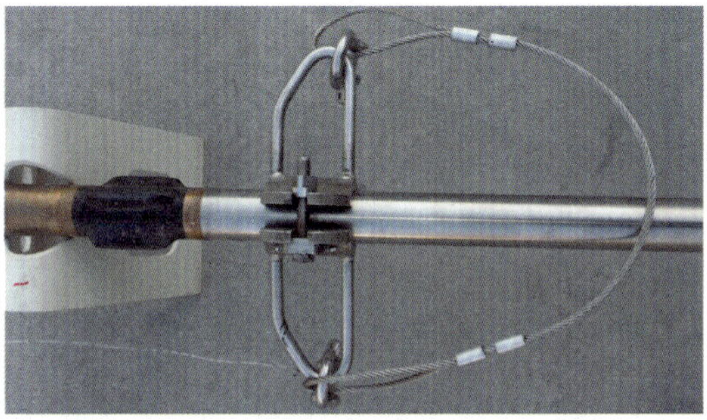

图 9-6-17　起吊工具的安装固定

（6）井口装配

① 螺杆、座键短节、无磁钻铤和绝缘天线依次连接好。

② 仪器抬至井场滑道上，将起吊工具的挂绳挂在气动绞车的吊钩上，将仪器缓慢吊起，见图 9-6-18。

图 9-6-18　井台起吊仪器

注意：操作人员必须站在仪器杆的一侧，不要上肩，双手扶住引鞋上部，不能让引鞋在地面上滑行，同时保护仪器不要让仪器弯度超过 30°以免损坏。

③ 仪器放入无磁钻铤前，先把引鞋护筒摘下，再将仪器缓慢放入无磁钻铤内，下放过程中，要在扶正翼的端面抹上铅油。

④ 当起吊工具下放到绝缘天线上端母扣位置时，起吊工具会将仪器串卡座在绝缘天

线上。

⑤ 用气动绞车吊起释放矛，并接在打捞头上，上提仪器串将起吊工具取下，下放仪器到底。

⑥ 用力下压释放矛，确认仪器已座键，并使释放矛从打捞头上脱开，然后将释放矛吊出。

⑦ 进行钻具角差测量，见图 9-6-19。

图 9-6-19 钻具角差的测量

a. 钻具角差测量方法与常规 MWD 测量方式一致。

b. 测量人员面对着螺杆钻具弯点刻线站立，以弯点刻线为基准，循环短节上的紧定螺钉投影在弯点刻线左边为正值；右边为负值，见图 9-6-19。

c. 钻具角差＝测量弧长/周长×360°，将计算得出的钻具角差输入到随钻设置对话框“钻具组合偏差”，点击“确定”。

(7) 浅层测试

仪器装入钻铤后，即可进行浅层测试。井下仪器若为连续工作模式，地面接口箱便可以接收到电磁波信号，井下仪器若为振动模式，在钻具不带钻头的情况下开泵测试，观察是否可以接收到信号，同时测出一组数据，以判断仪器是否工作正常。若出现异常需要取出仪器进行检查、采取相应措施，必要时也可以更换有关部件。

注：由于仪器在套管中，绝缘天线的上下两极短路造成发射信号畸变，信号幅度较小，操作解码软解时注意调节门限。

(8) 测量参数的零长计算

测量参数的零长 L(测量点到钻头位置的长度)可以通过测量点到下座键短节上端面的距离 C，座键短节长度 D，螺杆长度 E 和钻头长度 F 计算得到，零长 $L=C+D+E+F$。测量点到下座键短节上端面的距离 C 和座键短节长度。

(9) 打捞井下仪器

在井下发生卡钻、落鱼等故障时，可以及时地打捞出井下仪器，避免仪器由于填井而被埋入井下，使损失减小到最低限度。

打捞井下仪器时，必须配有缆绳绞车，在钻台上需要安装天地滑轮。打捞矛上连接两根加重杆，以确保井下仪器的打捞顺利。

(10) 井队注意事项

电磁波随钻测量系统对现场条件和操作的要求比较高，在仪器使用过程中，操作人员应注意和井队的人员进行沟通，提醒他们注意以下一些问题：

① 要求钻工在钻台上施工时注意对司钻显示器和电缆的防碰和保洁，以防泥浆的腐蚀；

② 检查钻台的电气设备及线缆是否有漏电现象，出现后尽快处理防止漏电干扰；

③ 起钻前，应将井底和泥浆罐内的固化颗粒物循环干净；

④ 仪器下井后，要求下钻速度平稳，不得时快时慢；

⑤ 仪器应放在无磁钻铤内；

⑥ 仪器下井后应做浅层测试；

⑦ 在钻进过程中，泥浆滤子应放在方钻杆下的钻杆中，接单杆时取出泥浆滤子，将滤子内杂物清洗后，将泥浆滤子放在新接单根内，再接方钻杆；

⑧ 定向时钻进速度要均匀平稳，复合钻进时，转盘不能挂高速档，以免损坏仪器；

⑨ 定向时，井场禁止进行电焊等活动；测斜时，转盘应静止，不得活动钻具，将钻台的上的电气设备断电；

⑩ 钻具到井底前留一柱开始循环泥浆，接单根开泵循环到井底。

(11) 维修和保养

① 井下仪器维护

a. 井下仪器出井后检查各零部件是否有损伤，若有损伤应及时更换，井下仪器短节结构零件参照图见图 9-6-20。

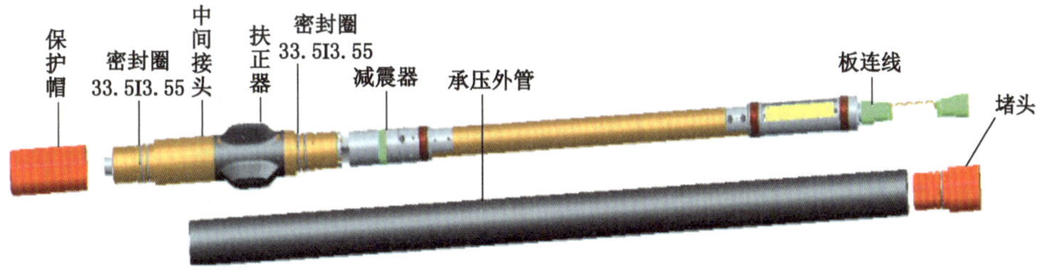

图 9-6-20　井下仪器短节结构零件参照图

b. 使用前和使用后检查各仪器短节两端插头内插针以及井下软连线有无损坏。

c. 检查密封圈是否完好，正常情况下每 5 口井次需更换新的密封圈，若仪器不用，则两年后需更换所有密封圈，安装 O 形圈密封圈时，应涂适量密封硅脂。

d. 对密封圈进行保养，不得用汽油、酒精、丙酮等有机溶剂清洗。

e. 承压钢筒的密封部位拆卸时，严禁用力敲打或磕碰，以防变形，影响密封。

f. 运输注意轻拿轻放，避免磕碰。

e. 做好入库前状态检查和出库前的功能检查。

g. 做好仪器的校验和刻度。

注意：使用过程中及时测量承压管外壁直径，当直径小于 ϕ47 mm 时，请及时更换。

② 上金属扶正器维护

a. 仪器出井后检查 O 圈是否完好并清洗干净，涂密封硅脂。

b. 检查弹簧、固定块 1、滑座、上板簧等零部件冲蚀情况，如有必要请更换。上金属扶正器结构见图 9-6-21。

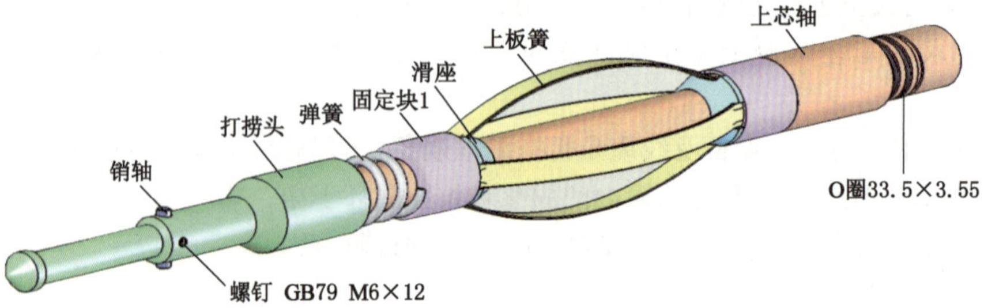

图 9-6-21　上金属扶正器结构

c. 板簧更换：安装上板簧时，先把簧片插入上端的滑座内，然后用力弯曲簧片插入下端滑座内，拆卸时顺序相反。

d. 弹簧、滑座等相关零件的更换：用摩擦钳分别卡在打捞头和上芯轴的 ϕ48 mm 外圆处，卸开打捞头，可分别取下弹簧、固定块 1、滑座等零部件进行更换，更换完成后再用摩擦钳拧紧即可。

③ 下金属扶正器维护

a. 仪器出井后检查 O 形圈是否完好并清洗干净，涂密封硅脂；

b. 检查板簧和固定块，如有损坏及时更换。下金属扶正器结构见图 9-6-22。

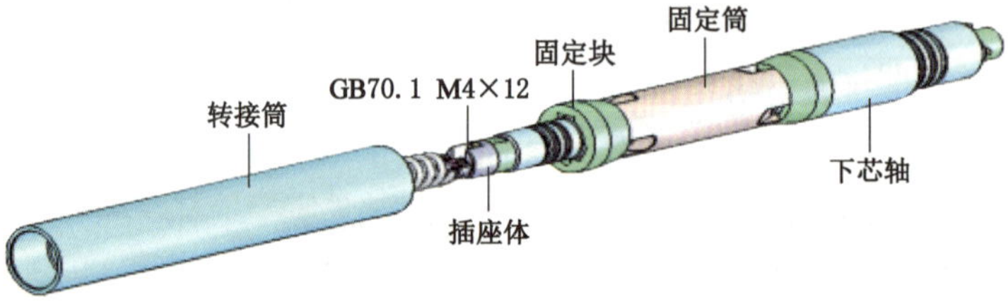

图 9-6-22　下金属扶正器结构

c. 板簧的更换：安装下板簧时，先把簧片一端插入固定块内，然后用力弯曲使簧片另一端也插入到固定块内，按压下板簧是否有卡死现象；

d. 固定块的更换：用摩擦钳分别卡在转接筒和下芯轴的 ϕ48 mm 外圆处，卸开转接筒(注意此时转接筒不能取下来)至图 9-6-22、图 9-6-23 示意位置，用内六角扳手拧下两个 M4×12 螺钉，然后把插座体与转接筒一起取下来。如图 9-6-23 所示，依次取下左边固定块、固定筒和右边固定块即可进行更换(部件内部安装有四个导向键，取下时固定块和固定筒不能旋转，可向图中左端直接抽出)，更换完毕后，按照相反的步骤重新安装拧紧。

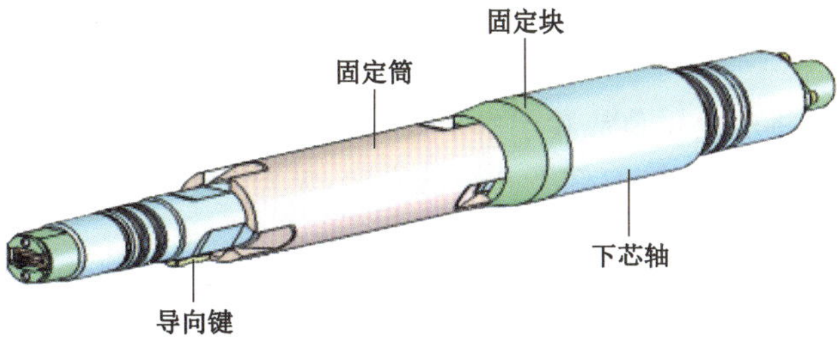

图 9-6-23　下金属扶正器下芯轴组件

④ 绝缘体维护

a. 仪器出井后检查O形圈是否完好并清洗干净,涂密封硅脂。

b. 绝缘体结构见图 9-6-24。

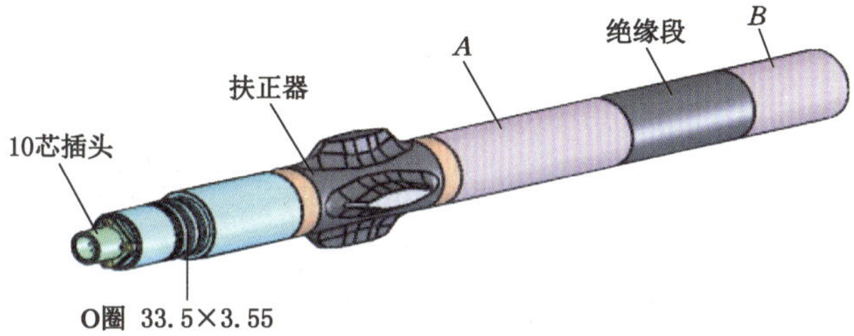

图 9-6-24　绝缘体结构

c. 用数字万用表测量A、B两端绝缘值,大于1 MΩ为合格。

d. 用数字万用表测量10芯插头插针与B处连通是否良好,小于0.2 Ω为合格。

⑤ 绝缘天线维护

a. 施工完后,观察绝缘天线内、外壁绝缘层的使用破损情况。

b. 日常应保持绝缘天线(钻铤接头)螺纹的清洁,特别注意螺纹与台阶面的保护,不能磕碰,见图 9-6-25。

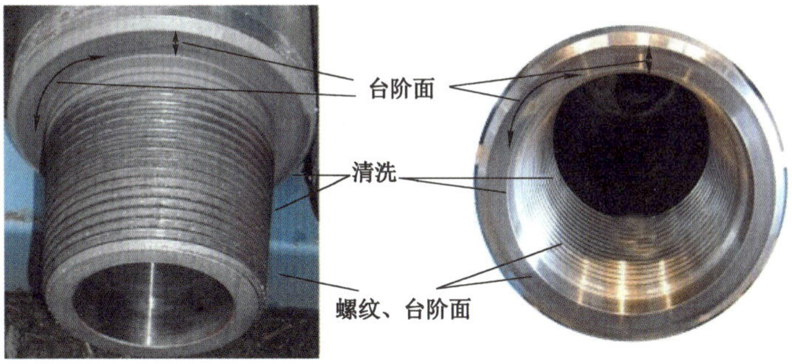

图 9-6-25　绝缘天线螺纹

c. 使用前后要用万用表测量绝缘天线节两端绝缘电阻,测量时注意清洁两端导体表面,保证表笔与金属表面接触良好。

d. 如果绝缘值过低(干燥情况下<20 kΩ)或者绝缘层被破坏,应及时发回厂家维修,不

要自行拆卸,以免造成关键器件的损坏而无法修复。

⑥ 座键短节维护

a. 仪器出井后,将座键短节放置于水平处,用清水将座键短节内外清洗干净。

b. 将座键接头上的所有螺钉卸下并清洗干净,见图 9-6-26。

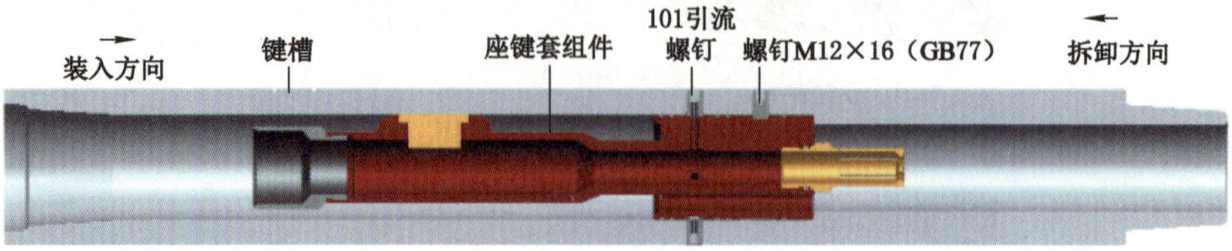

图 9-6-26　座键短节结构(ϕ101 mm)

c. 用大锤和座键专用工具将座键套从钻铤内孔里面取出,见图 9-6-27。

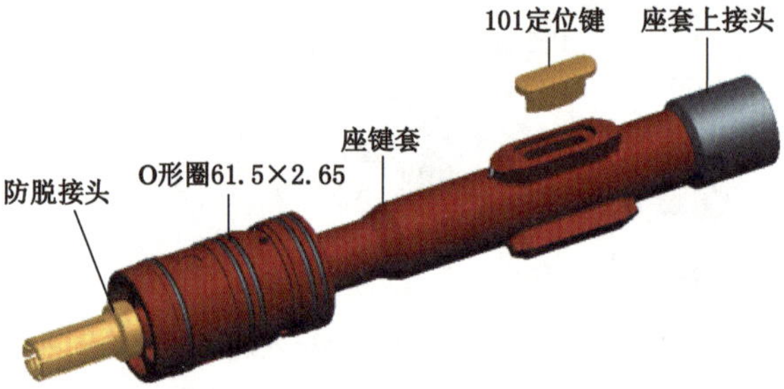

图 9-6-27　座键套组件结构(ϕ101 mm)

d. 卸掉密封圈,将其和座键套清洗干净,检查密封圈若无损伤,将其再装入到密封沟槽处,涂抹适量硅脂。

e. 再用座键套安装工具将已装上键的座键套装入座键接头内。

f. 用座键套安装工具转动座键套,使座键套上的键与座键接头上的定位槽在同一条直线上。

g. 观察座键接头上的螺纹孔与座键套上的定位孔是否对齐,对齐证明安装到位,将引流螺钉和紧定螺钉涂抹适量 242 锁固胶,装入接头上的螺孔内,用六角扳手拧紧,下座键装配完成。

座键短节规格见表 9-6-6。ϕ121 mm 和 ϕ165 mm 座键短节维护同上所述。ϕ121 mm 和 ϕ165 mm 座键短节结构示意图见图 9-6-28 和图 9-6-29。

表 9-6-6　座键短节规格

型　号	有效长度/mm	外径/mm	内径/mm	上下螺纹扣型
SEMWD－2122B	685 mm	ϕ165	ϕ76	410/411(NC50)
SEMWD－2123B	685 mm	ϕ121	ϕ62	310/311(NC38)
SEMWD－2124B	910 mm	ϕ101	ϕ56	2 7/8SL H90

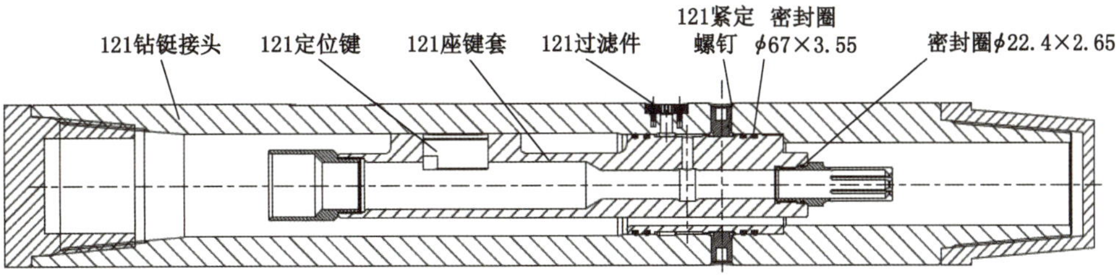

图 9-6-28　座键短节结构示意图(ϕ121 mm)

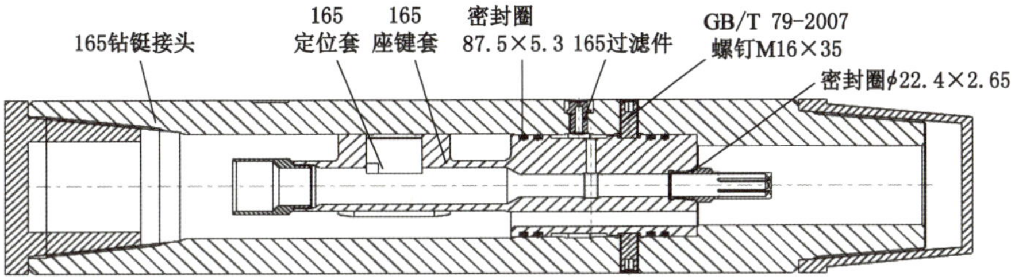

图 9-6-29　座键短节结构示意图(ϕ165 mm)

⑦ 引鞋维护

a. 仪器出井后,将引鞋从仪器串中拆下,用清水将引鞋内外清洗干净。

b. 检查密封圈有无损伤,如有卸掉密封圈应及时更换新圈,见图 9-6-30。

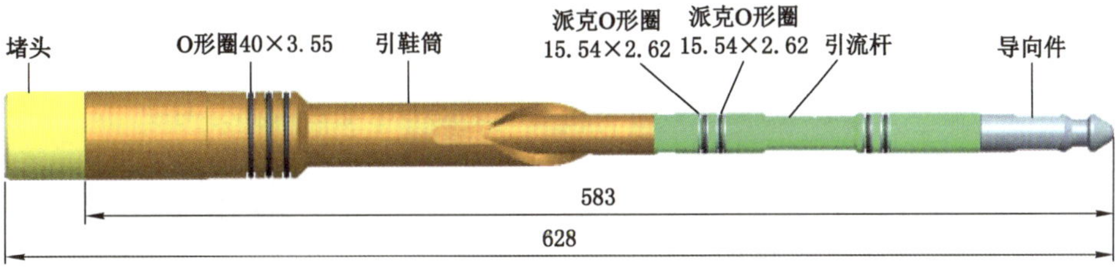

图 9-6-30　引鞋结构

c. 检查完后,用硅脂枪向引鞋短节内注满硅脂,装入保护筒内,然后装上堵头和蝶形螺栓并装入原来的包装箱内。

⑧ 调整短节维护

a. 仪器出井后,将调整短节从仪器串中拆下,用清水将短节内外清洗干净。

b. 检查扶正器(扶正块)和密封圈有无损伤,如有损伤及时更换扶正器(扶正块)和密封圈,见图 9-6-31。

c. 检查完好后,用硅脂枪向调整短节内注满硅脂,在两端分别装上保护帽和堵头,放入仪器箱。

⑨ 电池安全

仪器所配置的专用锂电池组具有容量大,体积小的特点,使用不当可能会造成严重的损失。对锂电池组的短路、充电、过放电、挤压变形、强烈冲击、剧烈振动、超过规定温度范围、焚烧、拼装不当、擅自拆解、移作他用等可能损坏电池组,甚至引起爆炸等严重后果。在使用

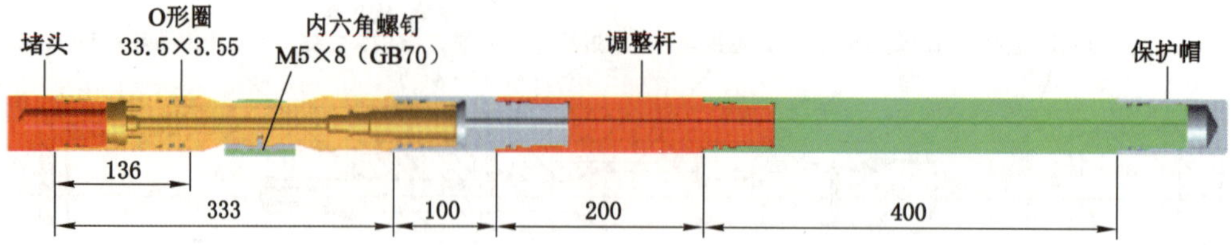

图 9-6-31 调整短节结构

中需注意：

a. 新、旧锂电池组的包装均应使用锂电池组的专用包装箱，新、旧锂电池组均不得无包装转运，包装箱上的各种标识应完整清晰，锂电池组的插头须带保护帽。

b. 在储运中，不得使电池组受潮、雨淋、受高温、挤压变形、过度冲击、剧烈振动、不得靠近火焰和强腐蚀性气体，不得与其他易燃、易爆、易腐蚀的物品混合储运。搬运时轻拿轻放。

c. 电池组在包装、储运、装卸及搬运过程中出现强烈刺鼻性气味等异常现象时，所有人员应立即撤离到 10 m 外的安全位置，并立即报请专业人员处理。

e. 锂电池组应存储在通风干燥的室温环境中。

f. 锂电池组的使用应由具有专业技能的人员进行操作，须做到操作准确无误。

g. 使用锂电池组前应详细阅读使用说明和警示，严格按规定进行操作，严禁超过额定指标。

h. 在仪器组装前，须做电池组外观检查，不得有影响电池组性能的损伤，导线、接插件等不能有锈蚀、污物、破损等可能引发短路或断路的隐患存在，一经发现应停止使用，并通知专业人员进行处理。

i. 插头保护帽应妥善保管，以便暂时不用电池组或旧电池回收储运时使用；

j. 锂电池组的使用情况应做好记录，以作为继续使用的依据。

k. 锂电池组的组装中，绝不可使电池组两端短路，电池组的引出线、插头接点短路可导致内部保险丝熔断，若使电池组受到强烈的冲击、振动、超过规定温度范围使用，可能出现电池内故障，绝不可掉以轻心。

l. 电池组的故障应由专业人员修理，对电池组的修理应执行相应的规范，所用器件必须是相同型号的器件，不得擅自更改、拼装、拆卸电池组。

m. 不得对电池组进行充电、短路、反接极性、过放电、焚烧、靠近火焰、擅自拆解或移作他用等不正确操作。

n. 电池组经长期存储后，电池内部会形成结晶，使有载输出端电压降低，故使用前需进行激活操作，使其输出电压达到规定值后方可使用。

o. 处理废旧电池组应遵守国家和地方环保法规，禁止随意丢弃。

7　定向井专用工具

7.1　定向接头

7.1.1　定向接头类型

目前国内常用的定向接头有两种：定向直接头和定向弯接头。定向直接头用于弯外壳体螺杆钻具定向钻进，而定向弯接头则用于直壳体螺杆钻具的定向钻进。

7.1.2　基本结构

（1）定向直接头基本结构如图 9-7-1 所示。

（2）定向弯接头结构如图 9-7-2 所示。

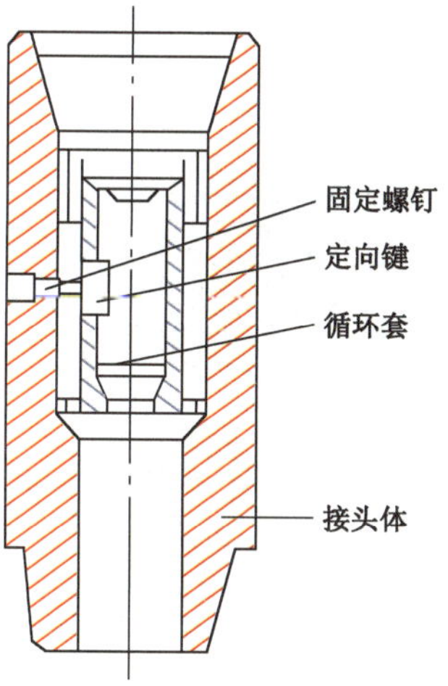

图 9-7-1　定向直接头结构示意图

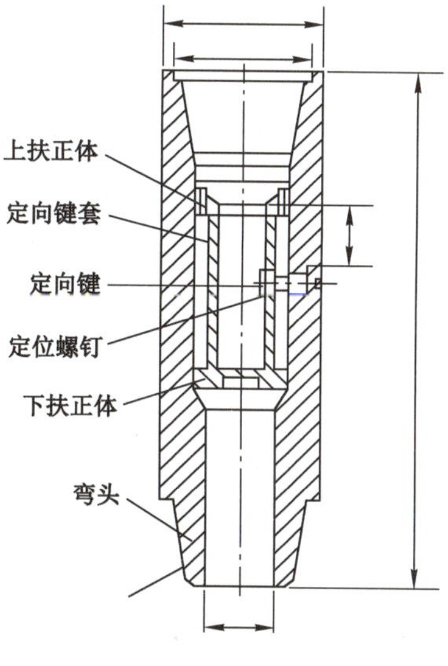

图 9-7-2　定向弯接头结构示意图

7.2　无磁钻铤

7.2.1　无磁钻铤工作原理

由于磁性测量仪器的磁通门感应的是井眼的大地磁场，所以测量仪器工作时必须是一个无其他干扰磁场的环境。然而在钻井过程中，钻具往往具有磁性，影响磁性测量仪器正确测量井眼轨迹数据。利用无磁钻铤可以实现无干扰磁场的环境，并且具有普通钻铁的作用。国外已有相当数量的无磁钻铤产品，于 1990 年列入 API 标准。我国根据国外产品及产品样本制订了 SYT5145－86《无磁钻铤》标准。

无磁钻铤工作原理如图 9-7-3 所示。

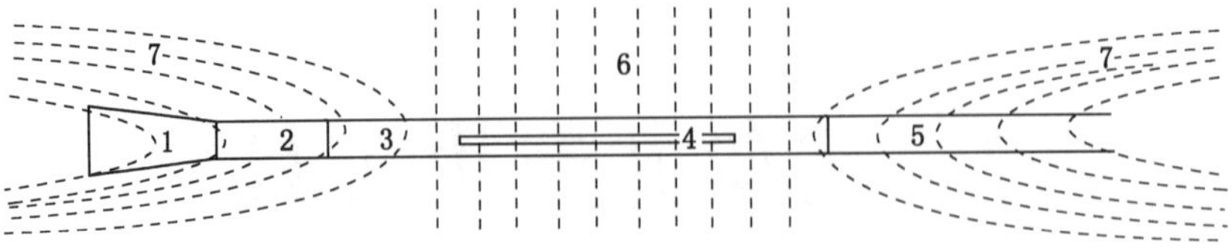

1—钻头；2—接头；3—无磁钻铤；4—磁性测量仪；5—钢钻铤；6—地磁场线；7—干扰磁场线

图 9-7-3 无磁钻铤工作原理示意图

无磁钻镀上下的干扰磁场线对测量仪器部位没有影响，因而无磁钻挺为磁性测量仪器创造了一个无干扰磁场环境，保证了磁性测量仪器测到的数据为真实大地磁场信息。常用的非磁钻铤由奥氏体钢制造，与其他三种合金钢相比，价格较低，但它对盐水钻井液的腐蚀较敏感。

无磁钻铤现场照片如图 9-7-4 所示。

图 9-7-4 无磁钻铤

7.2.2 无磁钻铤材料

无磁钻铤材料及其特点见表 9-7-1。

表 9-7-1　无磁钻铤材料

无磁钻铤材料	特点简述
蒙乃尔合金	蒙乃尔合金虽然具有不易腐蚀的优点，但是由于镍含量高而存在以下缺点：a 价格昂贵，b 易磨损
铬-镍合金	这种合金钢约合 18%的铬和镍。易于塑性变形导致螺纹过早损坏，特别对需要上扣扭矩高的大钻铤更为不利
铬、锰为基础的奥氏体合金	其制造方法为半热锻形变强化方法，这种钢的缺点是对盐水钻井液应力腐蚀很敏感
铍铜合金	用铍钢巴氏合金 25 制造的无磁钻铤抗钻井液的腐蚀性能好，尤其对硫化物应力破坏抵抗性更好。磁化率低，接头不易磨摄.机加工性能好，由于其成分为铜占 98%，铍占 2%，所以价格较贵
SMFI 无磁钢	SMFI 无磁钻挺采用高抗腐蚀、高磁特性的优质无磁材料制造
国产锰铬镍钢	这种钢含锰 16.59%，含铬 13.12%，含镍 1.91%，相对磁导率小于 1.01 H/m

7.2.3　无磁钻铤尺寸规格

无磁钻铤尺寸规格见表 9-7-2。

表 9-7-2　无磁钻铤尺寸规格

外径/mm	内径/mm	连接螺纹	质量/kg	
			长度 7 620 mm	长度 9 144 mm
88.9	38.10	NC26	302	362
120.65	57.15	NC35	531	662
158.75	71.44	NC46	947	1 178
158.75	57.15	NC46	1 034	1 245
165.1	71.44	NC46	1 043	1 298
165.1	57.15	NC46	1 130	1 407
177.8	71.44	NC50	1 249	1 554
177.8	57.15	NC50	1 335	1 663
203.2	71.44	6—5/8REG	1 701	2 116
228.60	71.44	6—5/8REG	2 217	2 760
241.30	76.20	7—5/8REG	2 468	3 064

7.2.4　无磁钻铤使用要求

（1）无磁钻铤使用长度要根据井斜和方位的不同情况进行合理选择。

（2）测量时，测斜仪位置必须按要求放在无磁钻铤中下部。

（3）由于无磁钻铤比普通钻铤硬度高，上扣时注意不要错扣。

7.3　无磁承压钻杆

无磁承压钻杆又称为无磁加重钻杆，它的壁厚介于钻杆和钻铤之间，能承受拉伸载荷，也允许承受压缩载荷。

（1）无磁承压钻杆作用

替代无磁钻铤的功用，使具有磁通门或磁性测量仪器不受钻具磁场的影响，确保磁性测量仪器数据准确。

（2）无磁承压钻杆规格

无磁承压钻杆规格见表 9-7-3。

表 9-7-3　无磁承压钻杆规格

外径/mm	内径/mm	连接螺纹	质量/kg 长度 9 300 mm	紧扣扭矩/kN·m
88.9	52.40	NC38	345	13.4
127.0	76.2	NC50	673	40.0

（3）无磁承压钻杆使用要求

① 无磁承压钻杆使用长度要根据井斜和方位的不同情况进行合理选择。

② 测量时，测斜仪位置必须按要求放在无磁承压钻杆中下部。

③ 由于无磁承压钻杆比普通加重钻杆硬度高。上扣时注意不要错扣。

7.4　螺杆钻具

（1）螺杆钻具工作原理

螺杆钻具，是一种以钻井液为动力，把液体压力能转为机械能的容积式井下动力钻具。当泥浆泵泵出的泥浆流经旁通阀进入马达，在马达的进、出口形成一定的压力差，推动转子绕定子的轴线旋转，并将转速和扭矩通过万向轴和传动轴传递给钻头，从而实现钻井作业。单弯螺杆钻具照片见图 9-7-5。

图 9-7-5　单弯螺杆钻具

（2）螺杆钻具组成

螺杆钻具主要由旁通阀、马达、万向轴和传动轴等四大总成组成，见图 9-7-6。马达是钻具的主要部件。很多实践和理论分析结果表明：如若想使马达正常有效地工作，则每级马达所能承受的压降以不超过 0.8 MPa 为宜；否则马达就有漏失，马达转速会很快降低，严重时则完全停止转动，马达损坏。

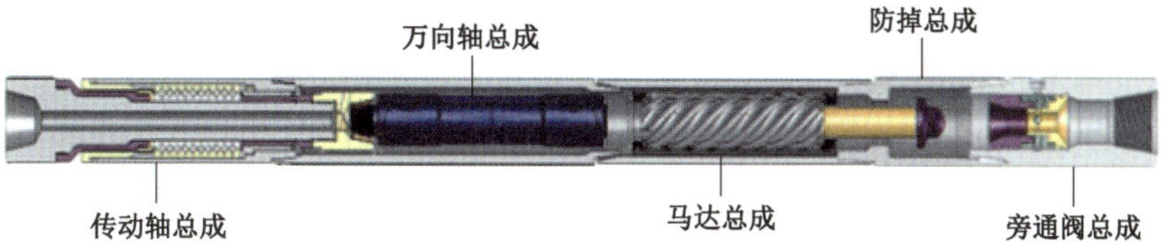

图 9-7-6　螺杆钻具组成

（3）螺杆型号

螺杆型号说明见图 9-7-7。

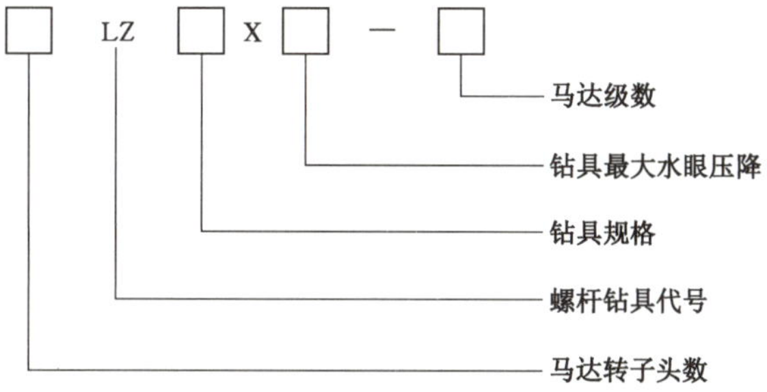

图 9-7-7　螺杆型号说明

（4）螺杆钻具使用须知

① 井场修井、钻井技术人员和司钻必须了解钻具的结构原理和使用参数。按使用说明书的要求合理使用钻具。

② 对钻井液要求：螺杆钻具的马达为容积式，决定钻具性能的因数是马达的输入流量和作用于两端的压力降，而不是钻井液的类型。钻井液的物理化学性能除个别有损钻具的寿命外，一般不影响钻具的性能。但钻井液所含的各种硬颗粒必须予以限制，因为它会加速轴承、定子马达的磨损，而降低钻具的使用寿命。因此泥浆中含砂量必须控制在 0.5% 以下。

泥浆黏度和密度对钻具的影响很小，但对整个系统的压力有直接影响，如果推荐排量下的压力大于额定泵压值，就得减少泥浆排量，或者有必要降低通过钻具和钻头的压力降。每种型号的钻具都有自身的输入流量范围，只有在此范围内钻具才能有较高的效率，一般应取输入流量范围的中间值为最佳输入流量值。

③ 泥浆压力要求：钻具悬空时，排量不变，则通过钻具的泥浆压力降也不变，随着钻头接触井底钻压增加时，泥浆循环压力增加，泵压也增加。

循环泵压就是钻具没有接触井底时泵压，也称为离底泵压，钻具加大扭矩，泵压就要上升，这时压力表的读数就叫打钻泵压。离底泵压不是一个常数，它随井深和泥浆的特性变化而变化，但实际操作中，无必要随时测取循环泵压的精度值，一般取每次接触后的离底泵压为近似值，这样做完全可以满足公式的精度要求。

钻具在工作中，打钻泵压达到最大推荐压力时，钻具产生最佳扭矩。继续增加钻压，当超过最大设计压力时，马达可能会制动，此时应立即降低钻压，以防钻具内部损坏。

④ 扭矩：钻具的扭矩与泥浆流经马达产生的压力降成正比，转速与输入排量成正比。排量一定时，扭矩增加而转速基本保持不变，钻具从空载到满载速度降低一般不超过10%左右。

(5) 螺杆钻具使用方法

在选择钻具及其组合方案时，应制定修井、钻井的作业计划，充分考虑井眼轨迹、钻头类型、规格、地层结构和水力计算等细节。螺杆钻具在出厂前，各部件之间的螺纹均已涂厌氧胶，并按规定力矩上紧，使用前不需要重新紧扣。

① 钻具下井前的地面检查

a. 钻具除提升短节与旁通阀连接外，其他部分的壳体均涂以厌氧胶。

b. 用钻头装卸器把钻头装上，只允许用链钳转动钻具的传动轴头，而且只能逆时针旋转以防内部螺纹松扣。

c. 吊起提升短节，将钻具放入转盘卡瓦内，使旁通阀位于转盘之上，装上安全卡瓦，卸去提升短节。

d. 检查旁通阀的灵活性：用木棒压下阀芯，然后松开，阀芯在弹簧力的作用下，恢复正常，反复压下3—5次，阀芯无卡阻，运动灵活，接着将钻具旁通孔部位下到转盘以下开泵，旁通孔封闭，马达启动，驱动接头旋转；停泵后阀芯复位，泥浆从旁通阀孔泻出，钻具正常。

② 钻具下放入井内

a. 钻具下井时，严格控制下放速度，以防过快时马达倒转，使内部连接丝扣脱扣，同时防止在通过砂桥、套管鞋等处撞坏钻具。防止操作中移扣，装卸过程中应牢记：钻头接头相对于壳体的旋向为逆时针方向。违反此项规定，如反向转动转盘或用转盘旋紧马达以上的扣等，就会造成钻具内部零件的松扣或脱扣，请用户注意。

b. 当下入深井段或遇到高温井段时，以及经过砂层井段时，应定期循环泥浆冷却钻具，保护定子橡胶，防止砂堵。

c. 钻具接近井底时要放慢速度，提前循环后再继续下钻，循环先小排量，待井口返出泥浆后，再加大排量。

d. 不允许顿钻或将钻具坐在井底。

③ 钻具开动

a. 如果处于井底必须提起0.3～0.6 m，开动钻井泵。此时应记下压力表读数，与计算的压力值对比一下，如果超过水力计算的压力数值也是正常的，这是钻头侧钻引起的。

b. 清理井底，井底必须足够的“干净”，因为井底堆积或沉淀的岩屑影响转速。

④ 钻具的钻进

a. 钻具钻进前应充分清洗井底，并测循环泵压。

b. 开始钻进时应缓慢加钻压，待正常钻进时，司钻可用下列公式控制操作：

打钻泵压＝循环泵压＋钻具负载压降

c. 开始钻进，钻进速度不宜太快，此时钻具和钻头都很紧，井底尚未清洗，易产生钻头泥包。

d. 钻具产生的扭矩与马达的压力降成正比，因此增大钻压就能增大扭矩。

e. 均匀送钻能保证井段的曲线光滑和定向精度。

⑤ 从井眼中起钻并检查钻具

a. 起钻时，旁通阀处于打开位置，允许钻柱中的钻井液泻入环空，但是钻具本身不能排除井液，通常在起吊钻前在钻柱上部注入一段加重钻井液，使其顺利排出。

b. 起钻应注意起钻速度，以防卡钻损坏钻具。

c. 钻具提到旁通阀位置后，卸下旁通阀口上的各部件，先用清水冲洗旁通阀顶部，再用木棒或锤柄将阀芯按下、松开、使上、下活动无卡阻。清洗完毕，拧上提升短节，提出钻具。

d. 测量钻具的轴承间隙，如轴承间隙超过最大允差，应对钻具进行维修，更换新轴承（对于修井钻则应调整轴承的轴向间隙，见图 9-7-8）。

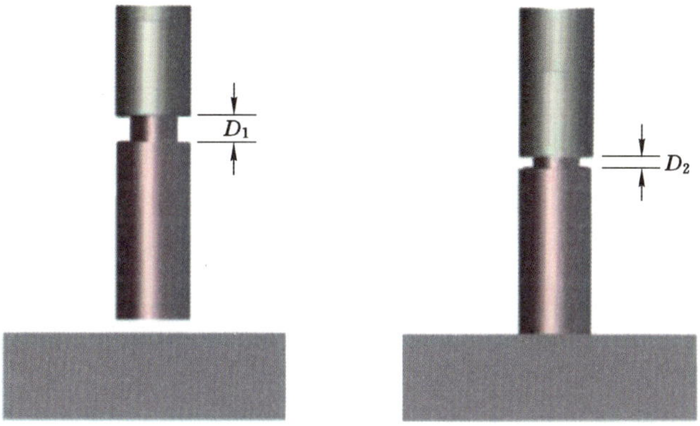

图 9-7-8　螺杆轴承间隙检查

e. 卸下钻具，从传动轴孔中冲洗钻头，将传动轴水帽及轴承清洗干净，然后平放钻具，正常维护保养待用。

若暂停使用或长时间搁置不用，建议向钻具内注入少量矿物油防锈（不能加入柴油）。

(6) 螺杆钻具故障分析

螺杆钻具故障原因分析及处理措施见表 9-7-4。

表 9-7-4　螺杆钻具故障原因分析及处理措施

故障现象	故障原因	处理措施
压力表压力突然升高	马达失速	把钻具上升 0.3～0.6 m，核对循环压力，逐步加压，压力表随之逐步升高，均正常，可确认是失速
	马达传动轴卡死，钻头水眼被堵	把钻头提离井底，压力表读数仍很高，只能提出钻具检查或更换钻头
压力表慢慢地增高（不指随钻井深度增加而增大的正常压降）	钻头水眼被堵	把钻头提离井底，再检查压力，如果压力仍然高于正常循环压力，可以试着改善循环流量或上下移动钻杆，如无效只得取出修理、更换
	钻头磨损	继续工作，细心观察，若仍无进尺，则只能取出更换
	地层变化	把钻头稍稍上提，如果压力与循环压力相同，则可继续工作

表 9-7-4(续)

故障现象	故障原因	处理措施
压力表压力,缓慢降低	循环压力损失变化	检查钻井液流量
	钻杆损坏	稍提钻具,压力表读数仍低于循环压力,提出井眼检查
没进尺	地层变化	适当改变钻压和循环流量(注意必须在允许范围内)
	马达失速	压力表读数偏高,钻具提离井底,检查循环压力,从小钻压开始,逐步增大钻压
	旁通阀处于“开位”	压力表读数偏低,稍提起钻具,起停钻井泵两次仍无效,则需要提出井眼更换检查旁通阀
	内部损坏	常伴有压力波动,稍提起钻具,压力波动范围小些,只能取钻具,检查更换
	钻头损坏	更换新钻头

8　水平井轨迹控制技术

水平井的井眼轨道控制理论与技术，是水平井钻井成套技术中的关键环节。研究这项理论和技术的目的，就是要使水平井的实钻轨道尽量靠近预先设计的理论轨道，准确地钻入靶窗后并在靶体界定的范围内钻出水平井段，保证钻井的成功率；同时，要尽量加快机械钻速，降低钻井成本。

常规的水平井都由直井段、增斜段和水平段三部分组成。由直井段末端的造斜点(KOP)到钻至靶窗的增斜井段，这一控制过程称为着陆控制；在靶体内钻水平段这一控制过程称为水平控制。水平井的垂直井段与常规直井及定向井的直井段控制没有根本区别。水平井井眼轨道控制的突出特点集中体现在着陆控制和水平控制，涉及一些新的概念指标和特殊的控制方法。

下面结合设计轨道和实钻轨道介绍水平井井眼轨道控制方法。

8.1　一开钻进

一开采用塔式钻具组合，轻压吊打，保证打直，为二开定向钻进奠定基础。

8.2　二开轨迹控制要点

二开着陆控制的技术要点可以概括为如下口诀：略高勿低、先高后低、寸高必争，早扭方位、动态监控、矢量进靶。

(1) 略高勿低

“略高勿低”体现了选择工具造斜率的指导思想，即为了保证实钻造斜率不低于井段设计造率，一般按比理论值高出10%～20%选择或设计造斜工具。当然也不能使造斜率高出太多，否则会给后续钻进工作带来麻烦。

(2) 先高后低

在着陆控制中，实钻造斜率若高于井段设计造斜率，控制人员一般总有办法把它降下来，例如，多打复合或通过更换造斜率低一档次的钻具组合。但是，若实钻造斜率低于井段设计造斜率，则不敢保证一定可以把下一井段的造斜率增上去，尤其是在着陆控制的后一阶段(大井斜区段)。这是因为所需要调整的造斜率值可能很高，而当前的工具无法实现由上述分析可知，降斜要比增斜容易。但实钻造斜率“先高后低”的控制要求，对不同控制人员的难易程度也是截然不同的。

因此,除了极少数实钻造斜率基本等于并段设计造斜率这种理想情况外,通常采用"先高后低"这一控制原则,该原则有着重要的实际意义。

(3) 寸高必争

"寸高必争"是控制人员在水平着陆控制中必须确立的观念,它集中体现了着陆控制过程的特点。"高"指的是垂深,从某种意义上说,着陆控制就是对垂深和井斜角进行合理的控制而垂深往往对井斜角(由工具造斜率决定)起着误差放大作用,尤其是着陆控制的前期,因此要严格控制着陆点的垂深。

(4) 早扭方位

在着陆控制中,井斜方位控制也很重要,否则很难使钻头进入靶窗。由于中曲率水平井井斜角增加较快,晚扭方位将会增加扭方位的难度。由于采取"先高后低"的控制策略,在着陆控制的初始阶段一般都采用弯壳体动力钻具(配随钻测斜仪)使其造斜率略高于井眼曲率的设计值,这就为早扭方位提供了条件和机会。因此,"早扭方位"应作为着陆控制的一项原则在钻进过程中,通过调整井下动力钻具的工具面角可以加强对井斜方位的动态监控。

(5) 稳斜探顶

"稳斜探顶"是控制方案的核心内容。在中、长半径水平井中,采用"稳斜探顶"的总控制方案设计,是克服地质不确定程度的有效方法,它保证可以准确地探知目的层的位置,并保证进靶按预定的技术方案进行,提高了着陆控制的成功率。

8.3 水平段轨迹控制要点

(1) 钻具稳平

"钻具稳平"的含义是从钻具组合设计和选型方面来提高钻具的稳平能力,这是水平控制的基础。具有较高稳平能力的钻具组合可以在很大程度上减少井眼轨迹调整的工作量。

(2) 上下调整

"上下调整"体现了水平控制的主要技术特征。在水平段中,对方位的调整相对很少,水平控制主要表现为对钻头的垂深位置或井斜角(增、降)的上下调整。尽管在选择和设计钻具组合时已注意到对钻具稳平能力的提高,但绝对的稳平是不可能实现的,上下调整井斜角仍然是必不可少的工作。

(3) 多开转盘

开转盘的导向钻进状态与不开转盘的定向钻进状态相比有如下显著的优点:摩阻小,易加钻压;易破坏岩屑床,清洁井眼;能提高机械钻速,提高井眼质量;可增加水平段钻进长度,因此,在水平段钻进中应尽量多的采用导向钻进状态方式,即多开转盘。

(4) 注意短起

为保证井壁质量,减少摩阻和避免发生井下复杂情况在水平段中每钻进一段距离,尤其是定向段,应进行一次短程起下钻。

(5) 留有余地

水平段控制的实钻井眼轨迹在铅垂面中是一条上、下起伏的波浪线,钻头位置距目的层上下边界的距离是控制的关键。需要特别注意的是:由于钻井工艺的要求,需要改变工具造斜率时,但新的造斜工具不能够马上实现按调整后的井斜角钻进,会沿原井眼前进趋势继续钻进段后，才能按调整出的井斜角钻进，这种调整的滞后现象就称之为“井眼惯性”。

(6) 少扭方位

由于水平段一般较长，即使井眼轨迹的少量方位偏差也会造成井眼轨迹从靶体的右边界出靶(俗称“穿帮”)。控制好着陆点的井眼轨迹方位是减少水平少扭方位的关键，但在水平段中往往也在适当的位置对井斜方位角加以调控，控制的方法是采用一定的工具面角定向钻进扭方位。应尽量减少扭方位的次数，而且应尽早把井眼方位调整好，这样就可利用靶底宽度限制的井斜方位变化范围，直接钻完水平段；否则，后期的井斜方位角调整会显著加大扭方位的次数。

9 水平井施工难点分析

水平井站井技术是定向钻井技术的延伸和发展。水平井的井眼轨迹控制技术与常规定向井相比有类似之处,也有显著差异,体现水平井井眼轨迹控制的突出技术特征。

(1) 中靶要求高

常规定向井的肥区为目的层内的一个圆,常称为靶圆,靶圆中心称为靶心。靶心是井身设计轨道中靶的理论位置,而靶圆是考虑了误差的影响而给出的实钻井眼轨迹中靶的范围。一般来说,常规定向井的目的层越深,其靶圆半径相应也越大。例如,一口垂深为 1 800~2 100 m 的常规定向井,其靶圆半径通常为 30~45 m,水平井靶体的靶窗高度与油层产况有关,宽度数是高度的 5 倍、水平段的长度则和水平的增斜段曲率半径大小有关。例如,对于厚油层靶窗高度可达 20 m;但相对于薄油层该高度可小到 2 m 甚至更小。而按我国对水平井的规定,水平段井斜角一般应在 86°以上,长、中、短水平井的水平段长度一般分别为>500 m、300 m、60 m。

很显然,顺利进入水平井的目标(靶体)比进入常规定向井的目标(靶圆)要求更苛刻,从控制要求看,前者是三维控制,后者是二者控制。对于水平井,只控制井眼轨迹进入靶窗还够,还要防止在钻水平段的过程中因钻头穿出把体而造成脱靶的现象;而对定向井来说,只要保证钻入靶圆即为成功。因此,水平井中靶精度要求更高。

(2) 控制难度大

井眼轨迹控制难度大,是因为在井眼轨迹的控制过程中存在着“两个不确定性因素”,目标垂深的不确定性和造斜工具造斜率的不确定性。这两个不确定性,对直井和普通定向井影响不大;但对水平井则可能由于井眼轨迹控制过程中较小的偏差面导致脱靶。

另外,在进靶钻进的过程中,井眼轨迹预测误差加大了控制难度;在进靶钻进过程中井斜方位角的控制也是不可忽视,曾经就出现过一些水平井,在进靶时的井眼轨迹控制过程中因井斜方位角控制不当,虽然成功地进入靶窗,但在水平段被迫强行扭方位的实例,造成了井眼轨迹控制难度的加大和钻井成本的增加。

(3) 特殊工具多

上述水平井井眼轨迹控制的几个特点造成了水平井井眼轨迹控制所用的特殊工具多于常规定向井工具。例如,在水平井中,一般要用 MWD 进行方向参数的监测;在薄层中还需要使用带有伽马参数的 MWD 来探测目的层顶、底和辨识产状,要用特殊类型的井下动力钻具(如固定弯壳体、可变弯壳体等)进行造斜;在中半径水平井中,一般要用特殊类型的井下动力钻具(如固定弯壳体、可变弯壳体等)进行造斜;在水平井的水平段及长半径水平井的造斜段,常用小角度弯壳体或反向双弯壳体等带有扶正器的导向动力钻具;在短半径水平井中，需采用铰接式动力钻具或柔性转盘组合；当水平段很长，摩阻很大，加压困难时，还需采用特殊设计的水力加压器等。

(4) 井下管柱受力复杂

① 由于井眼的井斜角大，井眼曲率大，管柱在井内运动时会受到很大的摩擦阻力，致使起下钻、下套管以及施加钻压等作业时造成很多困难。

② 在井斜角大于60°和水平井段的井眼中，需要使用“倒装钻具结构”，防止下部钻具因受到的轴向压力过大而出现失稳的现象，此时不但会引起钻具的屈曲变形，增大了摩阻，而且还将无法正常施加钻压。

③ 钻具旋转时受到的交变应力，将加剧钻具的疲劳破坏。钻具在井下受到的摩擦阻力、摩擦扭矩和弯曲应力将显著增大，比直井和常规定向井的受力状态更为复杂，因此，要求精心设计结具组合；对钻具必须进行各种强度的校核计算。

(5) 钻井液密度选择范围更小，容易由现并漏或井塌

① 地层的破裂压力和坍塌压力随井斜角和井斜方位角的变化而变化。在垂直主应力不是中间主应力的情况下，随着井斜角的增大，地层破裂压力将减小，而坍塌压力将增大，因此钻并液密度窗口变小，容易出现井漏或井塌。

② 在水平井段，地层破裂压力不变，而随着水平井段的延长，井内钻井液液柱的激动压力和抽汲压力将增大，导致井漏或井塌。

(6) 携带岩屑困难，井眼中容易形成岩屑床

由于井斜大，岩屑在上返过程中将沉积在井眼的下井壁，堆积起来形成“岩屑床”。一般情况下，当井斜角在45°～60°时就会形成“岩屑床”，严重时会堵塞井眼环空。

(7) 井下缆线作业困难

在大斜度和水平井段中，完井电测困难，测井仪器不能依靠自重下滑到井底。目前，射孔测试、完井电测均采用管桂送入的方法来解决此问题(传输电测)；钻进时的测斜则应用无线随钻仪器进行测量。

(8) 保证固井质量难度大

一方面是因为大斜度井段和水平井段中的套管在自重的作用下贴在下井壁，居中困难；另一方面是因为水泥浆在凝固过程中析出的自由水将集中在井眼的上侧，从而形成一条“水槽”，这大大地影响了固井质量。目前解决的方法是在套管上加足够的特制扶正器，实现套管居中。

(9) 完井工艺难度大

水平井井眼曲率较大时，套管会难以下入，无法采用射孔完井方法完井，不得不采用裸眼完井或复合套管加筛管完井等方法。

10 水平井施工案例

10.1 概况

SHH45-L1 井是山西蓝焰煤层气集团有限责任公司部署在山西沁水盆地霍家山向斜轴部区域的一口穿采空区水平井。SHH45-L1 钻井基础参数见表 9-10-1。

表 9-10-1 SHH45-L1 钻井基础参数

<table>
<tr><td>生产项目</td><td colspan="5">寺河区块煤层气生产</td></tr>
<tr><td>井 号</td><td colspan="2">SHH45-L1</td><td>井 别</td><td colspan="2">井 型</td></tr>
<tr><td>队号</td><td colspan="2">KTD-YZ-1</td><td>生产井</td><td colspan="2">L 型井</td></tr>
<tr><td>地理位置</td><td colspan="5">晋城市沁水县嘉丰镇东庄上村</td></tr>
<tr><td>构造位置</td><td colspan="5">霍家山向斜轴部区域</td></tr>
<tr><td rowspan="3">井口坐标
（设计）</td><td>纵（X）</td><td>3 939 980 m</td><td rowspan="3">井口坐标
（复测）</td><td>纵（X）</td><td>3 939 985.658 m</td></tr>
<tr><td>横（Y）</td><td>500 193 m</td><td>横（Y）</td><td>500 175.600 m</td></tr>
<tr><td>高(H)</td><td>633 m</td><td>底板标高(H)</td><td>623.213 m</td></tr>
<tr><td rowspan="3">坐标
（A 靶点）</td><td>纵（X）</td><td>3 940 328.06 m</td><td rowspan="3">坐标
（B 靶点）</td><td>纵（X）</td><td>3 940 830.48 m</td></tr>
<tr><td>横（Y）</td><td>500 229.71 m</td><td>横（Y）</td><td>500 282.40 m</td></tr>
<tr><td>底板标高(H)</td><td>177 m</td><td>底板标高(H)</td><td>175 m</td></tr>
<tr><td colspan="2">方位角/(°)</td><td>5.99</td><td colspan="2">造斜率(°/30 m)</td><td>7.11</td></tr>
<tr><td colspan="2">水平段煤层倾角/(°)</td><td>−0.23</td><td colspan="2">磁偏角/(°)</td><td>−4.89</td></tr>
<tr><td>造斜点深度/m</td><td>造斜段/m</td><td>水平段/m</td><td colspan="2">井深/m</td><td>目的层</td></tr>
<tr><td>120.00</td><td>515.23</td><td>505.18</td><td colspan="2">1 140.41</td><td>15# 煤层</td></tr>
<tr><td>钻探目的</td><td colspan="5">采用空气螺杆施工穿过 3# 煤层采空区，开发寺河区块 15# 煤层煤层气。</td></tr>
<tr><td>设计依据</td><td colspan="5">寺河矿相关瓦斯地质资料。</td></tr>
<tr><td>完钻原则</td><td colspan="5">钻至 15# 煤层水平钻进 505.18 m 后完钻。</td></tr>
<tr><td colspan="3">表层套管</td><td colspan="3">技术套管</td></tr>
<tr><td>钻头尺寸(mm)×下深/m</td><td colspan="2">套管尺寸(mm)×套管下深/m</td><td colspan="2">钻头尺寸(mm)×下深/m</td><td>套管尺寸(mm)×套管下深/m</td></tr>
<tr><td>425×60</td><td colspan="2">377.7×60</td><td colspan="2">342.9×420
241.3×635.23</td><td>273.1×420
193.7×633.23</td></tr>
</table>

表 9-10-1(续)

生产套管		注意事项
钻头尺寸(mm)×下深/m	套管尺寸(mm)×套管下深/m	严格按照 15# 煤层见煤点坐标施工，控制钻井轨迹
171.5×1 140.41	139.7×1 135.41	水平段需在 8 天内完成钻进，钻遇率 85%以上
完井方法	套管完井	

以该井定向钻井技术为例进一步对相关技术进行介绍。

10.2　一开施工情况

(1) 一开钻具组合

一开钻具组合为：ϕ425.00 mm 钻头＋双母接头＋ϕ165 mm 钻铤×3＋变扣接头＋ϕ127.00 mm 钻杆。

(2) 表层套管

一开下 J55 钢级，规格 ϕ377.7 mm 表层套管。水泥封固，候凝时间 48 h，固井水泥返至地面。

10.3　二开施工情况

(1) 二开直井及定向段钻具组合

二开直井及定向段钻具组合为：ϕ342.90 mm 钻头＋ϕ216.0 mm(1.75°)螺杆＋ϕ203.0 mm 定向接头＋ϕ203.0 mm 无磁钻铤＋ϕ203.0 mm 天线接头＋变扣接头＋ϕ127 mm 钻杆。

(2) 二开过穿采空段钻具组合

二开过穿采空段钻具组合为：ϕ342.90 mm 钻头＋ϕ244.0 mm(1.5°)空气螺杆＋止逆阀＋ϕ203.0 mm 定向接头＋ϕ203.0 mm 无磁钻铤＋ϕ203.0 mm 大线接头＋变扣接头＋ϕ127 mm 钻杆。

(3) 技术套管

二开钢级 J55，规格 ϕ273.10 mm 套管下至 420.00 m。水泥封固，候凝时间 48 h，固井水泥返至 3# 煤层采空区底板。

(4) 施工情况

根据前 3 口井施工经验，SHH45-L1 井过穿采空段井眼轨迹设计为稳斜段，穿采空段采用 244.00 mm(1.5°)空气螺杆，由于所钻井眼大，定向增斜效果不好，定向钻时慢，复合钻进时，钻时快，稳斜效果好，以复合钻进为主过穿采空段。

定向仪器是 SEMWD2000B 电磁波无线随钻测斜仪。在前 3 口穿采空水平井中，仪器稳定性不好，总计震坏 1 根发射机，2 根伽马探管，2 根定向探管。SHH45-L1 井做了双重加固技术。目前使用正常，无损坏情况。

10.4　三开导眼施工情况

（1）三开导眼钻具组合

三开导眼钻具组合为：ϕ241.3 mmPDC 钻头＋ϕ185 mm 螺杆（1.75 度）＋ϕ172 mm 定向接头＋ϕ172 mm 无磁 MWD＋ϕ172 mm 天线接头＋ϕ127 mm 钻杆。

（2）施工情况

三开采用 ϕ241.3 mm 钻头钻进，在井斜达到 70°左右，施工小导眼，小导眼须钻至 15# 煤层底板以下 15.00 m，以获取目的煤层的顶底板的岩性、伽马以及目的煤层结构，然后封填小导眼，根据导眼煤层数据，调整钻井轨迹，封填候凝 48 h。

SHH45-L1 井导眼数据见表 9-10-2。SHH45-L1 井深 424.00 m，导眼开始施工，钻至井深 639.00 m 时通过邻井逐层对比，确定钻穿 15# 煤底板，目的层井深 610.00 m。目的层岩性为煤层，钻时 1～3 min/m；伽马 19.8～22.5API（见图 9-10-1）。SHH45-L1 井导眼 15# 煤煤层斜深 610.00～620.00 m。垂深 441.53～443.76 m。垂厚 2.23 m。

表 9-10-2　SHH45-L1 井导眼数据

名称	井深/m	井斜/(°)	方位/(°)	垂深/m	位移/m
9# 煤	493.00	62.82	7.18	403.99	212.28
	494.50	63.07	7.32	404.67	213.62
K4	509.00	66.12	7,38	410.91	226.71
	511.00	66.61	7.51	411.71	228.54
K3	540.00	71.15	8.25	421.96	255.66
	548.00	71.63	8.57	424.51	263.24
13# 煤	553.00	71.84	8.36	426.08	267.99
	555.00	71.93	8.27	426.70	269.89
K2	560.00	72.24	7.96	428.24	274.64
	605.00	76.40	6.48	440.38	317.90
15# 煤	610.00	76.82	6.84	441.53	322.82
	620.00	77.41	7.00	443.76	332.57

10.5　三开正眼(主井眼)施工情况

（1）三开正眼（主井眼）钻具组合

三开正眼（主井眼）钻具组合为：三开正眼（主井眼）钻具组合为：ϕ241.3 mmPDC 钻头＋ϕ185 mm 螺杆（1.75°）＋ϕ172 mm 定向接头＋ϕ172 mm 无磁 MWD＋ϕ172 mm 天线接头＋ϕ127 mm 钻杆。

（2）施工情况

三开采用 ϕ241.3 mm 钻头钻进，采用 ϕ241.3 mm 钻头进行正眼（主井眼）钻进，以合适

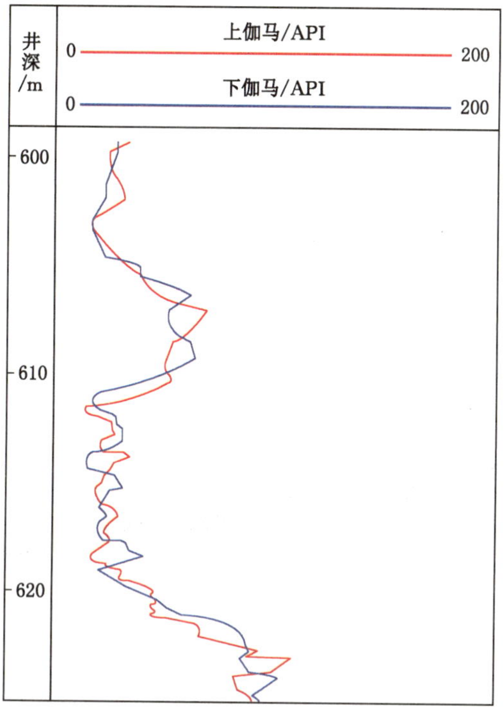

图 9-10-1　SHH45-L1 井导眼煤层伽马图

的井斜角着陆 15# 煤层，然后下入钢级 J55，规格 ϕ193.7 mm 技术套管，至目的煤层以上 1.00～3.00 m，水泥固井，返至地表。

三开主眼从井深 490.00 m 处开始侧钻造斜施工，于井段 490.00 m～492.00 m 钻遇 9# 煤，垂深 403.41 m～404.41 m，厚 1.00m；于井段 505.00 m～507.00 m 钻遇 K4 灰岩，垂深 410.51 m～411.38 m，厚 0.87 m；于井段 534.00 m～542.00 m 钻遇 K3 灰岩，垂深 421.79 m～424.37 m，厚 2.58 m；于井段 548.00 m～550.50 m 钻遇 13# 煤层，垂深：426.18 m～426.75 m，厚 0.57 m；于本井导眼垂深一致。

钻进至井段 556.00 m，见 K2 顶灰岩，本井导眼 K2 灰岩顶井深：560.00～605.00 m，垂深：428.24～440.38 m，垂厚：12.14 m，位移：274.64～317.90 m，结合本井导眼预测地层倾角 1.4°，预测 K2 灰岩底界垂深 440.47 m。

钻进至井深 699.00 m，井斜 83.49°垂深：447.58 m，位移：411.50 m 见 15# 煤层顶界，跟本井导眼对比，计算地层倾角为 86.0°。

本井导眼 K2 井深 560.00～605.00 m，垂深：428.24～440.38 m，厚 12.14 m，本井正眼（主井眼）实钻 K2 井深 556.00～663.00 m，垂深：428.36～443.45 m，厚：15.09 m。

现场结合随钻伽马值和岩性分析，并与本井导眼所钻遇标志层做地层对比，计算地层倾角 88.6°，与地质设计中所提出的下倾－0.23°相差较大，分析认为目的煤层存在不平稳性，现场在 630.00 m 按 84°左右探层。在井段：699.00 m，井斜 83.49°，垂深 447.58 m 处较设计位移推后 65.09 m 着陆（图 9-10-2，图 9-10-3，表 9-10-3）。

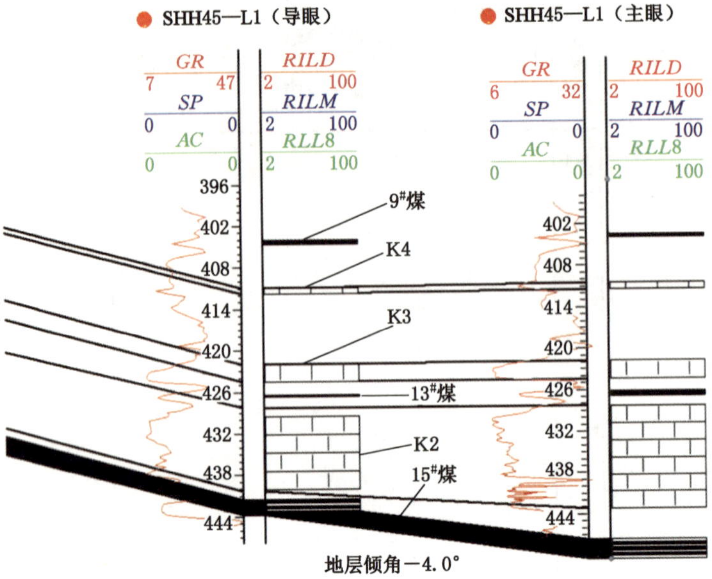

图 9-10-2　SHH45-L1 井导眼正眼对比图

表 9-10-3　SHH45-L1 井正眼(主井眼)地层数据

名称	井深/m	井斜/(°)	方位/(°)	垂深/m	位移/m
9#煤	490.00	59.88	8.63	403.41	209.15
	492.00	60.36	8.66	404.41	210.88
K4	505.00	63.74	9.24	410.51	222.35
	507.00	64.26	9.40	411.38	224.15
K3	534.00	70.34	0.38	421.70	249.03
	542.00	71.89	9.30	424.37	256.59
13#煤	548.00	73.18	9.33	426.18	262.31
	550.00	73.66	9.35	426.75	264.23
K2	556.00	75.10	9.35	428.36	270.00
	663.00	82.94	6.08	443.45	375.74
15#煤	699.00	83.49	6.29	447.58	411.50

10.6　四开施工情况

(1) 四开钻具组合

四开钻具组合为：ϕ171 mmPDC 钻头＋ϕ135 mm 螺杆(1.5°)＋ϕ121 mm 定向接头＋ϕ121 mm 无磁(SEMWD2000B)＋ϕ121 mm 天线接头＋ϕ89 mm 钻杆。

(2) 施工情况

四开采用 ϕ171.5 mm 钻头钻进，进入 15# 煤层后沿煤层钻进至设计 B 靶点后完钻，下

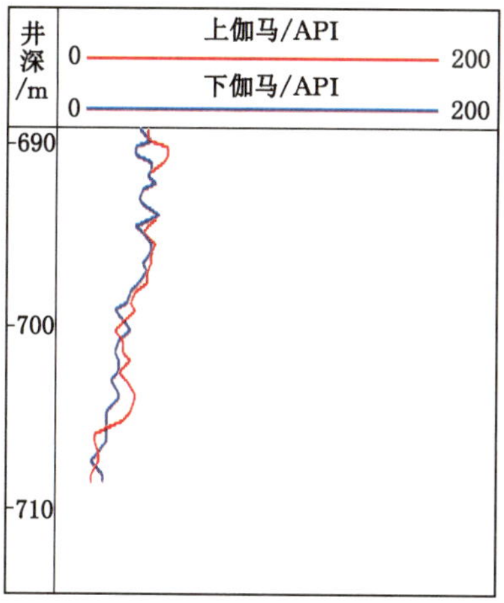

图 9-10-3　SHH45-L1 井正眼(主井眼)入煤伽马图

入钢级 N80,规格 ϕ139.7 mm 的套管下至距井底 5 m 以内。

因与导眼 15[#] 煤层计算倾角为 4.0°下倾(86.0°),着陆时井斜 83.49°,所以在四开开始时先进行增斜钻进。钻至 725.00 m 时,上伽马 26.3API,下伽马 23.10API。钻时由 2 min/m 升至 13 min/m,全烃含量由 24.013 6%降至 6.512 8%。根据钻时、全烃综合判断轨迹由煤层顶部出煤。

降斜追煤钻进至井深 735.00 m,上伽马 21.5API,下伽马 18.20API。钻时由 19 min/m 降至 2 min/m。全烃含量由 4.704 8%升至 23.464 2%,岩屑为煤,伽马区分不太明显,由岩屑、钻时、全烃综合分析判断由煤层顶部钻回煤层(图 9-10-4,图 9-10-5)。

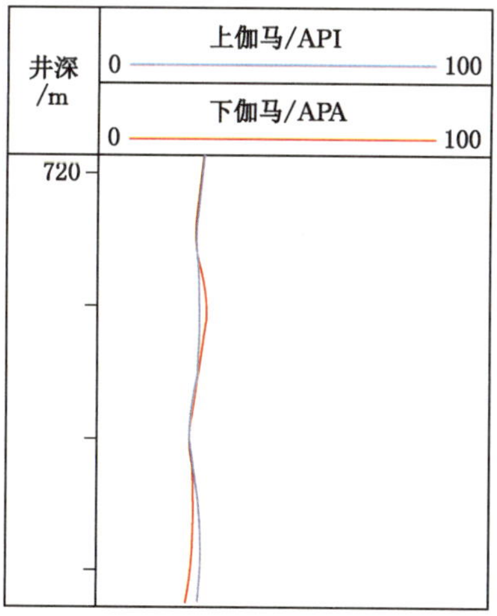

图 9-10-4　由煤层顶部出煤

钻进至井深 942.00 m 时,垂深:449.53 m,井斜:92.25°,方位:6.08°。上伽马 33.1API,下伽马 31.5API。钻时由 2 min/m 升至 7 min/m,全烃含量由 29.657 3%降至 5.364 1%。岩屑滴酸有反应。综合判断煤层顶部钻出煤层。

降斜追煤钻进至井深 962.00 m 时,上伽马 25.5API,下伽马 22.5API。钻时由 7 min/

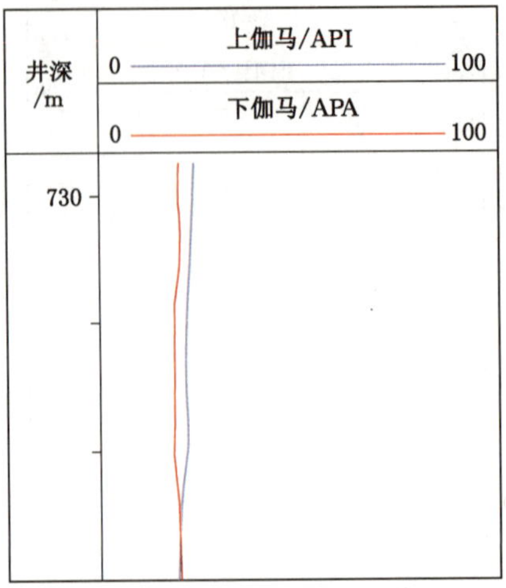

图 9-10-5　由煤层顶部入煤

m 降至 2 min/m，全烃含量由 3.265%升至 15.052 2%。综合判断轨迹由煤层顶部钻回煤层。

钻进至井深 1 089.00 m 时，上伽马 28.0API，下伽马 31.3API，钻时由 2 min/m 升至 4 min/m，全烃含量由 41.244 6%降至 12.293 4%。综合判断轨迹由煤层底部钻出煤层。

增斜追煤钻进至井深 1 096.00m 时，上伽马 29.20API，下伽马 33.20API，钻时由 5 min/m 降至 2 min/m，全烃含量由 13.3123%升至 44.131 4%，综合判断轨迹由煤层底部钻回煤层（图 9-10-6，图 9-10-7）。

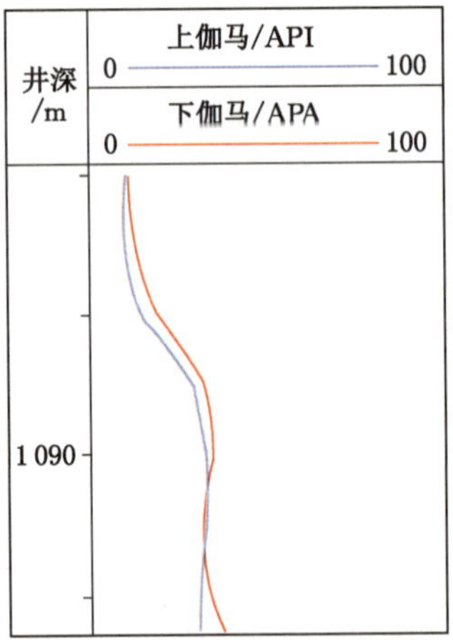

图 9-10-6　由煤层底部出煤

钻进至井深 1 122.00 m，垂深：460.91 m，井斜：87.10°，方位：7.00°，上伽马 20.30API，下伽马 23.3API，钻时由 3 min/m 升至 4 min/m，全烃含量由 19.896 8%降至 2.946 8%，综合判断轨迹由煤层底部钻出煤层，增斜追煤。

通过井眼轨迹演算，分析判断地层起伏较大，计算煤层倾角上倾较急，煤层倾角由 82.30°上升至 88.00°，井眼轨迹井斜小于煤层倾角。继续增斜至井深 1 141.00 m，井斜 90.00°，

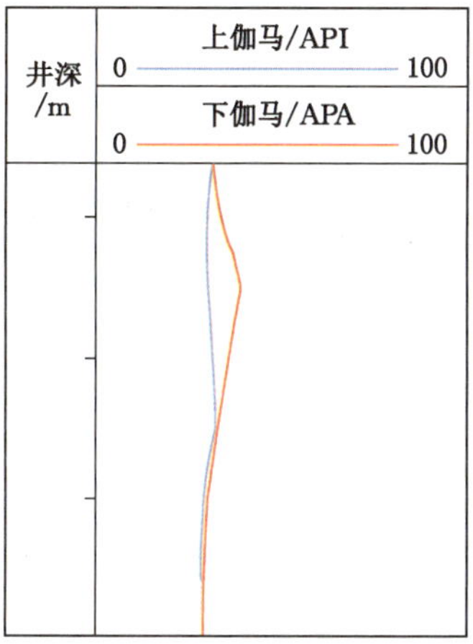

图 9-10-7　由煤层底部入煤

方位 7.1°，垂深 464.37 m，未能钻回煤层。本井地层起伏较大，经过现场讨论决定上报甲方，考虑邻井压裂井距离本井较近，继续钻进风险较大，决定钻至设计靶点完钻。

10.7　SHH45-L1 井结论

SHH45-L1 井实钻 A 点井深：699.00 m，垂深 447.58 m；实钻 B 点井深 1 141 m，垂深：464.37 m。实际水平段长 442.00 m。煤层有效进尺 338.00 m，钻遇非煤段 57.00 m。煤层厚度 1.60 m，煤层钻遇率 87.1%（表 9-10-4）。

表 9-10-4　非煤段统计表

非煤段/m	段长/m	岩性	轨迹位置
725.00～735.00	10.00	灰黑色泥岩	顶出
942.00～962.00	20.00	灰黑色泥岩	顶出
1 089.00～1 096.00	7.00	砂质泥岩	底出
1 121.00～1 141.00	20.00	砂质泥岩	底出
总长 57.00 m	57.00	煤层钻遇率	87.1%

本井 15# 煤倾角变化快，变化大，水平段煤层倾角从下倾 4～7°多次起伏，因此多次出层，所幸前 3 次出层都在层中就有预见，提前调整井斜，出层距离都不多，每次出层非煤段都不长。第 4 次，因为地层变化太大从下倾 7.2°持续下倾到 2°，因此从 1 121～1 141 m 完钻前的最后 20.00 m 一直未追上煤层（图 9-10-8，图 9-10-9）。

10.8　SHH45-L1 井建议

（1）强化组织生产，高效的运作机制是打好水平井的先决保证。

（2）重视四开施工，调整好泥浆性能，加快生产进度，挑选合适螺杆及钻具组合，确保轨

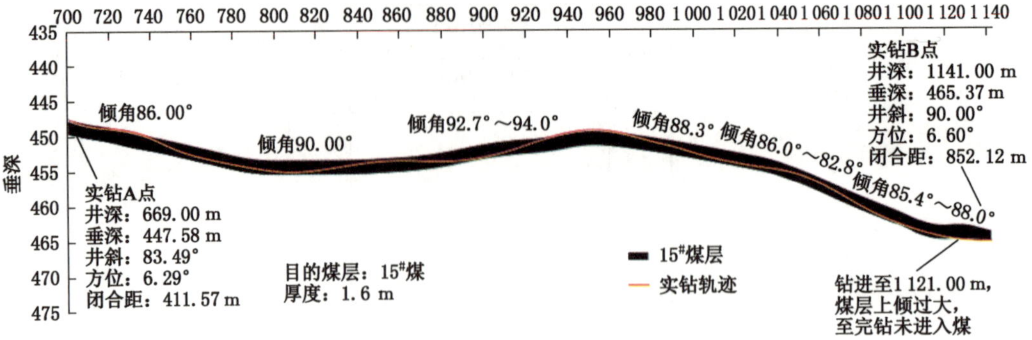

图 9-10-8　SHH45-L1 井 15# 煤层走势

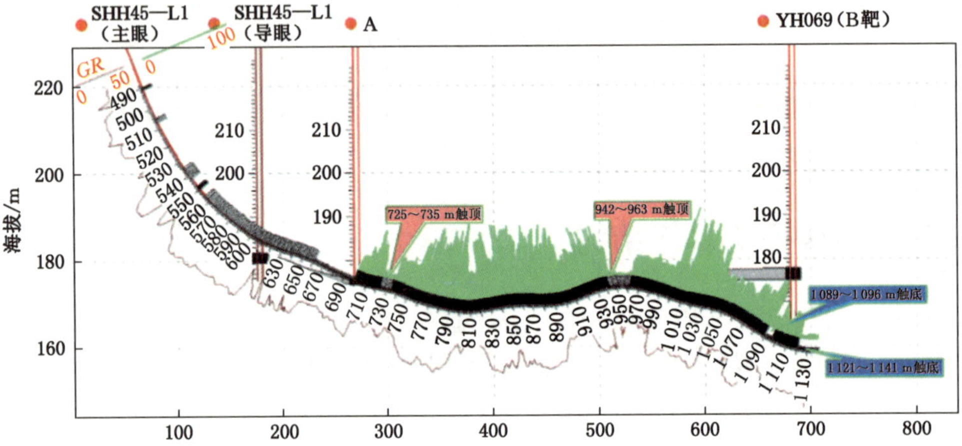

图 9-10-9　SHH45-L1 井水平段轨迹跟踪图

迹平滑，减少井下风险。

(3) 煤层钻进中，控制钻时不能过快，井眼尽量平滑，尽可能得将井眼内的岩屑循环出，满足下套管的施工条件。

(4) 在煤层钻进中，煤层倾角存在不确定性，因此给导向和井眼轨迹的控制也带来了相当的难度。准确预测好煤层倾角的变化，搞好地质导向成为一项非常关键的工作，因此需要导向工程师及时关注钻井参数，做出正确的分析研究后及时调整井眼轨迹，控制轨迹尽可能在煤层中钻进。

(5) 一口井的顺利完钻，离不开各方面的配合和协作，处理和甲方及其合作单位的关系也很重要，这对我们的工作人员提出了更高的要求，做到精益求精。

(6) 本井实钻轨迹显示入煤层倾角有突变的趋势，这对于后续本作业区的施工有很大的参考意义。

参考文献

[1] 吴泰然等.普通地质学[M],北京大学出版社,2003.

[2] 杜晓瑞等.钻井工具手册[M],石油出版社,2000.

[3] 周卫东等.煤层气钻完井新技术[M].中国石油大学出版社,2019.

[4] 窦斌等.地热工程学[M] 中国地质大学出版社,2019 年.

[5] 胡晨光等.钻探工程技术及标准规范实务全书[M].安徽文化音像出版社,2003 年.

[6] 徐同台等.水平井钻井液与完井液[M].石油工业出版社,1999.

[7] 侯德峰等.固体矿产岩心钻探安全技术[M].河南大学出版社,2013.

[8] BB.库里奇茨基.定向斜井与水平井钻井的地质导向技术[M].石油工业出版社,2003.

[9] 覃家海等.地质勘探安全规程读本[M].煤炭工业出版社,2005.

[10] 郭书昌等.钻井工程安全手册[M].石油工业出版社,2009.

[11] 牛志刚等.河南省通柘煤田的发现与地质特征[M].煤炭工业出版社,2018.

[12] 张人权等.水文地质学基础[M].地质出版社,2011.

[13] 张晓昂,刘国卫,齐治虎等.河南省煤层气钻井技术发展历程及展望[J].钻探工程,2022,49(05):86-93.

[14] 郝登峰,齐治虎,张晓昂等.鹿邑凹陷海陆过渡相页岩气地质调查鹿页 1 井钻井技术[J].钻探工程,2022,49(05):80-85.

[15] 齐治虎,魏思宇,徐影,张稼楷.安徽北部地区小口径地质调查井施工技术研究[C]//第二十一届全国探矿工程(岩土钻掘工程)学术交流年会论文集.2021:155-159.

[16] 王立峰,张晓昂,徐影.单体大直径空气潜孔锤钻井工艺研究及应用[J].中国煤炭地质,2021,33(08):65-67.

[17] 张留彬,刘国卫.矿区水文地质钻探存在的问题及改进措施[J].西部探矿工程,2021,33(11):141-143+148.

[18] 宛宗瑞,张稼楷.绳索取芯在地质钻探中的应用[J].中国金属通报,2022(06):135-137.

[19] 齐治虎,张童童,秦红涛.沁水盆地过采空区煤层气水平井施工技术研究[C]//第二十一届全国探矿工程(岩土钻掘工程)学术交流年会论文集.2021:293-297.

[20] 靳光均.地面多分支水平井与煤矿井下钻孔连通技术探讨[J].河南科技,2019(19):79-82.

[21] 靳光均.煤层气水平对接井钻井技术研究[J].低碳世界,2016(05):101-102.

[22] 齐治虎,曹伟,张晓昂,曹东风.空气钻井在穿采空区煤层气井中的应用[C]//第十八届

全国探矿工程(岩土钻掘工程)技术学术交流年会论文集.2015:570-572.
[23] 曹东风.大口径瓦斯钻孔穿越煤矿采空区钻井工艺[J].中国煤炭地质,2015,27(01):55-56+76.
[24] 石继峰,胡向志.浅谈寄生管欠平衡水平井在煤层气井中的应用[C]//煤层气勘探开发理论与技术——2010年全国煤层气学术研讨会论文集.2010:320-323.
[25] 胡向志,石继峰.山西三交区块煤层气掏穴井钻井施工工艺[J].中国煤层气,2011,8(03):16-18.
[26] 曹东风.宝峨RB50型车载钻机施工工艺探讨[J].中国煤炭地质,2009,21(07):69-70+85.
[27] 王立峰,徐培远,刘卫娟,张晓昂.潘庄区块煤层气U型水平井下套管技术探讨[J].探矿工程(岩土钻掘工程),2016,43(10):197-199.
[28] 齐治虎,曹东风.SEMWD无线随钻仪在沁水盆地煤层气远端水平井钻进中的应用[J].中国煤炭地质,2016,28(05):55-57.
[29] 齐治虎,刘坤鹏,吕国安.山西沁水盆地3号煤层水平井施工技术探究[J].能源与环保,2020,42(05):68-71.
[30] 张峰.煤层气井钻井工艺分析及优化建议[J].西部探矿工程,2021,33(08):60-61+64.